István Fendrik/Jenö Bors
Strahlenschäden an Pflanzen

HANDBUCH DER PFLANZENKRANKHEITEN

Begründet von

PAUL SORAUER

In 6 Bänden herausgegeben von

Prof. Dr. Dr. h. c. Dr. h. c. BERNHARD RADEMACHER †

Direktor des Instituts für Pflanzenschutz der Universität Hohenheim (Landwirtschaftliche Hochschule)

Prof. Dr. Dr. h. c. HARALD RICHTER †

ehem. Präsident der Biologischen Bundesanstalt für Land- und Forstwirtschaft
in Berlin und Braunschweig

ERSTER BAND

DIE NICHTPARASITÄREN KRANKHEITEN

Siebente, vollständig neugestaltete Auflage in 7 Lieferungen

herausgegeben von

Prof. Dr. Dr. h. c. Dr. h. c. BERNHARD RADEMACHER †

Sechste Lieferung

ÜBERSICHT ÜBER DAS GESAMTWERK SIEHE SEITEN 4/5

VERLAG PAUL PAREY · BERLIN UND HAMBURG

Strahlenschäden an Pflanzen

István Fendrik
Institut für Biophysik
und Isotopenlaboratorium
der Universität Hannover

Jenö Bors
Niedersächsiches Institut
für Radioökologie an der
Universität Hannover

1. Auflage 1991
Mit 74 Abbildungen, davon acht vierfarbig
auf einer Tafel, und 61 Tabellen

Verlag Paul Parey · Berlin und Hamburg

Übersicht über das Gesamtwerk

(Stand März 1991)

Band I: Die nichtparasitären Krankheiten

7. Auflage in 7 Lieferungen

1. Lieferung: Geschichte der Phytomedizin. Allgemeine Pflanzenpathologie. Die Heredo-
pathien der Pflanzen. 1965. 409 S. m. 54 Abb.   Ganzleinen DM 190,–
2. Lieferung: Ernährungsstörungen. Allgemeine Schäden an Boden und Pflanze durch
fehlerhafte Anwendung von Düngemitteln. Ungünstige Bodenverhältnisse als Ursache
für gestörte Pflanzenentwicklung. 1969. 490 S. m. 105 Abb., davon 56 farb. auf 7 Tafeln,
und 34 Tab.   Ganzleinen DM 220,–
3. Lieferung: Wunden. Gegenseitige Beeinflussung höherer Pflanzen (allelopathische Erscheinungen). Schäden an Kulturpflanzen durch Pflanzenschutz- und Pflanzenbehand-
lungsmittel. 1968. 310 S. m. 75 Abb.   Ganzleinen DM 160,–
4. Lieferung: Immissionsschäden (Gas-, Rauch- und Staubschäden). Abwasserschäden
einschließlich der Schäden durch Müll. 1970. 241 S. m. 35 Abb., davon 26 farbig auf
5 Tafeln, und 23 Tab.   vergriffen
5. Lieferung: Meteorologische Pflanzenpathologie. Witterung und Klima als Umweltfaktoren. Kälte und Frost. 1985. 328 S. m. 184 Abb., davon 13 farbig auf 2 Tafeln, und 57 Tab.
                                                                 Ganzleinen DM 248,–
6. Lieferung: Strahlenschäden an Pflanzen. 1991. 208 S. mit 74 Abb., davon 8 farbig,
und 61 Tab.

Band II: Die Virus- und bakteriellen Krankheiten

6. Auflage in 2 Lieferungen

1. Lieferung: Viruskrankheiten. 1954. 786 S. m. 326 Abb.   vergriffen
2. Lieferung: Bakterielle Krankheiten. 1956. 575 S. m. 179 Abb. Ganzleinen DM 170,–

Band III: Pilzliche Krankheiten und Unkräuter

6. Auflage in 6 Lieferungen

1. Lieferung: Archimycetes. Phycomycetes.   Erscheinen unbestimmt
2. Lieferung: Ascomycetes, 1. Teil.   Erscheinen unbestimmt
3. Lieferung: Ascomycetes, 2. Teil.   Erscheinen unbestimmt
4. Lieferung: Basidiomycetes. 1962. 759 S. m. 204 Abb.   Ganzleinen DM 315,–
5. Lieferung: Fungi imperfecti
   (mit Anhang: Parasitische Algen und Flechten).   Erscheinen unbestimmt
6. Lieferung: Unkräuter (einschließlich der parasitischen Samenpflanzen).
                                                            Erscheinen unbestimmt

Band IV: Tierische Schädlinge an Nutzpflanzen, 1. Teil

5. Auflage in 2 Lieferungen

1. Lieferung: Protozoa und Metazona partim. 1949, 458 S. m. 210 Abb.
   Ganzleinen DM 66,-
2. Lieferung: Trichoptera, Lepidoptera. 1953. 526 S. m. 154 Abb.   vergriffen

Band V: Tierische Schädlinge an Nutzpflanzen, 2. Teil

5. Auflage in 5 Lieferungen

1. Lieferung: Diptera und Hymenoptera. 1953. 320 S. m. 89 Abb.   vergriffen
2. Lieferung: Coleoptera. 1954. 608 S. m. 157 Abb.   vergriffen
3. Lieferung: Heteroptera und Homoptera. I. Teil, 1956. 408 S. m. 128 Abb.
   Ganzleinen DM 136,-
4. Lieferung: Homoptera. II. Teil (Aphidoidea, Coccoidea). 1957. 586 S. m. 257 Abb.
   vergriffen
5. Lieferung: Vertebrata. 1958. 414 S. m. 134 Abb.   Ganzleinen DM 125,-

Band VI: Pflanzenschutz

2. Auflage in 4 Lieferungen

1. Lieferung: Wirtschaftliche Bedeutung und Hygiene des Pflanzenschutzes. 1952. 464 S.
   m. 3 Abb.   Ganzleinen DM 110,-
2. Lieferung: Physikalische und chemische Bekämpfungsmaßnahmen.
   Erscheinen unbestimmt
3. Lieferung: Biologische Schädlingsbekämpfung. Die technischen Mittel des Pflanzenschutzes. 1961. 643 S. m. 380 Abb.   Ganzleinen DM 270,-
4. Lieferung: Bewertung des Saat- und Pflanzgutes. Anbau und Züchtung krankheitsresi-
   stenter Sorten. Pflanzenschutzgesetzgebung. Pflanzenschutzorganisationen. Pflanzen-
   schutzliteratur.   Erscheinen unbestimmt

Anschriften der Verfasser:

Dr. István Fendrik
Institut für Biophysik
und Isotopenlaboratorium
der Universität Hannover
Herrenhäuser Straße 2
W-3000 Hannover

Dr. Jenö Bors
Niedersächsisches Institut
für Radioökologie
Universität Hannover
Herrenhäuser Straße 2
W-3000 Hannover

Die Deutsche Bibliothek – CIP-Einheitsaufnahme

Handbuch der Pflanzenkrankheiten: in 6 Bd. / begr. von
Paul Sorauer. Hrsg. von Bernhard Rademacher; Harald
Richter. – Berlin; Hamburg: Parey.
  Teilw. hrsg. von Bernhard Rademacher.
  NE: Sorauer, Paul [Begr.]; Rademacher, Bernhard [Hrsg.]

  Bd. I. Die nichtparasitären Krankheiten.
   6 hfg.: **Strahlenschäden an Pflanzen** /
   bearb. von Istvan Fendrik; Jenö Bors. –
   7. vollständig neugestaltete Aufl. in 7 Lfg. /
   hrsg. von Bernhard Rademacher. – 1991
    ISBN 3-489-76926-0
  NE: Fendrik, Istvan

© 1991 Verlag Paul Parey, Berlin und Hamburg
Anschriften: D-1000 Berlin 42, Seelbuschring 9–17; D-2000Hamburg 1, Spitalerstr. 12.
Satz: Dörlemann-Satz, Lemförde
Druck: Saladruck Steinkopf & Sohn, Berlin 36
Schrift: Times-Antiqua 8,5/10 p
Lithographie: Carl Schütte & C. Behling, Berlin 42
Bindung: Lüderitz & Bauer, Berlin 61.

ISBN 3-489-76926-0 · Printed in Germany

Geleitwort

Seit dem Aufkommen der Idee, dem großen Standardwerk der Phytopathologie, dem Handbuch von SORAUER, einen Band über Strahlenschäden an Pflanzen einzufügen, sind viele Jahre vergangen, bis dieses Vorhaben jetzt endlich realisiert wurde. Die »Strahlenangst« hat in breiten Kreisen der Bevölkerung in dieser Zeit beträchtlich zugenommen, die Kenntnisse der naturwissenschaftlichen Grundlagen der Entstehung und Wirkung ionisierender Strahlung hat sich allerdings kaum verbessert. Ein typisches Beispiel für die in der Öffentlichkeit noch vielfach bestehende Begriffsverwirrung, ist die besonders auch in den Medien häufige Verwendung des seltsamen Terminus »Radioaktive Strahlung«. Dieser Ausdruck bedeutet ja nichts anderes, als strahlungsaktive Strahlung und suggeriert das Gefühl, daß es sich um ein Agenz handelt, das andere Stoffe oder Körper radioaktiv macht. In Wirklichkeit handelt es sich aber nur um Strahlung wie etwa auch die Lichtstrahlung –, die von radioaktiven Stoffen ausgeht. Sie unterscheidet sich von Licht- und Wärmestrahlung insbesondere dadurch, daß sie aus energiereicheren, sogenannten Quanten oder Partikeln besteht, die Atome und Moleküle in dem bestrahlten Objekt ionisieren können und der korrekte Terminus ist daher der Ausdruck »ionisierende Strahlung«

Bis auf eine Ausnahme kann ionisierende Strahlung von radioaktiven Substanzen keine Radioaktivität in anderen Körpern erzeugen. Ausnahme sind die Alpha-Strahlen, bei denen aber auch die unmittelbare Wirkung auf Atome und Moleküle die meist sehr geringen Aktivierungseffekte an Atomkernen weit überwiegt. Sie gelangen nur bei sehr schweren Nuklearunfällen, insbesondere bei der Explosion nuklearer Waffen in die Biosphäre, wirken aber auch dann mehr schädigend durch Wechselwirkung mit den ganzen Atomen und Molekülen als durch Effekte auf Atomkerne, die zur Aktivierung führen.

Dem unsinnigen Ausdruck »radioaktive Strahlung« liegt offenbar eine Verwechslung mit radioaktiver Kontamination zugrunde. Hierunter versteht man bekanntlich die Übertragung und Ausbreitung radioaktiven Materials, das dort, wo es deponiert wird, dann durch Strahlung Energie auf andere Objekte überträgt.

Zutreffend ist, daß lebende Organismen gegen die Wirkung ionisierender Strahlen besonders empfindlich sind. Warum dies so ist und wie die Schädigung von Organismen, in diesem Falle Pflanzen, durch ionisierende Strahlen vor sich geht, ist Gegenstand dieses Bandes. Man kann damit die Grundlage eines Verständnisses der allgemeinen Probleme und Ergebnisse der sogenannten Strahlenbiologie gewinnen. Die erwähnten Fragen der Ausbreitung radioaktiver Kontamination ist Gegenstand einer anderen Disziplin, der Radioökologie und hat nicht unmittelbar mit dem Thema »Strahlenschäden« zu tun. Hier gelten vielmehr Gesetze, die auch auf die Übertragung anderer Schadstoffe anzuwenden sind. Es ist vielleicht nicht unwichtig darauf hinzuweisen, daß das vorliegende Buch nicht die Risikoproblematik behandelt, die heute die Öffentlichkeit so stark im Hinblick auf die Nutzung der Kernenergie beschäftigt. Die Risiken sind allerdings auch erst voll zu verstehen, wenn man sich über den grundsätzlichen Mechanismus der Wirkung ionisierender Strahlen im Klaren ist. Grundsätzlich ist, daß die Übertragung von Energie aus einem Strahlungsfeld auf irgendwelche Objekte ein statistischer oder wie man meist heute sagt, stochastischer Vorgang ist. Das hat zur Folge, daß schon sehr kleine Strahlendosen Energie auf zufallsmäßig betroffene Moleküle oder Atome übertragen können und damit bei lebenden Organismen Effekte hervorrufen, die infolge der physiologischen und besonders metabolischen Vorgänge in diesem Organismus einen das ganze Objekt betreffenden Schaden hervorrufen. Bei höheren Strahlendosen tritt dieser stochastische Charakter der Wirkung zurück und es liegen Verhältnisse vor, die denen etwa der Einwirkung eines chemischen schädigenden Agenz ähnlich sind. Es werden dann also etwa in einem Pflan-zenbestand alle Einzelindividuen mehr oder weniger gleichartig geschädigt.

Im Hinblick auf den Menschen ist die stochastische Wirkung aber sehr bedeutungsvoll. Wenn etwa in einer Population von 100 000 Personen ein bis zehn zusätzliche Krebsfälle auftreten, so wird man das nicht ohne weiteres hinnehmen, obgleich diese Fälle im Hinblick auf das anders bedingte Krebsvorkommen in dieser Population (ca. 250 pro Jahr) kaum nachzuweisen sind. In einem Bestand von 100 000 Einzelpflanzen spielen ein bis zehn in irgend einer Weise geschädigte Individuen praktisch keine Rolle. Es gehört ja zum Wesen der stochastischen Wirkung, daß alle nicht zufällig betroffenen Individuen von der Bestrahlung unberührt bleiben.

Dieser Sachverhalt führt dazu, daß die Strahlenbelastung des Menschen um mehrere Größenordnungen niedriger zu halten ist als die der übrigen Biosphäre. Diese und beson-ders die Pflanzen spielen in dem Prozess der den Menschen betrifft, nur die Rolle von Überträgern, besonders wenn es sich um Pflanzen handelt, die als Nahrungsmittel dienen. All diese Fragen sind heute in den meisten Ländern durch Strahlenschutzverordnungen geregelt, die sich an die Empfehlungen einer internationalen Kommission (ICRP) anleh-nen und als höchstzulässige Dosis für den Menschen $3 \cdot 10^{-4}$ Gray pro Jahr zulassen. »Gray« ist dabei die im Abschnitt 2 des vorliegenden Bandes erklärte, heute benutzte Einheit der Strahlendosis. Der Wert beruht auf Überlegungen in Verbindung mit der natürlichen Strahlenbelastung, der die gesamte Biosphäre bekanntlich seit jeher ausgesetzt ist. Hier sei nur zum Vergleich aufgeführt, daß Schäden, die Pflanzenbestände teilweise oder ganz erfassen und damit etwa zu Ertragsverlusten oder anderen Schadensfolgen führen, in der Größenordnung von 1 - 1000 Gray liegen. Wenn im Kapitel 7.9.1 gesagt wird, daß Bestrahlungsexperimente an Waldökosystemen zeigen, daß Strahlendosen von 10–20 Gy alle Nadelwälder auf der Erde vernichten würden, ist hinzuzufügen, daß schon bei weitaus niedrigeren Dosen alles menschliche Leben auf der Erde erloschen sein würde.

Das Studium von Strahlenschäden in Pflanzen ist also insbesondere dann von Bedeu-tung, wenn es sich um Nutzpflanzen handelt, die außerhalb von Menschen bewohnter Gebiete angebaut werden und bei denen etwa nach einem nuklearen Unfall festzustellen ist, ob nach der erfolgten Strahleneinwirkung noch mit nennenswerten Erträgen zu rech-nen ist. Natürlich wird vielfach die Einwirkung der Strahlung mit einer radioaktiven Verseuchung der Pflanzen und auch des Bodens verbunden sein. Eine solche Verseuchung ist glücklicherweise sehr viel einfacher und schneller nachzuweisen, als das bei den meisten pflanzenschädlichen Chemikalien der Fall ist, insbesondere auch mit einer sehr viel höhe-ren Empfindlichkeit, infolge der von dem radioaktiven Material ausgesandten Strahlung. Typische Schadbilder, die in den o.g. Dosisbereich von etwa 1 bis 100 Gy auftreten, können u.U. auch zur Abschätzung der erfolgten Strahlenbelastung eines gewissen Areals benutzt werden. Man spricht in diesem Fall von biologischen Indikatoren.

Nach allem Gesagten ist es nicht verwunderlich, daß in diesem Buch das empirische Material über Strahlenschäden, das außerordentlich reichhaltig ist, fast ausschließlich auf experimenteller, d.h. vom Menschen bewußt herbeigeführter Einwirkung von Strahlen auf Pflanzen beruht. Beispiele aus der Natur, wie sie etwa für chemische Schadstoffe in großer Menge vorliegen, sind - glücklicherweise - für die Einwirkung ionisierender Strahlen fast gar nicht zu finden. Massive Pflanzenschäden sind ohne Zweifel bei den oberirdischen Atombombenversuchen aufgetreten, jedoch war es grundsätzlich unmöglich in den betrof-fenen Arealen Untersuchungen anzustellen, da in diesem Fall die radioaktive Verseuchung viel zu hoch war. Tatsächlich ist das einzige Beispiel, bei dem Pflanzenschäden durch ein wirklich stattgefundenes Unfallereignis untersucht werden konnten, die Katastrophe von Tschernobyl. Leider sind die hier von russischer Seite erhobenen Daten bisher noch sehr unvollständig publiziert. Soweit sie vorliegen, stehen sie aber voll im Einklang mit dem was augrund des umfangreichen empirischen Materials aus den Experimenten zu erwarten war.

Die Leistung der Autoren des hier vorliegenden Bandes besteht in erster Linie in der recht mühsamen Sammlung und Ordnung der zu dem Thema publizierten Literatur. Auch in den ersten sechs Abschnitten, in denen nach kurzer Erläuterung der physikalischen und zum Teil auch chemischen Grundlagen allgemeine Mechanismen der Strahlenwirkung einschließlich von Versuchen gewisser theoretischer Deutungen behandelt werden, sind schon eine große Zahl praktischer Beispiele eingeschlossen. Besonders wichtig dürfte für den Leser freilich der große siebte Abschnitt sein, in dem die Strahlenwirkung nach Pflanzenarten geordnet sind und für dessen Benutzung nur eine überschlägige Lektüre der vorausgehenden Kapitel erforderlich ist, um sich mit den benutzten Begriffen vertraut zu machen.

Bis auf eine Broschüre in der Schriftenreihe des Bundesministers für Ernährung, Landwirtschaft und Forsten, an der die Autoren dieses Bandes beteiligt waren (BORS, FENDRIK, NIEMANN, 1979) besteht bisher keine deutschsprachige Darstellung des Gesamtgebietes der Strahlenschäden an Pflanzen. Somit schließt dieses Buch eine Lücke nicht nur in dem großen Handbuch von Sorauer, sondern darüberhinaus in der Fachliteratur.

Hannover, im Februar 1991   HELLMUT GLUBRECHT

Vorwort zur 1. Auflage der 6. Lieferung

Die Fertigstellung der 6. Lieferung des Bandes I in der 7. Auflage des Handbuches von SORAUER »Strahlenschäden an Pflanzen«, hat sich sehr viel länger hinausgezögert als ursprünglich vorgesehen. Dafür – und das ist vielleicht ein gewisser Vorteil –, fällt sie jetzt in eine Periode einer gewissen Sättigung des Schrifttums zu diesem Thema. Es braucht nicht besonders betont zu werden, daß es sich in diesem Buch nur um die Schäden in Pflanzen durch ionisierende Strahlen handelt, also nicht etwa die durch Wärmestrahlen oder die seltenen Fälle von Schäden durch sichtbares Licht.

Gerade über ionisierende Strahlen aber ist nicht nur die Öffentlichkeit, sondern auch die Fachwelt – soweit sie nicht gerade selbst mit dieser Thematik befasst ist – fast unzulänglich informiert. Sogar innerhalb der Strahlenbiologie ist der Prozentsatz derjenigen Wissenschaftler, die sich mit Themen in Verbindung mit Medizin und Schädigung des Menschen befassen, weit größer als etwa der, der die Forschung den übrigen Bestandteilen unserer Biosphäre widmet.

Gerade die Pflanzen aber sind nicht nur die Grundlage unserer Ernährung, sondern überhaupt die völlig unentbehrliche Basis unseres Lebensraumes. Wenn auch die Menschheit bisher fast vollständig davon verschont geblieben ist nennenswerten und schädigenden Strahlendosen ausgesetzt zu sein, so bleibt diese Gefahr doch bestehen, solange es eine kerntechnische Industrie gibt und solange vor allen Dingen keine Gewähr dafür gegeben werden kann, daß nukleare Zerstörungsmittel, die furchtbarsten »Waffen«, die die Menschheit je erfunden hat, einmal zum Einsatz kommen.

Der Aufbau dieses Buches ist annähernd zweiteilig. Die ersten sechs Kapitel befassen sich mit allgemeinen Darstellungen der Eigenschaft ionisierender Strahlen und der Besonderheiten ihrer Wirkungsmechanismen in lebenden Organismen, der siebte Teil gibt dann das Material – nach Pflanzenarten geordnet – wieder, das heute zu den wichtigsten angebauten oder natürlich wachsenden Pflanzen gehört.

Unser Dank gilt in erster Linie unserem hochverehrten akademischen Lehrer, Herrn Prof. Dr. Hellmut Glubrecht für das Vertrauen, das er uns gegenüber gezeigt hat, als er uns die Durchführung dieser Arbeit übertrug. Er hat darüberhinaus besonders in der Schlußphase der Fertigstellung des Manuskripts auch noch sehr intensiv selbst aktiv bei der Arbeit mit eingegriffen. Innerhalb des Instituts für Biophysik gilt unser besonderer Dank Prof. Dr. E.-G. Niemann und Frau Dr. E. Burger, die nicht nur verschiedene Kapitel dieses Buches kritisch durchgesehen haben, sondern uns darüberhinaus in vielen Gesprächen mit Rat und Tat zur Seite standen. Als ganz außerordentlich muß die Hilfe bezeichnet werden, für die wir Frau Roswitha Fendrik zu danken haben. Sie hat nicht nur das gesamte Manuskript geschrieben, sondern sich auch intensiv um Koordination und Organisation des Abstimmens der einzelnen Abschnitte und Arbeitsgänge aufeinander bekümmert. Ohne ihren Einsatz und ihre ständige Ermutigung wäre dieses Buch kaum zustande gekommen. Schließlich hat uns in hervorragender Weise bei den Bilddarstellungen und Grafiken Herr Karl-Heinz Iwannek zur Seite gestanden. Auch ihm sei dafür an dieser Stelle herzlich gedankt sowie Frau Ursula Pförtner, die in der Schlußphase bei der Erstellung von Tabellen tatkräftig mitgewirkt hat.

Die Verfasser möchten nicht versäumen, dem Paul Parey Verlag, den beiden Dres. Georgi und Herrn Dr. Etmer für ihre große Geduld zu danken, die sie in der langen Zeit der Arbeit an diesem Buch gezeigt haben. Die im Geleitwort von Herrn Prof. Glubrecht dargestellte Sicht des gesamten Problemkreises erübrigt eine weitere Ausdehnung dieses Vorwortes.

Hannover, im Frühjahr 1991 · ISTVÁN FENDRIK/JENÖ BORS

Inhaltsverzeichnis

1 Einleitung

1.1 Entwicklung und heutige Bedeutung der Strahlenbiologie

Die Entwicklung des Gebietes, über das in diesem Beitrag berichtet werden soll, beginnt mit zwei für die moderne Naturwissenschaft historischen Daten. 1895 entdeckte RÖNTGEN die später nach ihm benannten Strahlen. Ein Jahr später konnte BECQEREL zum ersten Mal die Strahlen radioaktiver Materie beobachten. Zu den wichtigsten Erkenntnissen, die man schon sehr bald bei diesen neuen Strahlenarten machen konnte, gehörte ihre ganz besonders auffallende und starke Wirkung auf lebende Organismen. Man hat deshalb dieser Frage, die heute das Grundproblem der Strahlenbiologie ausmacht, von Anfang an besondere Aufmerksamkeit gewidmet.

Die früheren Untersuchungen über Strahlenwirkung und Strahlenschäden lagen keineswegs nur auf medizinischem Gebiet. Es wurden allgemein biologische Objekte und insbesondere auch Pflanzen in ihrer Reaktion auf diese Strahlen untersucht. So existieren schon umfangreiche Arbeiten aus den ersten Jahren unseres Jahrhunderts über die Strahlenwirkung auf Pflanzen, u.a. von GAGER (1908) und GUILLEMINOT (1907). Waren die ersten wissenschaftlichen Untersuchungen noch vorwiegend phänomenologischer Natur, so führte die weitere Entwicklung der Atomphysik und damit die physikalische Klärung der Natur der Röntgenstrahlen und der Strahlung radioaktiver Stoffe zu Beginn der 20er Jahre zu einer recht stürmischen Entwicklung und zur Bildung erster strahlenbiologischer Theorien. 1922 veröffentlichte DESSAUER eine erste Arbeit über die sogenannte Treffertheorie. Unabhängig davon entwickelte in den USA CROWTHER (1924) ähnliche Vorstellungen. Eine breitere und auch tiefergehende Entwicklung des Gebietes wurde aber erst möglich, als auch biochemische Erkenntnisse im weiteren Umfange zur Verfügung standen. Die zunehmende Erschließung der Struktur der Eiweißmoleküle und der Nukleinsäuren und viele andere biochemische Erkenntnisse haben die strahlenbiologischen Analysen außerordentlich befruchtet. Neben der zunehmenden praktischen Bedeutung des Gebietes dürften es diese Möglichkeiten der Einbeziehung weiterer wissenschaftlicher Erkenntnisse gewesen sein, die das ungeheure Anwachsen des strahlenbiologischen Schrifttums zur Folge hatten.

Über die gesamte Literatur der Strahlenwirkung auf Pflanzen aus den Jahren 1896–1955 existiert eine sehr vollständige und gut gegliederte Literatursammlung von SPARROW und Mitarb. (1958). In dieser Sammlung sind über 2500 Arbeiten erfaßt. Man kann aber wohl etwa schätzen, daß in den seither verflossenen 3 Jahrzehnten ein mehrfaches an weiteren Arbeiten über dieses Thema erschienen sind, wobei die weitaus größte Anzahl an Publikationen bis ca. 1973 erschienen ist. So erbrachte eine kürzlich erstellte Literaturrecherche über allgemeine Strahlenwirkung auf Pflanzen über die vergangenen 30 Jahre etwa 7000 Titel. Ein großer Teil befaßt sich allerdings mit der Mutationsauslösung durch Strahlen. Die gleichlaufenden Untersuchungen über Strahlenwirkung an tierischen Organismen einschließlich der speziell medizinisch ausgerichteten Arbeiten dürfte eine weitaus höhere Zahl betragen.

Diese Angaben beziehen sich dabei nur auf die Wirkung derjenigen Strahlen, von denen in diesem Beitrag die Rede sein soll und die man als ionisierende Strahlen zusammenfaßt. Ihre genauere Definition wird im 2. Abschnitt erfolgen. Neben den ionisierenden Strahlen nehmen natürlich im Hinblick auf ihre biologische Bedeutung andere Strahlenarten, wie z.B. Licht und Ultrarot (Wärmestrahlung) eigentlich einen weit größeren Raum ein. Ferner wären unter dem Begriff Strahlen natürlich auch der Ultraschall oder die elektrischen

Wellen zu erfassen. Der Wirkungsmechanismus dieser anderen Strahlenarten in der lebenden Zelle ist aber von dem der ionisierenden Strahlen mehr oder weniger weit verschieden. Gerade bei den ionisierenden Strahlen spielt das Auftreten von Strahlen-Schäden eine besondere Rolle. Nur die ultraviolette Strahlung zeigt in einigen Zügen Verwandtschaft mit der Wirkung ionisierender Strahlen. Soweit hier Zusammenhänge bestehen, werden sie in den folgenden Abschnitten erwähnt werden. Eine gemeinsame Erfassung aller Strahlenwirkungen müßte ein sehr umfangreiches Werk mit sehr unterschiedlich zu behandelnden Einzelkapiteln umfassen.

Man kann verschiedene Gründe anführen, die zu der besonderen Beachtung geführt haben, die man heute der Wirkung ionisierender Strahlen auf den lebenden Organismus schenkt. Allgemein ist es wohl die starke Entwicklung und Verbreitung der Kerntechnik, die eine Beschäftigung mit Strahlenschäden in biologischen Organismen unumgänglich macht. Es ist nicht zu leugnen, daß neben dem militärischen Einsatz die friedliche Nutzung der Kernenergie sehr viel dazu beigetragen hat, daß das Interesse an Natur und Ursache der Strahlenschäden auch heute noch besonders groß ist. Eine Erhöhung der Strahlenbelastung, wie sie im Falle nuklearer Unfälle auftreten kann, wird die pflanzliche Produktion quantitativ wie qualitativ erheblich beeinflussen. Um die Folgen einer solchen erhöhten Strahlenbelastung verläßlich abschätzen und durch geeignete Maßnahmen möglicherweise sogar verringern zu können, müssen die Strahleneffekte auf Pflanzen, besonders auf Nutzpflanzen genau bekannt sein.

Auch die Anwendung nuklearer Methoden außerhalb der Kernenergie, die heute und auch in der Zukunft für die wissenschaftliche und technische Entwicklung unentbehrlich sein dürfte, führt zu Problemen auf dem Gebiete der Strahlenbiologie. Der Einsatz von Strahlen und Strahlenquellen in der wissenschaftlichen Arbeit und die Anwendung radioaktiver Isotope als Indikatoren machen es erforderlich, die dabei möglicherweise auftretenden Schäden im behandelten biologischen Objekt zu berücksichtigen. Häufig werden auch bestimmte Strahlenwirkungen angestrebt wie z. B. die Auslösung von Mutationen oder die Sterilisation pflanzlicher Nahrungsmittel. Auch in diesem Fall können und werden sogar meist neben den erwünschten Wirkungen Strahlenschäden auftreten, deren Zustandekommen und Natur erkannt werden muß. Schließlich darf aber auch nicht übersehen werden, daß die Beschäftigung mit der Wirkung ionisierender Strahlen schon in den vorangegangenen Jahren und sicher erst recht in der Zukunft wesentliche Bedeutung für die biologische Grundlagenforschung haben kann. Wir hoffen, daß dieser Zusammenhang aus dem folgenden Beitrag ersichtlich sein wird. Auf jeden Fall steht bei vielen strahlenbiologischen Experimenten das Ziel im Vordergrund, neue Erkenntnisse über Aufbau und Funktion der lebenden Zelle und ihrer Organe sowie auch ganzer Organismen zu gewinnen. Daß dies möglich ist, liegt in der besonderen Natur der Strahlenwirkung, die im folgenden Abschnitt in ihren Grundzügen erläutert werden soll.

Die große Bedeutung, die die Strahlenbiologie aus den genannten Gründen heute gewonnen hat, führte zum Erscheinen einer ganzen Reihe zusammenfassender Werke oder Handbuchbeiträge. Über die Strahlenwirkung auf Pflanzen gibt es Gesamtdarstellungen von GUNCKEL und SPARROW (1965), die zwar den gesamten Pflanzenbereich erfassen, jedoch nicht die Literatur der letzten 25 Jahre. Über Vicia faba, dem beliebtesten Objekt cytologischer und biochemischer Untersuchungen, erschien eine Monographie der Strahlenwirkung (READ 1959). Andererseits wurde von BORS, FENDRIK u. NIEMANN 1979 als einzige Darstellung über Strahlenwirkung auf Nutzpflanzen ein Werk herausgegeben. Als sehr wichtige einschlägige Literatur muß noch die Zeitschrift Radiation Botany (seit 1976 Environmental and Experimental Botany) erwähnt werden, die zahlreiche Beiträge über die Strahlenwirkung auf Pflanzen enthält. Sie wurde von SPARROW und Mitarbeitern in Brookhaven herausgegeben. Diese Forschungsgruppe leistete einen wesentlichen Anteil zu dem heutigen Stand der Kenntnisse über fast alle Aspekte der Strahlenbotanik. Es sei noch erwähnt, daß zum ersten Eindringen in das allgemeine Gebiet der Strahlenbiologie die Bücher von BACQ und ALEXANDER (1958 und 1961) besonders geeignet sind, ferner von DERTINGER und JUNG (969) (in deutscher Sprache) sowie von KIEFER (1989).

1.2 Strahlenwirkungen im Vergleich zu anderen Wirkungen auf Pflanzen

Es gehört zu den charakteristischen Zügen der Strahlenschäden, daß sie vom äußeren Erscheinungsbild her nicht in typischer Weise zu erfassen sind. Man sieht sich einer unübersehbaren Fülle von Reaktionen gegenüber, mit denen die Pflanze auf eine Bestrahlung antwortet. Die Veränderungen, die dabei auftreten, betreffen sowohl den morphologischen wie den physiologischen als auch den cytologischen Bereich. Es kommen Veränderungen im Reizverhalten, im Stoffwechsel und im Fortpflanzungsgeschehen vor. Man könnte versuchen, zwischen Strahlenschäden zu unterscheiden, die entweder nur Hemmung, unter Umständen auch eine Stimulation normaler Abläufe in der Entwicklung der Pflanze darstellen oder solchen Strahlenschäden, die sich im Auftreten abnormer Formen und Vorgänge zeigen. Auch diese Unterscheidung ist aber praktisch kaum möglich, da sie nicht für bestimmte Schadensfälle typisch ist. Eine Einteilung der Strahlenschäden von den biologischen Endreaktionen her erscheint nicht zweckmäßig, da immer verschiedene Schädigungen gleichzeitig auftreten, auch wenn nicht immer alle Wirkungen der Strahlung beobachtet werden oder beobachtbar sind. Im Kapitel 4.0 wird ein Überblick über die biologischen Reaktionen nach Strahlenwirkung gegeben. Dieser Überblick hat aber nur im Zusammenhang mit den vorhergehenden Analysen des biophysikalischen und biochemischen Geschehens einen Sinn.

Nur eine Unterscheidung ist von vornherein wesentlich: der Unterschied zwischen somatischen und genetischen Schäden. Diese Unterscheidung ist für die Beurteilung einer Strahlenwirkung unentbehrlich. Sie bedeutet jedoch keine Einteilung der Strahlenwirkungen ihrer Wesensart nach. Bei den meisten somatischen Schädigungen dürften gleichzeitige erbliche Veränderungen auftreten. Umgekehrt kommen bei geringen Strahlenbelastungen allerdings genetische Schädigungen vor, ohne von sofort nachweisbaren somatischen Wirkungen begleitet zu sein. Gelegentlich treten allerdings auch Strahlenwirkungen auf, die sich nicht ohne weiteres in eine dieser Gruppen einordnen lassen (FRITZ-NIGLI, 1959; SPARROW u. GUNCKEL, 1961; GUNCKEL, 1965). Man kann weiterhin feststellen, daß – von den äußeren Wirkungen her betrachtet – ionisierende Strahlen zu keinem Schädigungstyp führen, der nicht prinzipiell auch als Folge anderer Noxen auftreten könnte. Insbesondere können chemische Einwirkungen im biologischen Schadensbild den eigentlichen Strahlenschäden völlig entsprechen.

Die Besonderheit der Strahlenwirkung liegt im molekularen Geschehen, d.h. in den biophysikalischen und biochemischen Vorgängen, die sich nach Absorption der Strahlung vor der Entwicklung des sichtbaren biologischen Schadens abspielen. Die Strahlenwirkung läuft also im allgemeinen über eine längere Reaktionskette. Dabei ist das metabolische Geschehen in der Pflanze von ausschlaggebender Bedeutung. Die natürlichen Reaktionen der Pflanze können – wieder ähnlich wie bei chemischen Einwirkungen – die Schädigung kompensieren, aber auch verstärken. Wesentlich dürfte noch die Unterscheidung reversibler und irreversibler Strahlenschäden sein. In einer Reihe von Fällen normalisiert sich das Verhalten der Pflanze nach Auftreten von Strahlenwirkungen wieder nach einer hinreichend langen Zeit.

Eine typische Eigenart der biologischen Strahlenwirkung läßt sich bereits aus einer überschlägigen Energiebetrachtung ersehen. Signifikante Wirkungen treten in Pflanzen nach Strahlendosen auf, die, sehr grob geschätzt, im Mittel bei 50 Gy* liegen. Es sei eine Zelle von der Größe $10 \times 10 \times 10 \ \mu m^3$ angenommen. Die Strahlendosis 50 Gy bedeutet dann eine Energiezufuhr von etwa 5×10^{-4} erg/Zelle. Diese Energie würde, als Wärme der Zelle zugeführt, eine Temperaturerhöhung um etwa $1/100°$ C zur Folge haben, d.h. die als ionisierende Strahlung durchaus wirksame Energie wäre als Wärme gegeben biologisch ohne jede Bedeutung.

Noch interessanter ist ein Vergleich mit chemischen Wirkungen. Es sei angenommen, daß die Standardzelle von $1000 \ \mu m^3$ Moleküle mit einem mittleren Molekulargewicht von 10^4 enthielte. Die Strahlendosis 50 Gy würde dann etwa in jedem 6000 sten Molekül der Zelle eine Veränderung, d.h. zum Beispiel eine Ionisation oder Anregung hervorrufen können. Um den gleichen Prozentsatz Moleküle zu verändern, müßte man ein chemisches Gift, wie z.B. Lost $(S(CH_2CH_2Cl)_2)$ in einer Konzentration von 0,0003% in die Zelle bringen. Lost erzeugt bekanntlich in lebenden Organismen Wirkungen, die denen einer Bestrahlung recht ähnlich sind. Dazu braucht man jedoch in Wirklichkeit Konzentrationen, die etwa 10-100mal höher liegen, als der eben angegebene Wert. Man kann also sagen, daß ionisierende Strahlung um den Faktor 10-100 effektiver ist als chemische Substanzen, die im Prinzip die gleiche Reaktion hervorrufen könnten.

Sehr instruktiv ist auch ein Vergleich mit der Wirkung anderer Strahlenarten. Wenn man von der Solarkonstanten ausgeht, so würde die Oberfläche der bei diesen Berechnungen zu Grunde gelegten Zelle von etwa $100 \ \mu m^2$ bei voller Sonneneinstrahlung in unseren Breiten innerhalb einer Stunde etwa eine Energie von 2000 erg erhalten. Selbst wenn man annimmt, daß hiervon nur etwa 1% in der Zelle absorbiert wird, so bleiben doch 20 erg als in diesem Falle in der Zelle deponierte Energie. Die oben angeführte Energiemenge bei einer Strahlenschädigung von 5×10^{-4} erg/Zelle beträgt nur 1/40000 der in einer Stunde aus der Sonneneinstrahlung aufgenommenen Energie.

Ultraviolette Strahlung kommt in ihrer Wirksamkeit den ionisierenden Strahlen – energetisch gesehen – schon näher. Man erhält UV-Wirkungen schon bei Einstrahlungen, die etwa $1 \ erg/100 \ \mu m^2$ betragen. Im allgemeinen wird die Absorption in der Zelle für diese Strahlung höher sein. Aber auch hier liegt die Energie, die in Form ionisierender Strahlen biologisch wirksam wird, immer noch um 1-2 Größenordnungen niedriger.

Man sieht bereits aus diesen orientierenden Überlegungen, daß man die Wirkung ionisierender Strahlen am ehesten mit der sehr effektiver chemischer Gifte vergleichen kann. Ein solcher Vergleich ist durchaus sinnvoll, wenn man von den am Ende erzielten Reaktionen ausgeht. So hat zum Beispiel EHRENBERG (1955) die Spektren der durch verschiedene Strahlenarten und der durch chemische Mutagene ausgelösten Mutationstypen gegenübergestellt. Dabei zeigen sich wohl quantitative, aber nicht qualitative Unterschiede in den auftretenden Mutationstypen.

Unterschiede bestehen natürlich – abgesehen von der extrem hohen Empfindlichkeit – noch im Wirkungsmechanismus der ionisierenden Strahlen. Hier sind vor allem 2 Punkte hervorzuheben:

a) Während jede chemische Substanz nur auf bestimmte Moleküle einwirkt, mit denen sie reagieren kann, ist die Strahlung, wie GORDON (1959) sagt, »completely democratic«. Das bedeutet, grundsätzlich kann die Strahlung in jedem in der Zelle befindlichen Molekül Veränderungen hervorrufen. Dabei gelten insbesondere auch nicht die gleichen Quantengesetze wie bei chemischen Reaktionen.

b) Während die Moleküle eines chemischen Stoffes nur durch Diffusion und damit räumlich homogen an ihre Reaktionspartner herangebracht werden, spielen bei der Einwirkung ionisierender Strahlen geometrische Überlegungen eine wesentliche Rolle.

---

* 1 Gy (Gray) = 1 J · kg^{-1} (s.a.u.S. 25); 1 erg = 10^{-7}J

Die ausgelösten Primärreaktionen sind räumlich konzentriert und die Wirkung deshalb von Energie und Art der Strahlung abhängig.

Diese grundsätzlichen Eigentümlichkeiten der Strahlenwirkung haben natürlich Folgen für die danach ablaufenden biochemischen Prozesse. Um dies zu verstehen, muß kurz auf die Natur der verschiedenen Typen ionisierender Strahlung eingegangen werden.

Vorher soll noch kurz gezeigt werden, wie sich die unter a und b genannten Eigentümlichkeiten der ionisierenden Strahlung in den sogenannten Dosiseffektkurven widerspiegeln. Unter einer Dosiseffektkurve versteht man ein zweidimensionales Diagramm, bei dem auf der Abzisse die Dosis der applizierten Strahlung aufgetragen wird, während die Ordinate ein Maß für den damit erzielten Effekt bietet. Dies könnte z. B., wie es auch in der Abb. 1 eingetragen ist, die Zahl überlebender Bakterien bei Behandlung einer Bakterienkultur mit Strahlen sein, aber ebenso gut auch die Zahl der Zellen, die noch keine bestimmten Chromosomendefekte aufweisen, die bei anderen durch Strahlung verursacht werden usw.

Wir hatten nun ein zweites verglichen, die Wirkung einer toxischen Substanz mit der Wirkung ionisierender Strahlen. Man erkennt, daß das chemische Agens unterhalb einer Schwellendosis keine Effekte hervorruft, beim Überschreiten der Schwellendosis aber dann sehr rasch in vollem Umfange wirksam wird. Daß die Kurve nicht direkt rechteckig verläuft, liegt natürlich an der biologischen Variabilität, die wir bei allen Behandlungen lebender Objekte zu berücksichtigen haben.

Die Dosiseffektkurven für die Wirkung ionisierender Strahlen verlaufen dagegen ganz anders, ein S-förmiger Charakter ist bei einer Kurve noch angedeutet, die andere ist, wie wir später noch sehen werden, direkt eine e-Funktion.

Derartige Dosiseffektkurven, wie sie hier als Beispiele für die Wirkung von ionisierenden Strahlen angegeben sind, können nur auftreten, wenn wir stochastische Vorgänge haben,

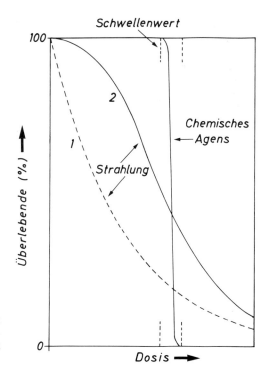

Abb. 1: Schematische Darstellung von Dosis-Effekt-Kurven für Gift- und Strahlenwirkung (nach ZIMMER, 1960, DERTINGER u. JUNG, 1969)

d.h. wenn gleichartige Prozesse wie der Übertrag von Energie der Strahlung auf das bestrahlte Objekt zufallsmäßig und voneinander unabhängig Folgereaktionen verursachen.
Wir werden auf diese Zusammenhänge später im Kap. 6.1. zurückkommen und dort eine
genauere Deutung von Kurven geben, wie sie in der Abb. 1 dargestellt sind.

2 Physikalische Grundlagen der Strahlenwirkung

Bei der Einwirkung ionisierender Strahlen auf höhere Pflanzen muß die Tatsache berücksichtigt werden, daß die Strahlung – ein physikalisches Agens – mit einem komplizierten biologischen System reagiert und dort über eine lange Reaktionskette von physikalischen, chemischen und schließlich biologischen Folgenreaktionen zu einem erkennbaren Straheneffekt führt.

Bei der Beschäftigung mit Strahlenschäden auf Pflanzen lassen sich deshalb physikalische, chemische und biologische Gesichtspunkte nicht trennen. Trotzdem seien hier zunächst einmal kurz die wichtigsten physikalischen Grundlagen zusammengestellt.

2.1 Strahlenarten, Energie

Vom physikalischen Standpunkt aus unterscheidet man zwischen elektromagnetischen Wellen und Korpuskularstrahlen (Abb. 2). Die elektromagnetischen Wellen werden dabei durch ihre Wellenlänge λ gekennzeichnet, ihr Spektrum reicht von den elektrischen Wellen der Nachrichtenübermittlung mit abnehmender Wellenlänge über das Infrarot, die sichtbare und ultraviolette Strahlung bis zu den Röntgen- und γ-Strahlen. Zu den eigentlichen ionisierenden Strahlen gehören davon nur die beiden letztgenannten. Die ultraviolette Strahlung stellt im Hinblick auf ihre biologische Wirksamkeit einen Grenzfall zwischen dem sichtbaren Licht und den Röntgenstrahlen dar. Ionisationen, d. h. Abtrennung

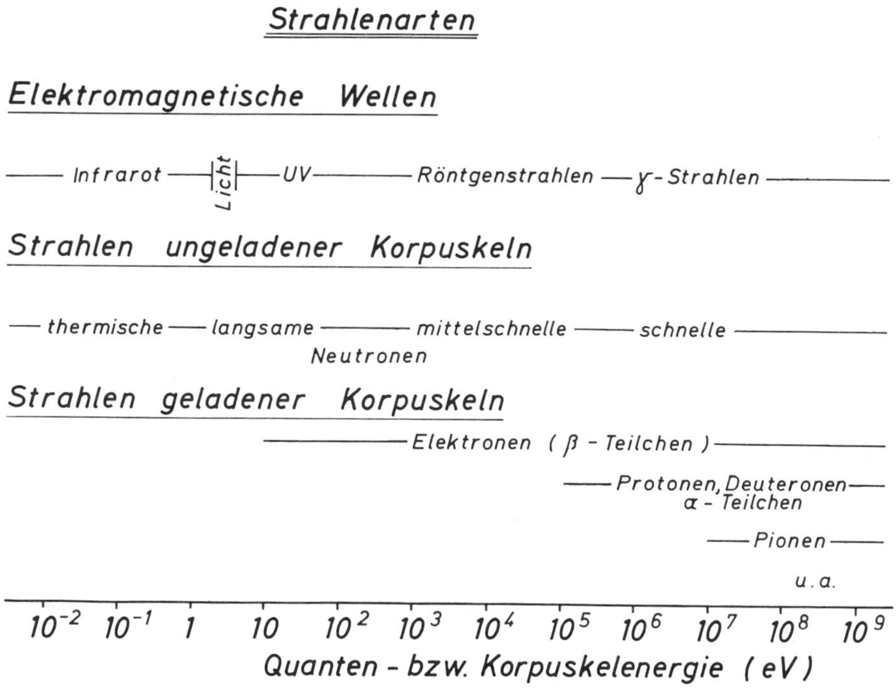

Abb. 2: Strahlenarten

von Elektronen aus den Atomhüllen, treten bei UV-Bestrahlung in biologischen Objekten praktisch kaum auf.

Dagegen sind alle Arten von Korpuskularstrahlen als ionisierende Strahlen zu bezeichnen. Unter dem Begriff »ionisierende Strahlung« faßt man all die Strahlenarten zusammen, deren Energie groß genug ist, um Elektronen aus dem Molekülverband zu lösen und die Moleküle dadurch zu ionisieren. Unmittelbar ionisieren geladene Teilchen wie Elektronen, Protonen, Deuteronen, Alphateilchen (Heliumkerne) und andere, schwere Atomkerne. Das gleiche gilt für geladene Mesonen. Daneben können bei allen diesen Teilchen bei hinreichend hoher Energie Wechselwirkungen mit den Atomkernen auftreten. Bei Neutronen ist dieses überhaupt die einzige Form der Energieabgabe. Kernreaktionen sind aber sicher nur mittelbar für biologische Strahlenschäden verantwortlich. Die Schädigung verläuft auch dann wieder über die Entstehung ionisierender Teilchen bei den Kernprozessen. So wirken Neutronen im wesentlichen durch die Auslösung von Rückstoßprotonen.

Die Strahlenenergien werden in einer Maßeinheit angegeben die größenordnungsmäßig den Energieumsetzungen in der Hülle eines einzelnen Atoms bei Ionisationen oder chemischen Reaktionen angepaßt ist, nämlich in Elektronenvolt [eV]. Zu einer einzelnen Ionisation ist etwa eine Energie in der Größenordnung von 10 Elektronenvolt [eV] nötig, meist haben aber die Teilchen oder Quanten dieser Strahlung ein hohes Vielfaches dieser Energie im Bereich von KeV [= 1000 eV] bis MeV [= Millionen eV], so daß beim Durchgang dieser Strahlen durch Materie entlang ihrer Bahn Ionisationen in großer Zahl entstehen. Die so ionisierten Moleküle sind im allgemeinen sehr reaktionsfähig, können neue chemische Verbindungen eingehen und damit den Grundstein zu einem letztlich biologisch erkennbaren Effekt legen. Neben Ionisationen entstehen dabei auch immer Anregungen in den Atomen des bestrahlten Objektes. Bei der Strahlenreaktion biologischer Systeme spielen Beta- (β)- und Gamma- (γ)-Strahlen die wichtigste Rolle. Sie entstehen beim Zerfall radioaktiver Stoffe. Betastrahlen sind aus dem Kern freigesetzte energiereiche Elektronen, die sich durch Umwandlung eines Neutrons in ein Proton und ein Elektron bilden. Das entspricht der Umwandlung des Kerns in einen Tochterkern, der zu einem Element mit einer um 1 höheren Ordnungszahl gehört. Die emittierten Elektronen, die β-Strahlen, haben im allgemeinen Energien in der Größenordnung von MeV. Ihre Gesamtreichweite im Wasser oder biologischem Material liegt bei etwa 1 cm, so daß sie zwar nicht in tiefere Gewebeschichten eindringen können, aber auf ihrer kurzen Bahn die gesamte Energie abgeben. Die Gammastrahlung ist eine elektromagnetische Strahlung, ähnlich dem Licht, aber mit sehr viel höherem Energiegehalt. Sie entsteht beim Kernzerfall durch den Übergang angeregter Kernzustände in den Grundzustand. Ihre Energie liegt ebenfalls im KeV- bis MeV-Bereich, ihre Reichweite ist jedoch erheblich größer. Als Faustregel kann man ansetzen, daß sie in etwa 10 cm Wasser zur Hälfte absorbiert wird, wobei die Schwächung, einem Exponentialgesetz folgt. Der γ-Strahlung äquivalent ist die Röntgenstrahlung; sie wird jedoch künstlich durch Beschuß einer Schwermetallanode mit schnellen Elektronen erzeugt. Bei den Versuchen zur Ermittlung der Strahlenwirkung auf Pflanzen wurden im wesentlichen Röntgenstrahlen benutzt, weil sie sich mit hoher Intensität erzeugen lassen und gleiche Eigenschaften wie γ-Strahlen entsprechender Energie haben.

Durch Reaktionen leichter Kerne mit Protonen, Deuteronen oder α-Teilchen können Neutronen entstehen. Ihre Wechselwirkung mit biologischen Objekten erfolgt primär nur mit Atomkernen, also nicht mit Atomelektronen, und zwar durch Streuung oder Absorption, d. h. Neutroneneinfang. Streuung ist ein Stoßprozeß zwischen dem Neutron und einem Atomkern. Bei elastischer Streuung an Wasserstoffatomen entstehen Rückstoßprotonen, die ihre Energie in Form von Ionisation und Anregung an das Gewebe abgeben, während bei unelastischer Streuung die Energie zur Kernanregung verwandt wird. Beim Neutroneneinfang wird ein langsames Neutron im Atomkern aufgenommen, und durch die darauffolgende Emission eines γ-Quants entsteht ein Isotop des absorbierenden Atoms.

Neutronen mit einem breiten Energiespektrum von ca. 0,01 MeV (»thermische Neutronen«) bis zu einigen MeV (»schnelle Neutronen«) entstehen bei der Kernspaltung (s. u.). Sie spielen eine große Rolle bei nuklearen Explosionen, d. h. bei Atombomben. Aus Reaktoren, die der friedlichen Erzeugung von Energie dienen, tritt keine Neutronenstrahlung aus. Auch bei Unfällen ist die Schadwirkung von Neutronen gegenüber der von β- und γ-Strahlung zu vernachlässigen.

2.2 Natürliche Strahlenbelastung

Daß biologische Systeme einer natürlichen Strahlenbelastung ausgesetzt sind, ist weder neu noch eine menschliche Erfindung. Diese Strahleneinwirkung besteht seit es Leben auf der Erde gibt und hat möglicherweise eine bedeutende Rolle für die Evolution gespielt. Sowohl aus dem Weltraum (Höhenstrahlung) als auch durch natürliche Radionuklide in unserer Umgebung (Umgebungsstrahlung oder terrestrische Strahlung) sind alle Tiere und Pflanzen stets einer gewissen Straßendosis ausgesetzt, die je nach Höhenlage und Umgebungsmineralien sehr stark (bis zum Faktor 50) schwanken kann. Die Höhenstrahlung besteht primär aus Protonen und anderen Atomkernen und erzeugt in der Atmosphäre eine Reihe anderer Strahlenarten. Die Höhenstrahlung ist in ihrer Intensität auf der Erdoberfläche durch technische Hilfsmittel praktisch kaum beeinflußbar. Nach den heutigen Kenntnissen ist nicht zu entscheiden, ob diese natürliche Strahlenbelastung auf lebende Organismen bereits einen schädigenden Einfluß hat. Durch die Tatsache jedoch, daß die natürliche Strahlenbelastung in ihrer ganzen Schwankungsbreite nicht zu erkennbar unterschiedlichen Strahlenschäden führt, kann man annehmen, daß das biologische Gleichgewicht, bzw. die Entwicklung der Organismen auf diese Einflüsse abgestimmt ist. Die Natur hat in lebenden Organismen Systeme entwickelt, die primäre Strahlenschäden in einem gewissen Ausmaß reparieren und damit unwirksam machen können.

Das geht natürlich nur bis zu einer gewissen Grenze, oberhalb derer die Reparatursysteme nicht mehr wirksam genug arbeiten können, so daß Folgeschäden eintreten.

2.3 Kernspaltung

Als Kernspaltung bezeichnet man den Prozeß, bei dem schwere Atomkerne der Elemente Uran und Plutonium beim Beschuß mit langsamen Neutronen spontan in zwei mittelschwere Kerne und einige weitere Neutronen zerfallen können, wobei große Energiemengen freiwerden. Die gleichzeitig freigesetzten Neutronen können wiederum zu neuen Kernspaltungen führen und damit eine »Kettenreaktion« auslösen. In Kernwaffen wird eine solche Kettenreaktion unkontrolliert ausgelöst und führt zur explosionsartigen Freisetzung riesiger Energiemengen. In Kernreaktoren wird diese Reaktion so gesteuert, daß über einen langen Zeitraum kontrollierte Energie produziert und letztlich über Dampf zur Stromerzeugung genutzt wird.

Allen Spaltprozessen ist gemeinsam, daß dabei wie gesagt mittelschwere Atomkerne entstehen, die im allgemeinen nicht stabil sind, sondern »radioaktiv« und unter Emission ionisierender Strahlung weiter zerfallen. Während diese Spaltprodukte im Kernreaktor in den Brennelementen eingeschlossen bleiben und von da nur in Stör- oder Unglücksfällen in begrenztem Umfang entweichen können, werden sie bei Kernexplosionen in vollem Umfang freigesetzt, gelangen in die Atmosphäre und sinken von da in Form von Staub (Fallout) oder Regen (Washout) wieder auf die Erdoberfläche ab. Zusätzlich zu den schweren Zerstörungen im Nahbereich einer Kernwaffenexplosion kann dieser Fallout weiträumig zu einer erheblichen Strahlenbelastung führen und dadurch unter anderem die

Pflanzenproduktion wesentlich beeinträchtigen. Insbesondere diese Strahlenwirkung auf Pflanzen ist Gegenstand der hier dargestellten Forschungsergebnisse.

2.4 Strahlenquellen

Im Rahmen der Forschung stehen für die Bestrahlung biologischer Objekte die verschiedensten Strahlenquellen zur Verfügung, die man etwa wie folgt gruppieren kann.

a) konventionelle Röntgenanlagen zur Erzeugung von Röntgenstrahlen im Energiebereich von 10–400 KeV. Sie können stationär aber auch als fahrbare Anlagen für die Bestrahlung von Pflanzen oder anderen Objekten eingesetzt werden.

b) radioaktive Isotope (Radionuklide) von fast allen chemischen Elementen, Tabelle 1 gibt eine Übersicht über einige der gebräuchlichsten Radionuklide. Dabei ist von den etwa 40 natürlichen radioaktiven Isotopen als einziges das ^{226}Ra aufgenommen. Die künstlich erzeugten Radionuklide liefern fast alle β-Strahlen (negative und positive Elektronen) im Energiebereich von etwa 10 keV bis 3 MeV. Etwa 50 % aller Radionuklide senden gleichzeitig γ-Strahlen aus, die dann nur einzelne diskrete Energien im Bereich von ebenfalls etwa 10 keV bis 3 MeV haben. Unter den schwereren Radionukliden finden sich ferner Alphastrahler mit Alpha-Energien von einigen MeV.

Tab. 1: Einige gebräuchliche Radionuklide

Elemente	Atomgewichtszahl	Halbwertszeit	Strahlenart
Radium	226	1620 a	,γ
Gold	198	2,7 d	β,γ
Thulium	170	127 d	β,γ
Caesium	137	30 a	β,γ
Jod	131	8,05 d	β,γ
Strontium	90	28 a	β
Strontium	89	50,4 d	β
Rubidium	86	17,7 d	β,γ
Cobalt	59	45 d	β,γ
Schwefel	35	87 d	β
Phosphor	32	14,3 d	β
Natrium	24	15,4	β,γ
Kohlenstoff	14	5760 a	β
Wasserstoff	3	12,26 a	β

c) Kernreaktoren, die gleichzeitig γ-Strahlen bis etwa 10 MeV und Neutronen des gesamten Energiebereiches von thermischen Energien bis ca. 20 MeV liefern. Die Ausschaltung einzelner Strahlungsanteile bereitet bei einem Reaktor als Strahlquelle einige Schwierigkeiten. Am ehesten sind noch thermische Neutronen ohne allzu starke Beimengung anderer Strahlenarten zu erhalten.

d) Teilchenbeschleuniger, die zunächst grundsätzlich geladene Korpuskeln auf hohe Energien bringen. Maximal werden dabei heute Werte bis über 10^{10} eV erreicht. Durch Einfügung geeigneter »Targets« lassen sich über Kernprozesse bzw. Fremdstrahlenerzeugung mit den Teilchenbeschleunigern auch Neutronen- und γ-Strahlen in einem weiten Energiebereich erzeugen. Zu den Teilchenbeschleunigern sind prinzipiell auch Anlagen zu rechnen, die mit einer einfachen Beschleunigungsstrecke niederenergetische Elektronen bis zu einigen eV erzeugen. Die Fülle dieser Art Strahlenquellen ist so groß, daß auf Einzelheiten hier nicht eingegangen werden kann. Derartige Geräte stehen aber bislang im allgemeinen nur in kernphysikalischen Laboratorien zur Verfügung.

2.5 Radioaktiver Zerfall »Halbwertzeit«

Die bei der Kernspaltung entstehenden mittelschweren Kerne sind nicht stabil; in mehreren aufeinander folgenden Schritten zerfallen sie unter Strahlenemission. Für jedes einzelne Spaltprodukt – wie für jeden radioaktiven Kern überhaupt – ist eine Zerfallsgeschwindigkeit typisch. Sie wird meist als »Halbwertzeit« (H.W.Z.) angegeben, d. h. als die Zeit, in der die Hälfte aller vorhandenen Atome dieser Art zerfallen sind. Nach Verlauf einer weiteren Halbwertzeit ist dann wiederum die Hälfte der restlichen Atome zerfallen usw., so daß sich insgesamt ein exponentieller Abfall ergibt. Die Halbwertzeiten der verschiedenen Kerne sind sehr unterschiedlich (s. Tab. 1) und können im Bereich von Sekundenbruchteilen bis zu Tausenden von Jahren liegen. In einem vorhandenen Spaltproduktgemisch verschwinden zunächst diejenigen mit kurzer H.W.Z. und später die langlebigen. Insgesamt ergibt sich ein Abfall der Anfangsaktivität A_0 mit der Zeit, der sich durch den Ausdruck

$$A = A_0 \cdot t^{-1,2}$$

recht gut beschreiben läßt.

2.6 Dosis, Dosisleistung, RBW, LET und Dosiseffektkurven

Der wichtigste Parameter bei der Entstehung von Strahlenschäden ist die Strahlendosis. Natürlich sind die sorgfältige Bestimmung der Dosis und die kritische Kontrolle des dazu benutzten Verfahrens auch unbedingt notwendige Voraussetzungen für die Interpretation aller strahlenbiologischen Experimente. Die Dosis ist allgemein zu definieren als die Energie, die von der Strahlung auf die Masseneinheit des bestrahlten Objektes übertragen und dort absorbiert wird. Die Einheit dieser Energiedosis nach dem jetzt eingeführten SI-System ist das »Gray« [Gy]

$$1 \text{ Gy} = 1 \text{ J} \cdot \text{kg}^{-1}$$

Gerade in biologischen Systemen ist es häufig nicht gleichgültig, ob eine bestimmte Gesamtdosis in kurzer oder langer Zeit verabreicht wurde, da Sensibilitätsänderungen und Reparaturprozesse die Strahlenwirkung beeinflussen können. Man gibt daher zusätzlich zur absorbierten Gesamtdosis noch die Dosisleistung an, die z.B. in Gy/Std. gemessen wird. Ionisierende Strahlen erzeugen in der Luft Elektronen, die ihrerseits in definierter Weise zu weiteren Ionisationen und Anregungen der Luftmoleküle führen. Aufgrund dieser Eigenschaft definiert man die Ionendosis, die in $A \cdot s \cdot kg^{-1}$ angegeben wird. Aus zahlreichen Messungen ist heute bekannt, daß die zur Erzeugung eines Ionenpaares in Luft erforderliche Energie $W = 34 \text{ eV}$ beträgt. Daraus ergibt sich, daß die Ionendosis $1 A \cdot s \cdot kg^{-1}$ einer Energiedosis von 34 Gy in Luft und von 36–38 Gy in Wasser und Gewebe entspricht. Diese Angaben beziehen sich auf Röntgen- und β-Strahlen, bei schweren geladenen Teilchen können größere Abweichungen auftreten.

Die noch häufig vorkommenden alten Einheiten waren das rad [rd] und Röntgen [R]. Die Umrechnung in SI-Einheiten ist sehr einfach:

$1 \text{ rd} = 100 \text{ erg} \cdot g^{-1} = 10^{-2} \text{ Gy}$
$1 \text{ R} = 2,58 \cdot 10^{-4} A \cdot s \cdot kg^{-1}$
1 R entspricht 0,877 rd in Luft
1 R entspricht 0,93–0,98 rd in Wasser und Gewebe

Die gleichen Dosen verschiedener Strahlenarten können in biologischen Systemen sehr unterschiedliche Effekte haben. Man hat deshalb eine Dosierung nach bestimmten biologischen Wirkungen eingeführt. Es sei angenommen ein bestimmter Effekt, etwa ein Strahlenschaden eines Organismus W werde durch eine Dosis $D^{(W)}$ [Gy] normaler Röntgenstrahlen von etwa 200 keV Energie erzielt. Eine andere Strahlenart führt zu dem gleichen Effekt bei Applikation einer Dosis $D_n^{(W)}$ [Gy]. Wenn $D_n^{(W)}$ nun gar nicht oder nur ungenau zu messen ist, so gibt man die applizierte Dosis bei Bestrahlung mit der anderen Strahlenart durch den Wert $D^{(W)}$ (Sievert) an. Die Dosiseinheit 1 Sv bedeutet also die Dosis irgendeiner Strahlenart, die die gleiche Wirkung wie 1 Gy Röntgenstrahlen von 200 keV hervorruft. Das Verhältnis Sv zu Gy ist allerdings nicht nur für verschiedene Strahlenarten, sondern auch für verschiedene Wirkungen W und sogar zum Teil auch noch dann für verschiedene Dosisbereiche veränderlich. Man nennt das Verhältnis einer Strahlendosis in Sv zu der wirklich applizierten Energiedosis dieser Strahlung in Gy die RBW (relative biologische Wirksamkeit). Die RBW gibt somit an, um wieviel die betreffende Strahlung mehr oder weniger für die betreffende Reaktion wirksamer ist als 200 keV Röntgenstrahlen. Zusammenfassend ist also

$$D^{(W)} [Sv] = RBW \cdot D_n^{(W)} [Gy]$$

Die alte Einheit für die Äquivalenzdosis war das rem, das folgendermaßen umgerechnet wird:

$$1 \text{ rem} = 0,01 \text{ Sv}$$

Die Dosismessung in Sv ist für die Praxis sehr nützlich. In Fällen, in denen die direkte Messung der Dosis einer Strahlung schwierig oder unmöglich ist, kann man Vergleichsversuche mit 200 keV Röntgenstrahlen durchführen und die Dosis – zunächst jedenfalls – durch den Sv-Wert kennzeichnen. In solchen Fällen sollte allerdings eine sorgfältige Definition der angewandten Strahlung vorliegen.

In allen Medien treten neben Ionisationen Anregungen und unter Umständen auch noch andere molekulare Prozesse unter der Wirkung der Strahlung auf. Da man bei der Messung immer nur den Energieverlust des Teilchens oder Quants feststellt, hat man sich heute im allgemeinen dazu entschlossen, die Strahlung durch Angabe des LET (Linear Energy Transfer), d.h. des linearen Energieübertragungsfaktors zu kennzeichnen. Zuerst wurde dieser Begriff von ZIRKLE (1950) angewendet. Die Dimension kann z.B. keV/μ sein. Es hat sich gezeigt, daß die meisten biologischen Strahlenwirkungen eine charakteristische Abhängigkeit vom LET zeigen.

Dabei überwiegt ein Ansteigen der RBW mit zunehmendem LET. Abb. 3 zeigt die Beziehung zwischen RBW ionisierender Strahlung und ihrem LET-Wert in Gewebe. Sicher gehen allerdings nicht alle spezifischen Einflüsse der Strahlenart auf den LET zurück, z.B. muß bei Bestrahlung mit Neutronen berücksichtigt werden, daß hier im allgemeinen H-Atome die primären Angriffsorte der Strahlung sind. Ferner liegen besondere Verhältnisse vor, wenn die Strahlung von inkorporierten Radionukliden ausgeht. Hier kann insbesondere die Umwandlung des zerfallenen Atomkerns in einen Kern eines anderen Elementes sowie der gleichzeitig auftretende Kernrückstoß eine Rolle spielen.

Wenn man die gesamte Abhängigkeit eines meßbaren Merkmals, wie Kornertrag oder Pflanzenlänge von der Strahlendosis beschreiben will, tut man das häufig in Form von Dosiseffektkurven. Trägt man dabei auf der Ordinate den Effekt im logarithmischen Maßstab gegen die Dosis auf der Abscisse (linear) auf, so ergeben sich im einfachsten Fall Geraden, also ein exponentieller Zusammenhang. Häufig besitzen solche Dosiseffektkurven jedoch auch Schultern oder Maxima, wodurch in gewissem Umfang auf den vorliegenden Schädigungsmechanismus geschlossen werden kann. Auf die Dosiseffektkurven wird hier nicht näher eingegangen, da sie in Kapitel 6 ausführlich behandelt werden. Für einen

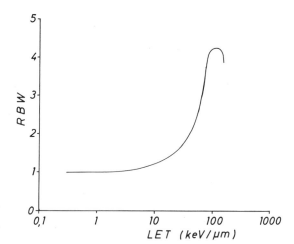

Abb. 3: Beziehung zwischen RBW
und LET in Gewebe (nach Niemann,
1982)

schnellen Vergleich der Strahlenwirkung werden bestimmte charakteristische Punkte aus den Dosiseffektkurven angegeben. LD_{10}, LD_{50} und LD_{90} sind Bezeichnungen für die Dosiswerte, die unter den gegebenen Bedingungen für 10, 50 oder 90% der bestrahlten Population letal wirken, d.h. innerhalb einer bestimmten Zeit zum Absterben führen. Ähnlich sind die Ertragsdosen definiert: ED_{10}, ED_{50} und ED_{90} geben die Dosen an, die den Ertrag oder eine bestimmte Ertragskomponente um 10, 50 oder 90% reduzieren.

2.7 Messung der Dosis und Dosisleistung

Es gibt verschiedene Möglichkeiten für die Messung der ionisierenden Strahlen. Hier werden die Meßverfahren erwähnt, die in strahlenbiologischen Experimenten hauptsächlich angewendet werden.

a) Das Prinzip der Ionisationskammer besteht darin, daß die in einem Luft- oder Gasvolumen erzeugten Ionen durch ein anliegendes elektrisches Feld auf Elektroden angesammelt werden. Die Anzahl der angesammelten Ionen ist bei Sättigungsansammlung proportional zu der durch die Strahlung produzierten Ionisation und kann elektrometrisch gemessen werden. Gewebeäquivalenzen können hergestellt werden durch Anwendung von Gas-, Wand- und Elektrodenmaterial ähnlicher Ordnungszahl wie sie Gewebe haben.

b) Der Szintillationszähler beruht auf der Tatsache, daß energiereiche Teilchen oder Quanten in luminiszierenden Stoffen eine Lichtemission hervorrufen, wobei jedes einzelne Teilchen oder Quant einen Lichtblitz von kurzer Dauer bewirkt. Die elektrischen Impulse werden soweit verstärkt, daß die einzelnen Lichtblitze gezählt werden können. Die Lichtenergie ist der Energie der Teilchen oder Quanten proportional.

c) Die Thermolumineszenzdosimetrie nützt die Fähigkeit einiger Kristalle z.B. CaF_2 aus, strahlenerzeugte Elektronen in ihren Fehlstellen zu speichern. Wenn die Kristalle angeheizt werden, gehen sie unter Lichtemission in ihren Grundzustand über. Die beim Erhitzen emittierte Lichtmenge ist ein Maß für die applizierte Dosis. Der Meßbereich ist zwischen 10^{-5} bis 10^2 Gy.

d) Filmdosimeter. Bei diesem Meßsystem wird die Schwärzung photographischer Emulsion durch ionisierende Strahlen nutzbar gemacht. Die auftretende Schwärzung ist weitgehend proportional der verabreichten Dosis, wobei es gleichgültig ist, ob sie in kurzen Zeitspannen oder als Teildosen über lange Zeiträume verteilt appliziert wird. Die Empfindlichkeit beträgt $D > 400\ \mu Gy$.

e) Fricke-Dosimeter. Ionisierende Strahlen bewirken chemische Reaktionen in wässrigen Lösungen, die für die Messung der Energiedosen herangezogen werden können. Am bekanntesten ist die Dosimetrie nach FRICKE, die auf der Bildung von F^{+++}-Ionen in wässriger $Fe^{++}\ SO_4$-Lösung durch Strahlenwirkung beruht.

$$Fe^{++} + h\nu \longrightarrow Fe^{+++} + e^-$$

Das gebildete Eisen (III)-Ion wird im Spektralphotometer gemessen. Der Vorteil dieser Meßmethode ist die gute Gewebeäquivalenz und die Unabhängigkeit von der Dosisleistung. Es eignet sich für die Messung sehr hoher Dosen in dem Bereich von 10 bis 500 Gy.

2.8 Art der Strahlenwirkung auf biologische Objekte und ihre Reichweite in der Materie

Die Art der Strahlenwirkung auf einen Organismus kann in sehr verschiedener Weise geschehen. Im wesentlichen sind drei grundsätzliche Unterscheidungen zu treffen:

a) äußere und innere Bestrahlung: die Strahlenquelle kann außerhalb des bestrahlten Objekts angebracht sein, so daß nur die Strahlung selbst, die eine entsprechende Reichweite haben muß, das Objekt erreicht. Dagegen können zum Beispiel Radionuklide in den Organismus hineingebracht werden (Inkorporation) und damit als innere Strahlenquelle wirken. Hierbei tritt neben der eigentlichen Strahlenwirkung als weiterer Faktor der »Umwandlungseffekt« auf, der durch den Übergang des zerfallenden Atomkerns in einen anderen Typ entsteht.

b) Total- und Partialbestrahlung: ein Organismus kann vollständig und gleichmäßig bestrahlt werden; es können aber auch einzelne Teile des Organismus allein oder bevorzugt bestrahlt werden. Der Grenzfall besteht in der Bestrahlung einzelner Zellorganelle (Micro-beam-Bestrahlung). Im allgemeinen wird der Organismus bei partieller Bestrahlung höhere Energiebelastungen vertragen.

c) Akute und chronische Bestrahlung: dieser Unterschied in der zeitlichen Verteilung der Strahleneinwirkung hat sich in neuerer Zeit auch gerade bei Pflanzen als sehr wesentlich erwiesen. Im allgemeinen spricht man von akuter Bestrahlung, wenn die Bestrahlungsdauer klein gegen die Zeitdauer der wesentlichen biologischen Prozesse im Objekt ist; d.h. einige Minuten bis äußerstenfalls Stunden beträgt. Chronische Bestrahlung ist ein Grenzfall, der besonders bei Einwirkung der Strahlung von Radionukliden auftritt.

Es ist klar, daß für die jeweils vorliegende Bestrahlungsweise die Reichweite der verwendeten Strahlung maßgebend ist. Deshalb sei hierauf noch kurz eingegangen. Bei allen Strahlenarten hängt das Durchdringungsvermögen von der Energie ab. Bei geladenen Teilchen kann man von einer echten »mittleren Reichweite« sprechen. Abb. 4 zeigt die Reichweite von Elektronen, Protonen und Alphateilchen in Wasser, die etwa der Reichweite in pflanzlichem Material entspricht.

Bei γ-Strahlen findet eine vollständige Absorption der Strahlung – theoretisch gesehen – nicht statt. Die Gesamtenergie nimmt exponentiell mit dem Eindringen in Materie ab. Abb. 5 zeigt die »Zehntelwertsschichten« von γ-bzw. Röntgenstrahlen in Wasser, d.h. die Schichtdicken, nach denen eine bestimmte Strahlenintensität auf den 10. Teil abgefallen ist. In der Praxis muß dabei berücksichtigt werden, daß die Strahlung in Materie stark gestreut wird und daß der Abfall der primären Strahlung zum Teil durch die Streustrahlung im Objekt kompensiert wird.

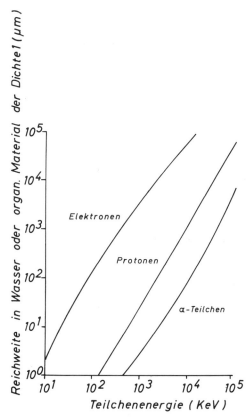

Abb. 4: Mittlere Reichweite geladener Korpuskeln in Wasser (GLUBRECHT, 1961)

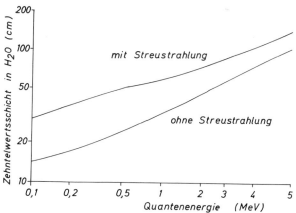

Abb. 5: Zehntelwertsschichten von Gamma- bzw. Röntgenstrahlen in Wasser mit und ohne Berücksichtigung der Streustrahlung (GLUBRECHT, 1961)

Auch bei Neutronen läßt sich nicht eine Reichweite wie bei geladenen Teilchen angeben. Man kann hier die »mittlere freie Weglänge« betrachten, die die Entfernung darstellt, die ein Neutron vor der Wechselwirkung mit einem Atomkern zurücklegen kann. Diese Werte sind für Gewebe in Abhängigkeit von der Energie in Abb. 6 dargestellt. Man muß dabei berücksichtigen, daß das Neutron auch nach der ersten Wechselwirkung im allgemeinen mit veränderter Energie noch wirksam ist.

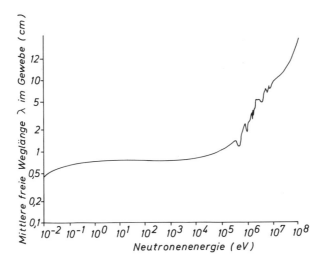

Abb. 6: Mittlere freie Weglänge von Neutronen in Gewebe

2.9 Radiomimetische Substanzen

Um das Wesen der Strahlung gegenüber anderen, auf die Pflanze wirkenden Agenzien zu unterscheiden, war im Kapitel 1.2. ein Vergleich der Strahlenwirkung mit der chemischen Substanz Lost (Senfgas) durchgeführt. Lost gehört zu einer Anzahl chemischer Verbindungen, die in lebenden Organismen sehr ähnliche Wirkungen hervorbringen, wie ionisierende Strahlen und bei denen hierzu schon eine sehr niedrige Konzentration ausreicht. Man führte für solche Substanzen die Bezeichnung »Radiomimetika« ein.

Unter diesem Begriff dürfen natürlich keinesfalls alle chemischen Substanzen verstanden werden, die vereinzelt in lebenden Organismen Effekte hervorrufen, die der Wirkung von Strahlen ähnlich ist. So wird man z.B. Colchicin nicht zu den radiomimetischen Stoffen rechnen, da es nur im Kern und nur in ganz bestimmter Weise wirkt. Die echten Radiomimetika entsprechen in ihrer Wirkung tatsächlich sehr weitgehend der von Strahlen, indem sie auch im Ruhekern und wahrscheinlich auch im Cytoplasma Effekte hervorrufen, insbesondere können dies – ebenso wie bei Strahlen – somatische und auch genetische Effekte sein.

Inzwischen gibt es eine große Anzahl Substanzen, denen radiomimetische Wirkungen zugeschrieben werden. Eine Zusammenstellung von FISCHBEIN et al. (1970) faßt ca. 110 Radiomimetika zusammen. Die Zahl dürfte inzwischen noch weiter angewachsen sein.

Die wichtigste Gruppe bilden die sogenannten alkylierenden Substanzen, die über eine Alkylgruppe (Kohlenwasserstoffrest) verfügen. Die Alkylgruppe ist leicht auf andere Moleküle, wie z.B. DNS zu übertragen, wobei als Folgereaktion Basen abgespalten, Brüche hervorgerufen und Vernetzungen bewirkt werden. Abb. 7 zeigt einige Radiomimetica dieser Gruppe. Die radiomimetischen Wirkungen von Lost und N-Lost wurden durch Auslösung von Mutationen bekannt. Noch effektivere Radiomimetika sind Aethylenoxyd und Aethylenimin. Diese Substanzen wurden in größerem Umfang im Rahmen der Strahlenzüchtungsarbeiten schwedischer Forschungsgruppen eingesetzt. Weiterhin werden mit ähnlicher Zielsetzung Aethylsulfonsäureester (EMS) und Methylsulfonsäureester (MMS) eingesetzt. Beide reagieren mit ihrem Alkylrest, C_2H_2- bzw. CH_3-, wobei im Gegensatz zur Strahlung die Purinbasen bevorzugt angegriffen werden (KIEFER, 1981).

Daneben gibt es noch weitere Gruppen von Radiomimetika, die grundsätzlich anders, nämlich über Oxydationsprozesse wirken. Zu ihnen rechnet man z.B. H_2O_2 und organische

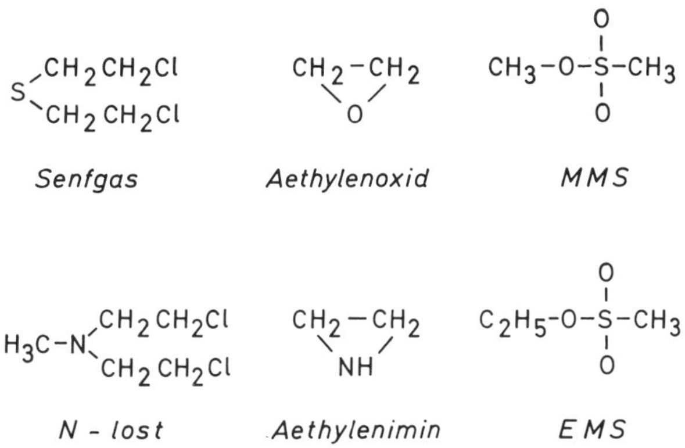

$$S \underset{CH_2 CH_2 Cl}{\overset{CH_2 CH_2 Cl}{\diagup}}$$

$$CH_2 - CH_2 \atop \diagdown \quad \diagup \atop O$$

$$CH_3 - O - \overset{\displaystyle O}{\underset{\displaystyle O}{S}} - CH_3$$

Senfgas   *Aethylenoxid*   *MMS*

$$H_3C - N \underset{CH_2 CH_2 Cl}{\overset{CH_2 CH_2 Cl}{\diagup}}$$

$$CH_2 - CH_2 \atop \diagdown \quad \diagup \atop NH$$

$$C_2H_5 - O - \overset{\displaystyle O}{\underset{\displaystyle O}{S}} - CH_3$$

Abb. 7: Radiomimetische Substanzen

N - lost   *Aethylenimin*   *EMS*

Peroxyde. Die Hydroxylamine reagieren mit Cytosin und Thymin in einer strengen Abhängigkeit des pH-Wertes. N-methyl-N-nitro-N-nitrosoguanidin (NG) ist ein außerordentlich potentes Mutagen und greift primär die DNS-Replikation an, wobei vermutlich die DNS-Polymerase verändert wird. (DRAKE u. ALLEN, 1968).

Eine genaue Vorstellung, worauf die Ähnlichkeit der Radiomimetica zu der Strahlenwirkung beruht, hat man heute noch nicht. Man muß zumindest annehmen, daß Alkylierungen und insbesondere auch Oxydationen in dem wahrscheinlich komplizierten und vielschichtigen Prozeß der biologischen Strahlenwirkung eine wesentliche Rolle spielen. Ganz sicher ist allerdings mit diesen chemischen Schritten noch keineswegs der ganze Prozeß erschöpft. Es müssen sicher weitere Vorgänge hinzukommen, die vielleicht keine einfache Vergleichsmöglichkeit auf der chemischen Ebene haben.

Allerdings haben die Radiomimetika heute eine große praktische Bedeutung bei der Erzeugung genetischer Wirkungen in Objekten, d.h. bei der Strahlenzüchtung. Neben ihrer bequemen Handhabung ist dabei die Tatsache ausschlaggebend, daß bei einer bestimmten Mutationsrate die Überlebensrate bei manchen Radiomimetika günstiger liegt als bei Strahlenanwendung. So konnten z.B. mit Aethylmethansulfonat an Gerste fast 10mal mehr Chlorophyll-Mutanten (bei gleicher Überlebenszahl) erzielt werden als mit Röntgenstrahlen. Dennoch darf ein solcher praktischer Erfolg nicht dazu führen, eine prinzipielle Überlegenheit der Radiomimetika über die Strahlung selbst zu vermuten.

Heute dürften im Hinblick auf die allgemein sehr starke chemische Umweltverseuchung Schäden in Pflanzen durch Radiomimetika in der Praxis erheblich häufiger sein als Strahlenschäden. Man wird also immer sorgfältiger nach den Schadensverursachern zu suchen haben.

2.10 Stufenweise Entwicklung der Strahlenschäden

Bei der Bestrahlung dringen die ionisierenden Strahlen in das biologische Material ein und treten mit Atomen und Molekülen in Wechselwirkung. Die Abb. 8 gibt eine Darstellung über die einzelnen Stufen und Ereignisse der Strahlenwirkung, die angefangen mit der Absorption der Strahlenenergie über eine sehr komplexe Folge von Kettenreaktionen letztlich zu einer beobachtbaren biologischen Reaktion führt.

In der physikalischen Phase wird die von der Strahlung absorbierte Energie auf die Materie übertragen, wobei vorwiegend angeregte und ionisierte Moleküle entstehen. Die Reaktionen laufen sehr schnell ab, die entstehenden Primärprodukte sind sehr instabil und reagieren sofort weiter, teilweise unter Entstehung reaktionsfähiger Radikale. Die Strahlenwirkung verläuft sowohl als direkte wie auch indirekte Reaktion je nachdem, ob die Absorption der Strahlenenergie in einem lebenswichtigen Molekül oder Komplex (z.B. DNS) oder einem wichtigen Enzym erfolgt oder ob derartige Zentren erst mit Radikalen reagieren.

Die physikochemische Phase umfaßt eine komplexe Reihe von Reaktionen bis zum Erreichen des thermischen Gleichgewichtes. In der chemischen Phase reagieren die

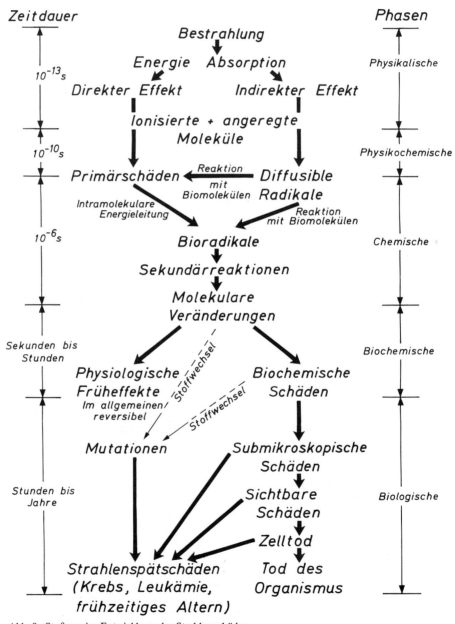

Abb. 8: Stufenweise Entwicklung der Strahlenschäden

aktivierten Moleküle weiter untereinander und auch mit anderen Molekülen. Die diffusiblen Radikale können mit ungeschädigten Molekülen reagieren; über Primärschäden entstehen Bioradikale, die über Sekundärreaktionen molekulare Veränderungen in der Zelle hervorrufen. Die biologische Phase umfaßt eine Vielzahl sehr komplexer Reaktionen und Veränderungen, die zum Teil noch reparierbar sind, wie z. B. die physiologischen Früheffekte. Die physiologischen Effekte sind keine permanenten Schäden; einige Minuten nach einer möglicherweise letalen Bestrahlung kann man weder biochemisch noch histologisch oder cytologisch irgendwelche Veränderungen beobachten. Durch Auslösung von Mutationen können einerseits lebensfähige Mutanten, andererseits aber auch schwere Strahlenschäden entstehen. Mutationen müssen als eine besondere Art von biochemischer Schädigung betrachtet werden. Der Tod des multizellulären Organismus entsteht durch Zusammenbruch von einer oder mehreren wichtigen Zellfunktionen, die dann zu metabolischen Störungen und zu Wachstumsstörungen führen. Hierzu kann auch noch der Angriff von Mikroorganismen kommen. Der entscheidende Faktor beim zeitlichen Ablauf der Strahlenreaktion ist die zelluläre Aktivität. Unterkühlte bestrahlte Organismen, die auch kühl aufbewahrt wurden, zeigten oft keinerlei Schädigungen nach Strahleneinwirkung, während die gleichen Organismen unter normalen Bedingungen eine ganze Reihe von Strahlenschäden aufwiesen.

3 Chemische und Biochemische Strahlenwirkungen

Ionisierende Strahlen verursachen durch Energiezufuhr in lebenden Zellen bzw. in Lebewesen chemische Veränderungen sowohl in einfachen Molekülen als auch in komplexen Verbindungen mit besonderen biologischen Funktionen. Energiereiche Strahlen wie z.B. Röntgen- und Gammastrahlen durchdringen das Medium und können auf ihrem langen Wege eine größere Anzahl von Molekülen verändern. Früher wurde die Wirkung ionisierender Strahlen mit dem Verhältnis M zu N ausgedrückt, wobei M die Anzahl der Moleküle angibt, die durch die Wirkung von N Ionenpaaren eine Veränderung zeigen. Da aber Wirkungen nicht nur von Ionisationen, sondern auch z.B. von Anregungen ausgehen, werden heute die chemischen Strahlenreaktionen durch den G-Wert gekennzeichnet, der die Anzahl veränderter Moleküle pro 100 eV absorbierter Strahlenenergie bedeutet.

$$G = \frac{\text{Zahl der veränderten Moleküle}}{100 \text{ eV absorbierter Energie}}$$

Die G-Werte liegen im allgemeinen unter 10, wenn keine Kettenreaktionen vorliegen.

3.1 Strahlenwirkungen auf anorganische Substanzen

3.1.1 Wasser

Den größten Stoffanteil in biologischen Systemen bildet das Wasser. Der Wassergehalt kann in vegetativen Zellen bis zu 80–85% betragen, während Samen im lufttrockenem Zustand im Durchschnitt 12% Wasser enthalten. Somit kann man davon ausgehen, daß die eingestrahlte Energie ionisierender Strahlen in den meisten Fällen hauptsächlich vom Wasser absorbiert wird. Genaue Kenntnisse über die Strahlenwirkung auf das Wasser sind sehr wesentlich, um den Mechanismus der Grundprozesse zu verstehen. Die Primäre Reaktion ist die Ionisation des H_2O-Moleküls

$$H_2O + hv \longrightarrow H_2O^+ + e^-$$
$$H_2O^+ \longrightarrow H^+ + OH^\bullet$$
$$e^- + n\, H_2O \longrightarrow e^-_{aq}$$
$$H^+ + n\, H_2O \longrightarrow H^+_{aq}$$

Daneben finden Anregungen statt:

$$H_2O + hv \longrightarrow H_2O^*$$
$$H_2O^* \longrightarrow H^\bullet + OH^\bullet$$

Die Reaktaionsprodukte $H^\bullet$ und $OH^\bullet$ sind äußerst reaktionsfähige Radikale, die durch Diffusion mit anderen Molekülen des bestrahlten Systems reagieren können.

Das hydratisierte Elektron e_{aq} hat ebenfalls Radikalcharakter und kann durch die Abschirmung seiner Ladung über längere Strecken diffundieren, bevor es mit anderen Molekülen in Wechselwirkung tritt.

Durch Rückreaktionen entstehen noch folgende Molekularprodukte

$$H^\bullet + OH^\bullet \longrightarrow H_2O$$
$$H^\bullet + H^\bullet \longrightarrow H_2$$
$$OH^\bullet + OH^\bullet \longrightarrow H_2O_2$$
$$H^\bullet + O_2 \longrightarrow HO_2$$

Mehrere Versuche, die sich mit der Zersetzung des Wassers befaßt haben, zeigen, daß die H_2O_2-Produktion mit steigendem LET der einfallenden Strahlen zunimmt.

3.1.2 Wässrige Lösungen

Bei der Bestrahlung von anorganischen und organischen Verbindungen im Wasser sind nicht nur die gelösten Stoffe für den Strahleneffekt von Bedeutung, sondern auch das Lösungsmittel, wobei der Umsatz der Stoffe in den meisten Fällen unabhängig von der Konzentration der Lösung ist. Eine bestimmte Dosis wandelt die gleiche Anzahl Moleküle um. Pro 100 eV absorbierter Energie werden jeweils 2 H_2 produziert. Die Reaktionen müssen also größtenteils indirekt verlaufen, da sich sonst die Anzahl veränderter Moleküle mit Verringerung der Konzentration vermindern würde.

In einfachen anorganischen Lösungen erfolgt eine Reduktion der Kationen durch die $H^\bullet$ Radikale. Gleichzeitig verläuft auch ein Oxidationsprozess der Anionen durch $OH^\bullet$, $HO_2^\bullet$ und H_2O_2. Die Anwesenheit von Sauerstoff beeinflußt dabei wesentlich die weitere Reaktionsverläufe; hochreaktive und langlebige Molekular- und Radikalprodukte werden gebildet:

$$H^\bullet + O_2 \longrightarrow H\,O_2^\bullet$$
$$H\,O_2^\bullet + H^\bullet \longrightarrow H_2O_2$$
$$e_{aq}^- + O_2 \longrightarrow O_2^- + n\,H_2O$$

Die Wirkung von Röntgen- und Gammastrahlen wird durch diese Reaktionen in Anwesenheit von Sauerstoff erheblich verstärkt. Ein typisches Beispiel ist die von FRICKE untersuchte Oxidation von Ferrosulfat zu Ferrisulfat (s. o.), die eine lineare Beziehung zwischen Dosis und Effekt unabhängig von der Qualität der Strahlen darstellt:

$$2\,H_2O + O_2 + 4\,Fe^2 + \xrightarrow{\;h\nu\;} 4\,Fe^{3+} + 4\,OH^-$$

Die Reaktion ist auch stark pH-abhängig und zwar sinkt der Effekt mit steigendem pH-Wert. Wie schon bereits erwähnt (Kap. 2) findet diese Reaktion zur Bestimmung der Strahlendosis bei der FRICKE-Dosimeter ihre Anwendung. Es wurden noch weitere strahleninduzierte Oxydationen in wässrigen Lösungen von Arseniten, Seleniten, Nitriten (FRICKE und HART, 1935) usw. beobachtet.

Es gibt wiederum andere chemische Reaktionspartner, die die Wirkung von Wasserradikalen stark herabsetzen, wie in den folgenden Reaktionen dargestellt wird:

1) $$Cl^- + OH^\bullet \longrightarrow Cl^\bullet + OH^-$$
$$Cl^\bullet + Cl^\bullet \longrightarrow Cl_2$$
$$Cl^\bullet + H^\bullet \longrightarrow Cl^- + H^+$$

2) Essigsäure verliert ein Wasserstoffatom und durch Paarung zweier Radikale entsteht Bernsteinsäure

$$CH_3\,COOH + H^\bullet \longrightarrow CH_2\,COOH^\bullet + H_2$$
$$2\,CH_2\,COOH^\bullet \longrightarrow HOOCCH_2 - CH_2\,COOH$$

Es kann aber in Anwesenheit von Sauerstoff und durch Umordnung Glycolsäure und Glyoxylsäure entstehen.
3) Durch ähnliche Reaktionsstufen entstehen aus Methanol und Aethanol durch Bestrahlung Aldehyde und Glykole.
4) Kohlenwasserstoffe verlieren ein Wasserstoffatom und verwandeln sich in Alkohol

$$CH_4 + H^\bullet \longrightarrow CH_3^\bullet + H_2$$
$$CH_3^\bullet + OH^\bullet \longrightarrow CH_3\,OH$$

5) Aromatische Verbindungen werden in Gegenwart von Sauerstoff zu Chinonen oxydiert.

Diese wenigen Hinweise sollen lediglich die große Vielzahl möglicher strahlenchemischer Reaktionen schon in einfachen chemischen Systemen zeigen.

In Lösungen grösserer organischer Moleküle können diese durch die Radikale sowohl reduziert als auch oxydiert werden. Bei diesen indirekten Reaktionen kann das H-Atom oder eine ganze Radikalgruppe aus dem Molekül entfernt werden. Folgende typische Reaktionen mit organischen Molekülen der RH-Form können ablaufen:

$$RH + OH^\bullet \longrightarrow R^\bullet \quad + H_2O$$
$$RH + H^\bullet \longrightarrow R^\bullet \quad + H_2$$
$$RH + e^-_{aq} \longrightarrow RH^- \quad + 4\,H_2O$$

Die so entstandenen Produkte können durch intramolekulare Umlagerungen und Weiterreaktionen zu irreversiblen Schädigungen führen. Unter dem Einfluß von Sauerstoff werden organische Peroxide gebildet, die mit weiteren organischen Molekülen zu einer Kettenreaktion führen

$$RO_2^\bullet + RH \longrightarrow RO_2H + R^\bullet$$

Das so entstandene RO_2H-Molekül unterscheidet sich natürlich chemisch als auch in seiner biologischen Bedeutung von der Ausgangssubstanz RH.

3.1.3 Feste Stoffe

Bei einer Bestrahlung fester Substanzen kann die absorbierte Primärenergie direkt zwischen und innerhalb großer Moleküle übertragen werden. Darauf weisen bereits frühe Untersuchungen von SWEDBERG und Mitarbeiter (1939) hin, die den Zerfall eines Hämocyanins in zwei Teile infolge α-Bestrahlung beobachtet haben. Ähnliche Energietransporte wurden von ALEXANDER und CHARLESBY (1955) und vielen anderen Autoren bei Bestrahlung synthetischer Makromoleküle festgestellt. Durch den Energietransport ist die Beeinflussung des Effekts sowohl durch Sauerstoff und Temperatur als auch Schutzstoffe in erheblichem Ausmaß möglich. So erweisen sich Substanzen wie Dimeta-tolyl-Thioharnstoff, Anilin, Allylthioharnstoff als Schutzstoffe für Polymer. Durch sie wird die für den Bruch der Hauptkette notwendige Energie um das ca 3-fache gesteigert. Eine Abnahme der Temperatur vermindert die Wirkung. Ähnlich verhält sich auch die O_2-Konzentration.

3.2 Strahlenreaktionen biologisch wichtiger Moleküle

Dieses Kapitel beschäftigt sich mit den chemischen und strukturellen Veränderungen der in der Zelle vorkommenden wichtigsten Verbindungen hervorgerufen durch Einwirkung ionisierender Strahlen. Wieweit die Strahlung auf die Stoffwechselprozesse einwirkt, wird hier nicht behandelt, da darauf in Kapitel 4 (Physiologische Effekte) ausführlich eingegangen wird.

3.2.1 Proteine

Proteine gehören als Strukturelemente zu den wesentlichsten Bestandteilen der lebenden Zelle; als Enzyme steuern sie wichtige biochemische Reaktionen des Zellmetabolismus, als Hormone regulieren sie Stoffwechselvorgänge, als Antikörper produzieren sie wichtige Abwehrstoffe. Die Grundbausteine der Proteine bilden bekanntlich die 20 Aminosäuren, die kettenartig aneinandergereiht und durch Peptidbindungen miteinander verknüpft sind. Zwischen den benachbarten CO- und NH-Gruppen der Peptidbindungen bilden sich Wasserstoffbrücken als wichtige Nebenvalenzkräfte, die die Konformation der Proteinmoleküle zusammenhalten. Die Molekulargewichte liegen zwischen etwa 5000 und einigen Millionen Dalton. Neben der typischen Aminogruppe (–NH$_2$) tragen die Aminosäuren eine Carboxylgruppe (–COOH) und einen übrigen dritten Teil, einen kohlenstoffhaltigen, aliphatischen oder aromatischen Rest, im allgemeinen mit »R« bezeichnet.

Die Strahlenreaktion der Proteine kann sowohl direkt als auch indirekt verlaufen, je nachdem, ob die Reaktion in trockenem oder wässrigem Zustand auf das Molekül erfolgt. Bei Bestrahlung verdünnter Lösungen wird der Effekt fast ganz von freien Radikalen vermittelt. Bei konzentrierten Lösungen kann allerdings auch schon die direkte Strahlenwirkung im Vordergrund stehen. Bereits 1929 stellte RAJEWSKY fest, daß Eiweisstoffe nach einer Bestrahlung denaturiert und koaguliert werden. Bei Dosen über 1000 Gy entwickelte sich Ammoniak als Zeichen des Aminosäureabbaues.

Die Aminogruppe ist offenbar der empfindlichste Teil der Aminosäure, jedoch in der Proteinbindung durch die Verknüpfung mit der Karboxylgruppe ist sie nicht mehr leicht aus dem Molekül zu entfernen. Ähnliches gilt auch für die Karboxylgruppe. Demgemäß sind die »R«-Teile die am ehesten angreifbaren Glieder der Proteine, deren strahlenchemische Veränderungen stark mit ihrer chemischen Zusammensetzung zusammenhängen. Die H-Brücke kann entfernt oder gebrochen werden. Die aromatischen Aminosäuren und schwefelhaltige Aminosäuren wie z. B. Methionin, Cystein und Cystin reagieren besonders schnell mit OH˙ Radikalen. Aber auch das hydratisierte Elektron reagiert mit Proteinen. Durch die direkte Strahlenwirkung wird eine Ionisation des Proteins hervorgerufen, in Verbindung mit Energieübertragung. Der entstandene Schaden ist hauptsächlich am α-Kohlenstoff des Glycin-, oder am Schwefel eines Cystein- oder Cystinrestes manifestiert. Auch die Löslichkeit des Moleküls kann durch Aggregatbildung beeinträchtigt werden. Bei höheren Dosen erhöht sich die Aggregation bis zum Niederschlag. Im weiteren kann die Bestrahlung unter anderem Veränderungen der Viskosität, des Brechungsindexes der optischen Aktivität, die elektrische Leitfähigkeit und der Dielektrizitätskonstante hervorrufen.

Enzyme kommen in der Zelle in großer Vielfalt und in verschiedenen Konzentrationen vor. Die Schädigungsdosis für Enzyme kann sehr stark variieren, in vivo liegt sie etwa bei einigen 10 Gy, in vitro sind sie bedeutend resistenter, besonders im trockenem Zustand. Demnach ist nicht nur die chemische Zusammensetzung sondern auch die Konzentration

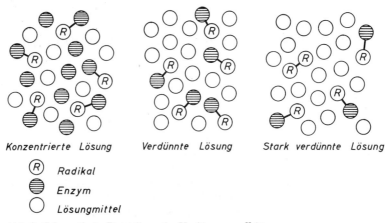

Konzentrierte Lösung   Verdünnte Lösung   Stark verdünnte Lösung

(R)   Radikal

⬚   Enzym

○   Lösungmittel

Abb. 9: Schematische Darstellung des Verdünnungseffektes

der Enzymlösung maßgeblich für die Strahlenempfindlichkeit. Sie erwiesen sich in hohen Konzentrationen nach den Beobachtungen vieler Autoren als besonders resistent, zeigten jedoch hohe Sensibilität in verdünnten Lösungen. DALE und Mitarbeiter (1940) führten den für die ganze Strahlenchemie allgemein gültigen Begriff »Verdünnungseffekt« ein (Abb. 9). In ihren Experimenten mit dem proteinabbauenden Proteasen-Enzym Carboxypeptidase fanden sie, daß Röntgenstrahlen auf die konzentrierte Lösung anscheinend keinerlei Einfluß ausüben, während sie bei einer bestimmten Verdünnung das Enzym fast inaktivieren. Extrem starke Verdünnungen zeigten wiederum einen geringeren Effekt. Der Ausfall einzelner Enzyme könnte dadurch, daß sie kontinuierlich neu synthetisiert werden, biologisch wenig Bedeutung haben, es sei denn, ihre Synthese wird blockiert oder beeinträchtigt.

3.2.2 Nukleinsäuren

Die Strahlenreaktionen der Nukleinsäuren sind besonders wichtig, da sie eine wesentliche Rolle bei der Übertragung genetischer Informationen der Zelle und der Steuerung der Eiweißsynthese spielen. Allgemein wird heute die Desoxyribonukleinsäure (DNS) als bestimmendes Element für die Strahlenschädigung biologischer Systeme angesehen. Darauf weist auch die gute Korrelation zwischen Interphasen- Chromosomenvolumen (Siehe Kap. 4) höherer Pflanzen und ihrer Strahlenempfindlichkeit hin. Ionisierende Strahlen können die unten aufgeführten verschiedenen Veränderungen erzeugen.

a) Einzelstrangbrüche
b) Doppelstrangbrüche
c) Basenveränderungen
d) Basenverluste
e) denaturierte Ionen
f) intramolekulare Vernetzungen, besonders zwischen DNS und Proteinen

Abbildung 10 zeigt die charakteristischen Schädigungstypen. Diese wurden in der strahlenbiologischen Forschung eingehend untersucht und nachgewiesen.
a) Brüche der einzelnen Stränge lassen sich vorwiegend auf eine Unterbrechung der Phosphatesterbindung eines DNS-Stranges zurückführen (Abb. 10). Die molekulare Struktur verhindert eine komplette Trennung in zwei Teile; in den meisten Fällen erfolgt eine »Reunion«, Wiedervereinigung. In der Anwesenheit von Sauerstoff manifestiert sich der Bruch durch Peroxydation und es erfolgt keine Reunion. Durch physikochemische Methoden (Messung der Viskosität, Sedimentation, Streuung oder Strömungsdoppelbrechung) können die Veränderungen nachgewiesen werden. Der Bruch der Einzelkette kann durch eine Primärreaktion mit der Strahlung zustandekommen (»Eintrefferprozess«). Natürlich wird dadurch das Molekulargewicht der einsträngigen DNS reduziert.
b) Doppelstrangbrüche kommen zustande, wenn in beiden Ketten im Abstand weniger Basen eine solche Bindung zerstört wird. (Abb. 10). Der Doppelstrangbruch folgt den Gesetzen des Zweitrefferprozesses. Die Wahrscheinlichkeit für einen Doppelstrangbruch ist wesentlich geringer als für einen Einzelstrangbruch; das Verhältnis liegt bei intrazellulärer Exposition, je nach Objekt bei ca. 10:1 bis 20:1. In vivo herrschen Verhältnisse der direkten Strahlenwirkung vor, wobei offenbar Proteine einen Schutzmechanismus gegen die einwirkenden Radikale bilden. In wässrigen Lösungen ist es anders; hier wird die Strahlenempfindlichkeit stark erhöht, weil die Radikale unter diesen Bedingungen einen indirekten Strahleneffekt bewirken.
c/d) Basenveränderungen und Basenverluste können sowohl durch direkte als auch durch indirekte Strahlenwirkung auftreten. Pyrimidinbasen (Thymin, Uracil, Cytosin)

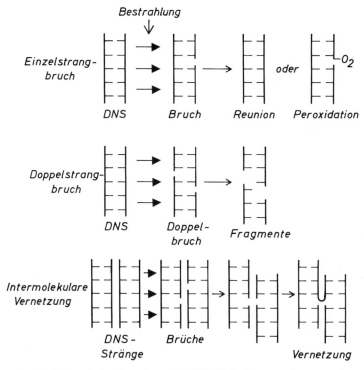

Abb. 10: Schematische Darstellung der DNS-Veränderungen, hervorgerufen durch ionisierende Strahlen (nach CASARETT, 1968)

sind wesentlich empfindlicher als Purinbasen (Guanin und Adenin), wobei Thymin am empfindlichsten zu sein scheint. (CASARETT 68). Da die Zusammensetzung und Ordnung der Basen des DNS-Moleküls den genetischen Code bestimmen, führt eine Veränderung der Basensequenz zu einem Wechsel der genetischen Information und möglicherweise zu einer Mutation. Dies kann natürlich letzten Endes eine Veränderung der Zelle und des ganzen Organismus hervorrufen.

e) Denaturierung: Die erwähnten Prozesse bewirken eine Veränderung der DNS-Struktur und Zusammensetzung. Die Wasserstoffbrückenbindungen, die die Doppelhelix stabilisieren, werden reduziert. Durch das Addieren von mehreren Effekten ist der G-Wert auch wesentlich höher.

f/g) Vernetzungen können entweder zwischen innerhalb der Doppelhelix befindlichen Molekülen, oder zwei DNA-Molekülen sowie zwischen einem Protein- und einem DNA-Molekül entstehen, wenn sich zwei reaktive Stellen verbinden. (Abb. 10) Die Gesetzmäßigkeit der direkten Strahlenwirkung ist auf die Vernetzungsprozesse primär anwendbar. Nach CASARETT (1968) nimmt die DNS-Konzentration der bestrahlten Lösung progressiv ab, begleitet mit einem Anstieg der Anzahl der Vernetzungen. Dies hängt vermutlich mit der Anschwellung der DNS-Moleküle bei mittleren Konzentrationen zusammen. Die Beweglichkeit der Moleküle wird dadurch erhöht und das Zusammentreffen aktiver Teile erleichtert.

3.3 Lipide und Kohlenhydrate

Lipide sind neben Proteinen die wichtigsten Bausteine der Biomembranen. Der Lipidanteil schwankt von Fall zu Fall zwischen 30 und 70%. In den höheren Pflanzen kommen folgende Gruppen vor: Neutralfette, Wachse, Glycerosphosphatide, Sphingolipoide und Glykolipide. Charakteristische Eigenschaft aller Lipide ist die völlige Unlöslichkeit im Wasser und eine gute in organischen Lösungsmitteln (RICHTER, NULTSCH, 1981).

Die wichtigsten Reaktionen bestrahlter Lipide äußern sich in einem Effekt der Fettsäurenkomponenten und zwar bei den ungesättigten mit zwei oder mehr Doppelbindungen (CASARETT, 1968) Bei Bestrahlung von Linolensäure wird der freiere Kohlenstoff zwischen den Doppelbindungen angegriffen; über Peroxylradikale entstehen organische Peroxide, wenn Sauerstoff anwesend ist. In dem Prozess der organischen Peroxidbildung wird eine Kettenreaktion ausgelöst, wobei eine große Anzahl Moleküle verändert wird und Peroxidradikale gebildet werden. Ein Peroxidradikal reagiert mit einer anderen Fettsäure und nimmt ein Wasserstoffatom mit, bei gleichzeitigem zurücklassen eines Radikals, das mit dem Sauerstoff reagiert. Die einzelnen Reaktionsstufen nach CASARETT (1968) sind

$$R^{\bullet} \ + O_2 \ \longrightarrow \ ROO^{\bullet}$$
$$ROO^{\bullet} \ + R'H \ \longrightarrow \ ROOH + R''$$
$$R^{\bullet} \ + O_2 \ \longrightarrow \ ROO^{\bullet}$$

Kohlenhydrate spielen nicht nur im Energiestoffwechsel der höheren Pflanzen eine wichtige Rolle, sondern sind auch wichtige Reserverstoffe und fungieren als Stützsubstanzen vor allem als Zellulose in den Zellwänden. Sie können im Zellsaft gelöst sein wie die Monosaccharide Glucose und Fruktose sowie die Dissaccharide Maltose und Saccharose. Meist liegen jedoch Polysaccharide vor, die aus Monosaccharid-Einheiten ihre Ketten bilden und durch eine Glykosidbindung verknüpft sind. Die wichtigsten Polysaccharide der Pflanzenzelle sind Stärke und Cellulose. Der Stärkeanteil im Getreidekorn kann 70% des Frischgewichtes erreichen.

Die Einwirkung ionisierender Strahlen auf Stärke und Cellulose resultiert in Kettenbrüchen und Zerlegungen der Moleküle. Dies weist auf eine direkte Strahlenwirkung des Polysaccharides hin. Bei Bestrahlung verdünnter Zuckerlösungen in Abwesenheit von Sauerstoff werden Polymere produziert. Dieser Effekt könnte mit der Vernetzung erklärt werden. Bei Anwendung sehr hoher Dosen entstehen verschiedene Abbauprodukte. Wegen der weitaus größeren Strahlenempfindlichkeit der Proteine und Nukleinsäuren ist dies aber für die Entstehung von Strahlenschäden von geringer Bedeutung. Eine Schädigung der Zuckermoleküle in der DNS führt als Folgewirkung zu einem Bruch der Nucleotidkette (DERTINGER, und JUNG, 1969), wobei Monophosphate und als Zwischenstufe Diester entstehen. Durch die erneute Einwirkung eines Wasserradikals kann die Monoestergruppe als anorganisches Phosphat abgespalten werden. Mit zunehmender Dosis erhöht sich der G-Wert infolge höherer Kinetik.

4 Biologische Strahlenwirkungen

4.1 Allgemeines

Die biologische Wirkung von ionisierenden Strahlen hängt davon ab, wieviel von der applizierten Dosis in dem biologischen System absorbiert wird. Strahlen, die frei durchgehen, bewirken keinerlei Effekte. Die Absorption erfolgt – wie gezeigt wurde – über physikalische Primäreffekte (s. Kap. 2.10), die innerhalb sehr kurzer Zeit verlaufen. Sie eröffnen weitere Reaktionen, die chemische Veränderungen in den Molekülen hervorrufen. Ein großer Teil der Effekte wird wieder repariert und somit nicht erkennbar. Die bleibenden Effekte verursachen permanente, gut erkennbare Veränderungen in dem biologischen Material. Der Übergang von den chemischen Veränderungen zu ihrer biologischen Manifestation ist äußerst kompliziert. Die Natur der chemischen Effekte wurde in Kap. 3.0 diskutiert.

Niedrige Strahlendosen im Bereich < 1 Gy rufen in den meisten Fällen keine oder kaum wahrnehmbare Effekte in den Pflanzen hervor. Dagegen verursachen Bestrahlungen mit höheren Dosen deutlich sichtbare Strahlenschäden und auch andere, zuerst nicht erkennbare Veränderungen. Die möglichen biologischen Ereignisse, die durch Bestrahlung von Pflanzen und Samen hervorgerufen werden, sind in Abb. 11 zusammengefasst. Sie lassen sich etwa in folgendes Schema bringen:

(1) Absterben der Pflanze oder Samen
(2) Chromosomenaberrationen
(3) Mutationsauslösung
(4) Physiologische Effekte
(5) Morphologische Veränderungen
(6) Stimulation

Das Absterben der Pflanze kann unmittelbar nach der Bestrahlung erfolgen und ist für die weiteren Schritte uninteressant. Der Vorgang kann oft über längere Zeit dauern; in diesem Fall treten Wachstumsstörungen wie auch morphologische und genetische Veränderungen auf. Bei Samenbestrahlung kann das Krankheitsbild ähnlich aussehen. In Fällen, in denen die applizierte Dosis nicht tödlich ist, können alle Effekte von (2) bis (6) sich ereignen und miteinander in Wechselbeziehung treten. Chromosomenaberrationen können permanente genetische Veränderungen hervorrufen, die sich in weiteren Generationen manifestieren. Aber auch somatische Mutationen sind typische Begleiterscheinungen. Vielfach treten auch Stimulationen, d. h. Wachstumssteigerungen, höhere Erträge u.s.w. sowohl bei Samen- als auch bei Pflanzenbestrahlungen auf. Schließlich sollen die Umweltfaktoren erwähnt werden, die die gesamte Strahlenwirkung ganz entscheidend modifizieren. In den folgenden Kapiteln werden die einzelnen Effekte anhand von Beispielen ausführlich behandelt und diskutiert.

4.2 Chromosomenaberrationen

Ionisierende Strahlen führen zu Veränderungen in den Chromosomen, die bereits in der ersten Teilung nach der Bestrahlung sichtbar werden können. Damit wird ein erster Einblick in den Schädigungsvorgang ermöglicht. Grundsätzlich unterscheidet man zwischen numerischen und strukturellen Abweichungen. Die ersteren betreffen eine Abweichung von der normalen Chromosomenzahl, wobei sowohl Verluste wie auch Erhöhungen entstehen können. Sogar eine Vervielfachung des ganzen Chromosomensatzes

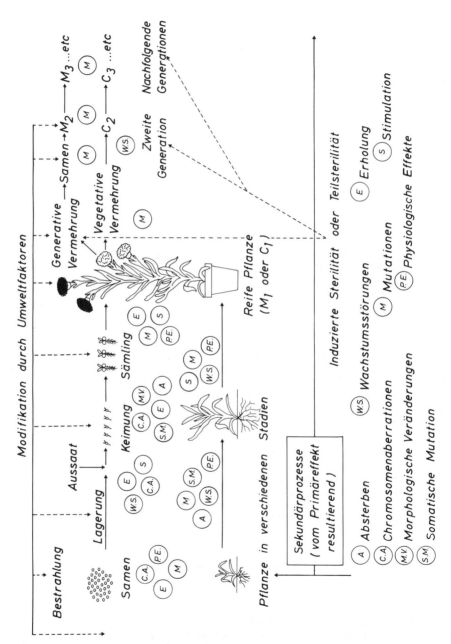

Abb. 11: Schematische Darstellung der möglichen biologischen Ereignisse nach Bestrahlung von Pflanzen und Samen (nach EHRENBERG, 1955; SPARROW u. KONZAK, 1958)

kann vorkommen, man spricht dann von Polyploidie. Alle sonstigen Abweichungen bezeichnet man als Aneuploidie. Die numerischen Aberrationen sind nicht in dem Maß wie strukturelle Veränderungen untersucht worden, obwohl sie im Zusammenhang mit dem genetischen Strahlenrisiko eine wichtige Rolle spielen (KIEFER, 1989).

Strukturelle Veränderungen können in allen Phasen des Teilungszyklus entstehen, mikroskopisch werden sie leicht während der Meta- oder Anaphase beobachtet. Die Chromosomen sind in diesen Phasen kompakt und gut sichtbar strukturiert. Die strukturellen Veränderungen werden grundsätzlich als ChromosomenTyp- oder Chromatid-Typ Aberrationen klassifiziert, je nachdem, welcher Teil des Chromosoms eine Aberration erfuhr (CASARETT, 1968, RIEGER u. MICHAELIS, 1967, BENDER et al., 1974, SAVAGE, 1975). Geschieht dies in einer Zeit, in der die DNA noch nicht redupliziert ist und die Chromosomen als einsträngige Strukturen vorliegen, spricht man von Chromosomen-Typaberrationen. Bei Chromatid-Typaberrationen haben die beiden funktionellen Längsstrukturen des Chromosoms (die Chromatiden) unabhängig voneinander Strukturveränderungen erfahren. (RIEGER und MICHAELIS, 1967 u. 1976). Die verschiedenen Möglichkeiten der **Chromosomen-Typaberrationen** sind in der Abb. 12 zusammengefaßt.

Aus einem Bruch kann entweder eine Restitution oder eine terminale Deletion resultieren. Im ersten Fall werden die entstandenen Bruchflächen wieder komplett vereinigt; die Vorbruchstruktur wird wieder hergestellt. Ein großer Teil der Bruchereignisse (ca. 99%) wird restituiert. Bei einer terminalen Deletion bleibt der Bruch erhalten; es entsteht ein Fragment, das sich in der Anaphase in zwei Chromatidfragmente spaltet und mikroskopisch erkennbar ist. Erfährt das Chromosom an einem Arm zwei dicht nebeneinander liegende Brüche – ohne nachfolgende Restitution – spricht man von interstitialer Deletion. Wie die Abb. 12 zeigt, kann das zwischen den zwei Brüchen liegende Fragment herausgelöst werden und die Bruchenden können sich wieder verbinden. Eine derartige Fusion nicht identischer Bruchenden wird als Reunion bezeichnet. Dem so entstandenen Chromosom fehlt jetzt ein interkalares Segment. Das Fragment kann zu einer Ringform reunieren. Da es kein Zentromer besitzt, kann es in der Anaphase keinem der beiden Zellpole zugeordnet werden. Nach der Kernteilung erscheinen derartige Fragmente in einer Tochterzelle oft als Mikronuklei.

Von Duplikation spricht man, wenn (RIEGER und MICHAELIS, 1954, 1952) derartige Deletionsfragmente zweimal im haploiden Chromosomensatz auftreten. Treten sie in der selben Chromosomenart auf, spricht man von Intra-Armduplikation. Treten sie in verschiedenen Chromosomenarmen auf, so liegt eine Interarm-Duplikation vor. Es handelt sich in jedem Fall um eine intrachromosomale Duplikation. Bei intrachromosomalen Duplikationen sind die duplizierten Fragmente auf verschiedene Chromosomen des haploiden Satzes verteilt.

Sollten sich in einem Chromosom alle 4 Bruchenden wieder vereinigen, jedoch nach Umkehr des interkalaren Fragments um 180°, definiert man das Ereignis als paracentrische Inversion. Solche Art von Strukturmutation ist mikroskopisch im allgemeinen nicht erkennbar, beeinflußt jedoch wegen der longitudinalen Strukturveränderung die gesamte Funktion des Chromosoms. Interarm-Austausch setzt voraus, daß sich die zwei Brüche auf beiden Armen des gleichen Chromosoms ereignet haben. Fügen sich die Fragmente nach Inversion des zentrischen Fragments wieder zusammen, resultiert aus einem derartigen symmetrischen intrachromosomalen Austausch eine pericentrische Inversion. Vereinigen sich die zwei Bruchstellen des zentrischen Fragments untereinander, entsteht ein ringförmiges Chromosom. In der Anaphase können daraus verschiedene Ringformationen hervorgehen, wie aus der Abb. 12 deutlich wird.

Interchromosomaler-Austausch ist das Ergebnis eines Austauschs von Arm-Fragmenten zweier verschiedener Chromosomen. Im Falle eines symmetrischen Austauschs von azentrischen Arm-Fragmenten entstehen durch Reunion zwei neue monozentrische

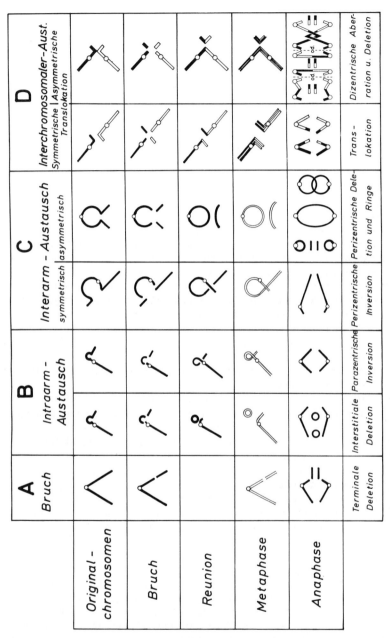

Abb. 12: Schematische Darstellung von Chromosomen-Typaberrationen, hervorgerufen durch ionisierende Strahlen. Die Schädigung entsteht in der Interphase (G₁);
die strukturellen Veränderungen werden in der Meta- bzw. Anaphase sichtbar. (nach:
CASARETT, 1968; BENDER, et al., 1974; SAVAGE, 1975; RIEGER u. MICHAELIS, 1976)

Chromosomen. Diese interchromosomale Aberration wird als Translokation bezeichnet. Erfolgt die Reunion von zwei jeweils die Zentromere enthaltenden Bruchstücken, entstehen als Folge einer asymmetrischen Translokation ein dizentrisches Chromosom und ein azentrisches Fragment. In der Anaphase können die in der Abb. 12 dargestellten Aberrationsformen zustande kommen, sofern die dizentrischen Chromatiden eine Brücke gebildet haben oder zusammenhaken.

Chromatid-Typaberrationen sind wegen der Wechselwirkung verschiedener Chromatiden komplizierter als ChromosomenTypaberrationen. Chromatid-Typaberrationen werden erst nach Autoduplikation der DNS in der S-Phase durch Bestrahlung in der späten Interphase (G_2) oder frühen Prophase ausgelöst. Die Abbildung 13 fasst die wichtigsten Erscheinungsformen zusammen.

Entsteht an einem Chromatid ein Bruch führt er zum Verlust des Fragments, falls keine Restitution einsetzt. In der Metaphase zeigt nur ein Chromatid eine terminale Deletion und tritt ein azentrisches Chromatid-Fragment ein. Werden beide Schwesterchromatiden des Einzelchromosoms am gleichen Locus postreplikativ gebrochen, spricht man von Isochromatidenbruch. Die Bruchstellen können eine Parallel-Reunion eingehen, wobei ein dizentrisches Chromatid und ein U-förmiges azentrisches Fragment entstehen. In der Anaphase kann das dizentrische Chromatid eine Brücken-Form bilden. Die Bruchstellen können auch über Kreuz reunieren.

Erfolgen auf beiden Armen der Chromatiden eines Chromosoms Brüche, kann dies nach über Kreuz-Reunion zum Interarm-Intrachromatidaustausch führen. Nach einer Parallel-Reunion tritt in der Anaphase ein normales Chromatid, ein Ringchromatid und ein azentrisches Fragment (perizentrische Deletion) auf.

Interchromatid-Austausch tritt ein, wenn sich Brüche in zwei Chromatiden verschiedener Chromosomen ereignen, wobei die Reunion von Bruchenden entweder zu symmetrischen (reziproke Chromatidentranslokation) oder zu asymmetrischen (dizentrisches Reunionsprodukt und azentrisches Fragment) »Rearrangements« führt. Die Translokationsvorgänge sind in der Metaphase gut erkennbar.

Die dritte Klasse der Strukturveränderungen bilden **Subchromatid-Typaberrationen**, welche die strukturellen Untereinheiten der Chromatide betreffen. Sie sind seltener als die Chromosomen-Typ- oder Chromatid-Typaberrationen erkennbar und entstehen, wenn die Bestrahlung der Zellen in der späten Prophase oder frühen Metaphase erfolgt. Hier sollen auch die achromatischen Läsionen, im englischen »Gaps« genannten Aberrationsformen erwähnt werden, die subchromatid durch einen Bruch entstehen, wie aus Abb. 14 deutlich wird. Im Gegensatz zu Chromatid-Brüchen tritt keine Fragmentbildung in der Anaphase auf (KIEFER, 1989). Nach Feulgenfärbung ist das Subchromatidenbruchereignis lokal als ungefärbte (achromatische) Läsion erkennbar. Sie entstehen zumeist kurz nach der Bestrahlung, gehen jedoch nach einigen Stunden Erholungszeit wegen der Reversibilität der Vorgänge erheblich in der Zahl zurück. Für das Vorliegen von subchromatiden Brüchen (DNS-Einzelbruch) spricht auch die Tatsache, daß die achromatischen Läsionen im Gegensatz zu anderen Veränderungen linear mit der Dosis zunehmen (KIEFER, 1989).

Als weiterer Effekt kann eine Art von oberflächlicher Verklebung, **Pyknose, »Stickiness«** (RIEGER u. MICHAELIS, 1967) **»Agglutination«** (BEADLE, 1932), der Chromosomen entstehen, wenn die Bestrahlung während der Mitose oder Meiose erfolgt. Die Ursache dieses adhäsiven Verhaltens kann an der partiellen Dissoziation der Nukleoproteine und Veränderung ihres Organisationsmusters liegen. Werden Zellen in der Interphase oder früheren Prophase bestrahlt, weisen sie solche Erscheinungen nicht auf, da sie ausreichend Zeit für Reparaturprozesse haben. Grad und Dauer der Verklebungen sind dosisabhängig (RIEGER u. MICHAELIS, 1967).

Enge Beziehungen bestehen zwischen dem *Aberrationstyp* und dem *Zellzyklusstadium,* in dem die Bestrahlung erfolgt (BENDER et al., 1974),wie auch die Abb. 14 verdeutlicht.

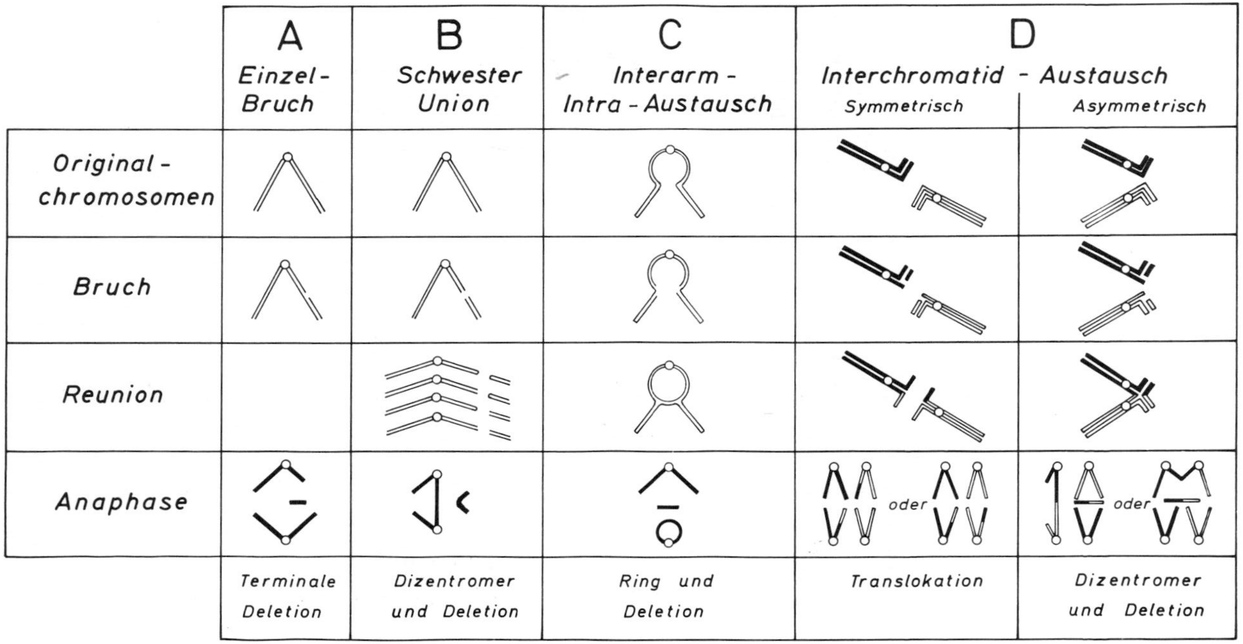

Abb. 13: Schematische Darstellung der Chromatid-Typaberrationen. Der Bruch ereignet sich in der späten Interphase (G₂) oder früheren Prophase; die strukturellen Veränderungen werden in der Meta- bzw. Anaphase sichtbar. (Quelle: s. Abb. 12)

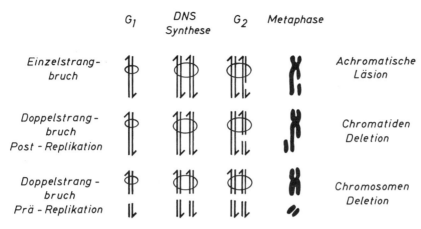

Abb. 14: Subchromatid-Typaberrationen (Generoso et al., 1980)

Eine Bestrahlung im G_1-Stadium kann zu einem DNS-Schaden führen, der bei der nachfolgenden DNS-Replikation verdoppelt wird und als Chromosomen-Typaberration in Erscheinung tritt. Die Zellen sind im G_1-Stadium strahlenresistenter als in der S- bzw. G_2-Phase. Eine quantitative Aussage ist jedoch sehr schwierig, weil verschiedene Reparaturprozesse während der einzelnen Phasen des Zellzyklus einsetzen können. Chromatid-Typaberrationen werden postreplikativ durch Strahlung induziert wie Abb. 14 am Beispiel einer Deletion zeigt.

Im Zusammenhang mit L.E.T. gilt die Beziehung, daß Strahlung mit niedrigen L.E.T. (z.B. Röntgen- u. Gammastrahlen) Einzel- und Doppelstrangbrüche in einem Verhältnis von 20 zu 1 erzeugen (BURELL et al., 1971, LEHMANN et al., 1979), während hohe L.E.T. wie z.B. Protonen- und Alphastrahlen, das Verhältnis reduzieren (NEARY et al., 1972).

Am Ende soll noch auf die hypothetischen Vorstellungen vom Zustandekommen von Chromosomenaberrationen eingegangen werden. Nach dem »Bruch und Reunion-Modell« wird als direkte Strahleneinwirkung ein DNS-Strang-Bruch erzeugt (Abb. 14), der entweder als solcher bestehen bleibt, oder unter Reaktion mit anderen Bruchenden verschiedene Aberrationstypen hervorruft (KIEFER, 1989). Deletionen und achromatische Läsionen sollten eine lineare, Reunionsvorgänge eine quadratische Abhängigkeit von der Dosis aufweisen. Dosiseffektkurven zeigen für einfache Brüche aber weder den erwarteten linearen Kurvenverlauf noch den quadratischen für Austauschreaktionen. Die Abweichung vom quadratischen Verlauf kann dadurch zustande kommen, daß selbst locker ionisierende Strahlen zwei Brüche erzeugen können. Nach KIEFER (1989) ist für die Auslösung der Brüche wohl nicht die Dosis, sondern vielmehr die spezifische Energie der Strahlung entscheidend. Aus diesen Gründen ist die Bruch- und Reunionshypothese nicht voll befriedigend REVELL (1955, 1959, 1963). RIEGER u. MICHAELIS (1967) haben deshalb frühzeitig eine »Austauschhypothese« vorgeschlagen, wonach »labile Zustände« in den Chromosomen bzw. in den Chromatiden vorliegen. Durch lokale Lockerung der Strukturen können Wechselwirkungen auftreten, die intra- und interchromosomale Austauschreaktionen einleiten. Es ist zu erwarten, daß in absehbarer Zeit molekulargenetische Untersuchungen Klarheit erbringen werden.

4.3 Mutationsauslösung

Die Einwirkung ionisierender Strahlen auf die lebende Zelle kann über die bereits in Kap. 3 und 4.2 besprochenen Folgereaktionen zu genetischen Veränderungen und unter bestimmten Umständen zu Erbschädigungen führen. Schon im Jahre 1908 beobachtete GAGER an Pflanzen erbliche »radiogene« Schäden. Geringe Strahlendosen können bereits hereditäre Schädigungen in der Keimzelle herbeiführen, die sich gegebenenfalls über mehrere Generationen in den Nachkommen manifestieren. Die Beeinflußbarkeit der genetischen Konstruktion durch ionisierende Strahlen gab dem Pflanzenzüchter die Möglichkeit, neue Varianten verschiedener Kulturpflanzen zu erzeugen. Die Anzahl der Veröffentlichungen, die sich mit der mutagenen Wirkung ionisierender Strahlung im Hinblick auf die Strahlenzüchtung befasst, ist in den letzten 20 Jahren auf viele Tausend angestiegen. Grundsätzliche Arbeiten wurden von EHRENBERG (1953), HAGBERG und NYBOM (1954), GUSTAFFSON (1951, 1954), NYBOM (1954) sowie von amerikanischen Wissenschaftlern (Brookhaven National Laboratory (1955), GREGORY (1956), THOMPSON (1950), MACKI et al. (1952), MAC KEY (1956) SPARROW u. KONZAK (1958) veröffentlicht. Wir wollen hier jedoch nicht weiter auf das Thema der Strahlenzüchtung eingehen, sondern uns den grundsätzlichen Fragen der Mutationsauslösung widmen.

Unter natürlichen Bedingungen treten Mutationen mit unterschiedlicher Häufigkeit bei den verschiedenen Pflanzenarten auf. Diese natürlichen Mutationen nennt man bekanntlich spontane Mutationen, und sie stellen in der Evolution einen grundlegenden Vorgang dar. Die Ursachen der natürlichen Mutationsauslösung sind vielfältig; biologische, chemische wie physikalische Faktoren sind daran beteiligt. Unter den verantwortlichen Agenzien nimmt die natürliche Radioaktivität - die sogenannte Grundstrahlung - einen wichtigen Platz ein. Werden die Mutationen dagegen künstlich erzeugt, wie z.B. durch ionisierende Strahlen, chemische Mutagene, spricht man von induzierten Mutationen. Strahlengenetische Experimente haben gezeigt, daß keine grundsätzlichen Unterschiede zwischen spontanen und induzierten Mutationen bestehen. Ihr Spektrum erstreckt sich jedoch von kleinen genetischen Veränderungen bis zum Tod (VARTERESZ, 1966). Alle Arten spontaner Mutationen können auch durch Bestrahlung erzeugt werden. Die Anzahl Mutationen, die man durch Bestrahlung mit ausreichender Dosis erzeugen kann, liegt jedoch wesentlich höher als die der spontan auftretenden. Positive Mutanten machen allerdings nur einen sehr geringen Anteil von den insgesamt auftretenden Mutationen aus. GUSTAFFSON (1951) fand bei bestrahlter Gerste nur eine nützliche von insgesamt 800 Mutanten. Ähnlich schätzt auch KAINDL (1961) die Wahrscheinlichkeit zur Auslösung einer positiven Erbänderung, nämlich zwischen 0,1–1%. Bei Zierpflanzen liegt der Anteil positiv beurteilter Mutationen höher, da die Kriterien nicht so eng gefasst sind wie bei Nutzpflanzen. Im allgemeinen sind sowohl die spontanen als auch die induzierten Mutationen in Bezug auf ihre Wirkung in überwiegender Mehrheit schädigend und regressiv (VARTERESZ, 1966). Jedoch können auch, wie viele Beispiele der Strahlenzüchtung zeigen, für die Art vorteilhafte Mutationen zustande kommen, die sich weiter vererben und im Laufe der Zeit dominieren. Man muß sich allerdings vor Augen halten, daß eine aus züchterischen Gesichtspunkten positive Veränderung hinsichtlich des Prozesses der natürlichen Selektion nicht in jedem Fall als vorteilhaft anzusehen ist. Bei dem Prozess der Mutationsauslösung reagieren die ionisierenden Strahlen direkt oder indirekt mit den Chromosomen. Bei der indirekten Wirkung entstehen primär in der Zelle reaktive Verbindungen, die dann erst mit den Chromosomen in Wechselwirkung treten. Beide Wirkungsarten treten nicht alternativ auf, sondern verlaufen im allgemeinen überlagernd. Die Anzahl der induzierten Mutationen hängt von der Art der Strahlung (hoher oder niedriger L.E.T.), der applizierten Dosis und der Dosisleistung ab. Auch Umweltfaktoren, wie

Temperatur, Sauerstoff, Wassergehalt etc. wirken modifizierend. Zwischen Mutationshäufigkeit und verabreichter Dosis besteht im allgemeinen eine direkt proportionale Abhängigkeit (Abb. 15) sofern Chromosomenbrüche vorliegen. Abweichungen treten auf, wenn die mutativen Effekte Folge von Strahlenmutanten der Chromosomen nach zwei oder mehr Brüchen sind. Darüberhinaus treten noch Restitutionsprozesse und Rückmutationen auf. Der Einfluß der Strahlenarten auf die mutagene Wirkung ist unterschiedlich (LOVE and CONSTANTIN, 1965, BROERTJES, 1966, 1971, 1972); er hängt von der relativen biologischen Wirksamkeit (RBW) ab (VARTERESZ, 1966). Die RBW nimmt von den Röntgenstrahlen mittlerer Energie zu den energiereichen Photonen- und Elektronenstrahlen ab, bedingt durch die unterschiedliche Ionisationsdichte.

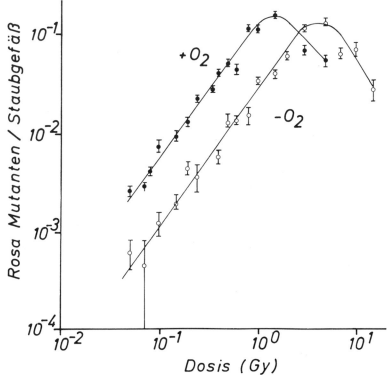

Abb. 15: Mutationsrate bei *Tradescantia* nach Bestrahlung mit und ohne Sauerstoff (nach UNDERBRINK et al., 1975)

Eine enge Beziehung besteht auch zwischen Dosisrate und Mutationsereignis wie umfangreiche Untersuchungen von NAUMANN, UNDERBRINK and SPARROW (1975) mit *Tradescantia* zeigten (Abb. 16). Bei der höchsten Dosisleistung (0,3 Gy/min) wurde auch die höchste Anzahl von Mutanten gewonnen. Bei niedrigen Dosisraten von 0,005 und 0,0005 Gy/min wurde unterschiedslos nur eine geringe Mutationshäufigkeit beobachtet, was wohl auf das Erreichen eines konstanten Niveaus des Effektes hindeutet. Bei hohen Dosisraten weisen die Dosiseffektkurven einen exponentiellen Verlauf auf, bedingt durch Zunahme der »Zwei«- und »Mehrtreffer-Ereignisse« (vergl. Abschn. 6.1) und scheinen bei sehr hohen Dosisraten zu einer Sättigung zu kommen. Bei chronischen Bestrahlungen, wenn die Bestrahlung über mehrere Wochen oder Monate dauert, ist die Häufigkeit der

Mutationen zwei- bis dreimal geringer als bei akuten Bestrahlungen (RUSSEL et al., 1958). Im Gegensatz zu früheren Auffassungen wird die genetische Wirkung der ionisierenden Strahlen auch von Umgebungsfaktoren beeinflußt, die während der Bestrahlung vorherrschen. Entscheidend für die Wirksamkeit ist u.a. der physiologische Zustand der Pflanzen, wodurch die Häufigkeit der Mutationen sowohl gesteigert als auch reduziert werden kann (RIEGER u. MICHAELIS, 1958). Besonders empfindlich sind die Restitutions- und Reunionsprozesse (VARTERESZ, 1968).

Mutationen können sowohl im generativen als auch im somatischen Gewebe entstehen. Je nach Art der genetischen Veränderungen unterscheidet man 3 Formen: Gen- oder Punktmutationen, Genommutationen und Chromosomenmutationen. Die ersten zwei Gruppen sind den »feineren«, die letztere ist »gröberen« Veränderungen zuzuordnen. Als spontane Mutationen kommen hauptsächlich Punktmutationen vor, während Chromosomenmutationen bevorzugt unter dem Einfluß von hohen Dosen ionisierender Strahlen hervorgerufen werden (VARTERESZ, 1966).

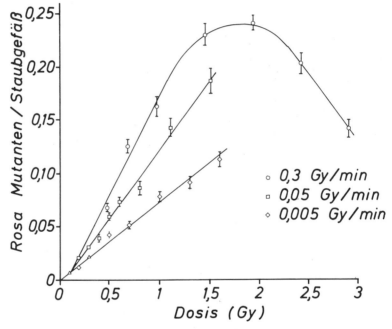

Abb. 16: Abhängigkeit der Mutationsrate von der Dosisleistung bei *Tradescantia*.

Wenn molekulare Veränderungen im Bereich der Gene auftreten, spricht man von Gen- oder Punktmutationen, die zur Entstehung neuer Allele führen aber keine zytologisch nachweisbaren Strukturveränderungen an den Chromosomen hervorrufen. Die Gene bestehen aus mutablen Untereinheiten, die durch Mutationen in eine Vielzahl alternativer Formen überführt werden können. Genommutationen sind quantitative Veränderungen der Chromosomenzahl durch Addition oder Verlust (Aneuploidie) einzelner Chromosomen oder ganzer Chromosomensätze. Normalerweise sind die Geschlechtszellen haploid, die somatischen Zellen diploid. Die Bestrahlung kann anstatt der doppelten Zahl haploider Chromosomen das Mehrfache erzeugen (Polyploidie). Die Chromosomenmutationen stellen strukturelle Veränderungen dar, die mikroskopisch gut nachweisbar sind. Es können sowohl Position und Reihenfolge der Gene der betroffenen Chromosomen verändert werden, wie auch Segmente verloren gehen (s.ausführlich Kap. 4.2 Chromosomenaberrationen).

Auch außerhalb des Zellkerns können sich Mutationen ereignen, da die Chloroplasten sowie Mitochondrien ebenfalls über die Information tragende DNS verfügen und somit mutabile Angriffspunkte bei einer Bestrahlung bilden. Die cytoplasmatischen Mutanten lassen sich nach der Art ihrer Aufspaltung von den im Zellkern auftretenden unterscheiden. Die durch Strahlung hervorgerufenen neuen Eigenschaften einer Mutation sind ebenso stabil und schwer veränderbar, wie die in der Phylogenese entwickelten erblichen Eigenschaften (VARTERESZ, 1966). Das erhaltene neue Merkmal ist konstant und kann nur durch eine erneute mutagene Einwirkung verändert werden. Dabei kann eine Rückkehr zu der ursprünglichen Form erfolgen. Diese »Rückmutation« ist ein Beweis dafür, daß die Bestrahlung das Gen nicht vernichtet, sondern lediglich seinen molekularen und funktionellen Zustand verändert. Der Prozess gleicht anderen »auf der Quantengrundlage« beruhenden molekularen Veränderungen, das mutierte Gen geht von einem stabilen Zustand in den anderen über.

Somatische Mutationen   Die Tatsache, daß Mutationen nicht nur in generativen sondern auch in somatischen Zellen vorkommen, ist nichts anderes als eine logische Schlußfolgerung, daß nämlich die verantwortliche DNS und die Nukleoproteine in beiden Zellenarten sowohl qualitativ als auch im allgmeinen quantitativ identisch sind. Die veränderten Eigenschaften gehen hier lediglich durch klonale, aber nicht durch generative Vermehrung auf die nachkommende Generation über. Somatische Mutationen können auch spontan auftreten, jedoch kann auch hier die Häufigkeitsrate durch ionisierende Strahlen stark erhöht werden. Insbesondere werden solche Veränderungen bei Bestrahlung von Zierpflanzen beobachtet, da sie oft Heterozygotie für die Blütenfarbgene in ihren Blütenknospenzellen aufweisen. Das heißt, daß sie z.B. ein dominantes Gen für rote und ein rezessives Gen für weiße Farbe besitzen. Die entstehende Blüte wird normalerweise rot. Infolge einer Bestrahlung kann das dominante Gen einen Bruch erleiden, wodurch ein Teil des Chromosoms verloren geht. Das Resultat ist dann eine weiße Blüte.

Die einschlägige Literatur auf diesem Gebiet hat einen beachtlichen Umfang in den letzten Jahren erfahren, da die Aspekte für die Pflanzenzüchtung sehr interessant sind. Als repräsentatives Beispiel sollen in diesem Zusammenhang die Experimente von SATORY (1975) genannt werden, bei denen von 1800 bestrahlten Chrysanthemenstecklingen ca. 154 Individuen diverse Farbmutationen aufwiesen.

4.4 Physiologische Effekte

Vergegenwärtigen wir uns noch einmal die grundsätzlichen Vorgänge in einer lebenden Pflanze: In den Zellen von grünen Pflanzen laufen komplizierte Stoffwechselvorgänge ab, die es ermöglichen, aus anorganischen Verbindungen hochwertige organische Strukturen aufzubauen. Dabei wird Lichtenergie absorbiert, in chemische Energie umgewandelt, gespeichert und für die Substanzbildung weiterverwendet. Selbst die Bildung von relativ einfachen organischen Molekülen geschieht in komplizierten biochemischen Reaktionen, die wiederum von komplex aufgebauten, hochmolekularen Enzymen katalysiert werden. Aus einfachen Bausteinen werden im Verlauf der Biosynthese in einer Reihe von Reaktionsketten in besonders differenzierten zellulären Reaktionsräumen – Kompartimente – energiereiche Substanzen hergestellt. Der geordnete Ablauf dieser Vorgänge ist die Voraussetzung für Wachstum und Entwicklung und schließlich für die Ertragsbildung von Pflanzen. Es ist naheliegend, daß die Wirkung ionisierender Strahlen auf derart komplexe Vorgänge nur erfasst werden kann, wenn die einzelnen Reaktionsabläufe im lebenden

System untersucht werden. Deshalb werden in diesem Abschnitt vorwiegend Ergebnisse aus »in vivo«-Experimenten erörtert.

Physiologische Strahleneffekte lassen sich nur schwer generalisieren. Während einzelne Reaktionsabläufe stark geschädigt werden, können andere eine erhöhte Aktivität erfahren; z. B. kann bei gleichzeitiger Hemmung des Längenwachstums die Bestockung bei Getreide gefördert werden. Das Ausmaß der Effekte hängt davon ab, welche Rolle die betroffenen Strukturen oder Teilbereiche in ihnen im Zellgeschehen spielen. Manche Effekte lassen sich unmittelbar nach oder sogar schon während der Bestrahlung erfassen, andere werden erst Stunden, Tage oder Jahre nach der Strahleneinwirkung beobachtbar. Physiologische Strahlenwirkungen werden naturgemäß auch von den gegebenen Milieufaktoren modifiziert.

GUNCKEL und SPARROW (1961) fassten in einem Übersichtsreferat die Publikationen, die bis 1960 erschienen waren und sich mit biochemischen, physiologischen und morphologischen Aspekte der Strahlenwirkung beschäftigt hatten, zusammen. Es wird über Änderungen der Aktivität (Hemmung und/oder Förderung) zahlreicher Enzyme in tabellarischer Form, über eine Beeinflussung der Hormone am Beispiel der Indolessigsäure (IES), über Effekte bei der DNA-Synthese und Mitoserate, am Aminosäurestoffwechsel und der Proteinsynthese, der photosynthetischen Pigmentbildung und der Blühinduktion berichtet. Um physiko-chemische oder chemische Schäden an Proteinen hervorzurufen, sind im allgemeinen relativ hohe Strahlendosen erforderlich; manche Enzyme können jedoch bereits durch die direkte Wirkung eines einzelnen Ionenpaares in ihrer Funktion beeinträchtigt werden.

Ein typisches Beispiel dafür, daß die strahlenbedingte Reduktion der Biomasse ihren physiologischen Ursprung bereits in der Störung der primären Prozesse der CO_2-Assimilation haben kann und dafür, welche Faktoren dabei eine Rolle spielen,lieferten die Untersuchungen von ROY a. CLARK (1970) an *Vicia faba*. Einer Abnahme des Trockengewichtes 28 Tage nach Bestrahlung mit 250 kV-Röntgenstrahlen (2,5 Gy) um 50% gegenüber der Kontrolle, ging eine Reduktion der Photosyntheserate zwischen dem 8. und 24. Tag voraus. Auch der Transport der Photoassimilate in die Wurzeln war in den bestrahlten Pflanzen beeinträchtigt. Am 8. und 12. Tag nach Bestrahlung waren die Stomata aller Blätter weniger weit geöffnet als bei den Kontrollpflanzen. Der Grad der Öffnung korrelierte deutlich mit der reduzierten $^{14}CO_2$-Aufnahme. Durch eine Steigerung des CO_2-Gehaltes durch Begasung auf 0,09% konnte die strahlenbedingte Hemmung der CO_2-Assimilation kompensiert werden. Die strahlenbedingte Abnahme der Spaltöffnungsweiten kann andererseits zur erhöhten Toleranz gegenüber Trockenheit führen, wie dies in einem späteren Experiment (ROY 1974) tatsächlich bestätigt wurde. Für die Reduktion der Öffnungsweiten der Stomata wird nicht der leicht erhöhte osmotische Druck der Epidermiszellen als entscheidender Faktor angesehen, sondern vielmehr eine Blockierung der Kaliumzufuhr zu den Schließzellen.

Auch Strontium–90 Betastrahlen hemmten die Photosyntheserate in jungen Entwicklungsstadien von Kartoffeln, Weizen und Bohnen. Später normalisierten sich die photosynt-hetischen Prozesse, allerdings zeigten die Photoassimilate ein von der Kontrolle abweichendes Verteilungsmuster. Zum Beispiel war ihre Einlagerung in die Früchte reduziert (PONOMAREVA et al., 1977). In den Untersuchungen von FERNANDEZ a. SANZ (1973) mit bestrahlten jungen Gerstenpflanzen erwies sich die Photosynthese als relativ unempfindlich, denn erst Dosen von 1000 Gy blockierten die Assimilation und verhinderten den Transport der Photosyntheseprodukte. Bei 10 Gy wurde eine erhöhte Photosyntheserate registriert. Wachstums- und Ertragssteigerung von Weizen nach Samenbestrahlung registrierten ERICKSON et al. (1979). Sie machten die strahleninduzierte Abnahme des Stomata-Widerstandes bei 1,5 Gy und das damit verbundene erhöhte Wasserpotential dafür verantwortlich. Dieses als »Stimulation« bezeichnete Phänomen wird später im Abschnitt 4.6 noch ausführlicher behandelt.

Um die Strahlenwirkung auf die Lichtreaktionen der Photosynthese bzw. auf die Dunkel-atmung differenziert erfassen zu können, bestrahlten URSINO et al. (1974) junge Sämlinge von *Pinus strobus* mit Gammastrahlen in 21%-iger und in 1%-iger O_2-Atmosphäre. Die CO_2-Aufnahme war bei den applizierten Dosen (2,3–75 Gy) reduziert, und zwar bei beiden O_2-Konzentrationen gleich stark. Dies führte zu der Annahme, daß die Lichtreaktionen strahlenempfindlicher sind als die Dunkelatmung, entsprechend müssen die Chloroplasten empfindlicher sein als die Mitochondrien. Auch in späteren Untersuchungen mit Soja *(Glycine maxima)* erwiesen sich Atmungsreaktionen als die unempfindlicheren Prozesse. Bereits innerhalb einer Stunde nach Bestrahlung wurden um 70% weniger Assimilate vom Ort ihrer Synthese zu anderen Pflanzenteilen transportiert. Auch die Richtung des Trans-portes wurde durch die Bestrahlung beeinflußt. In der Sproßspitze wurden weniger Assimi-late geliefert als zu den unterhalb des Syntheseortes liegenden Internodien. Nach Entfer-nung der Sproßspitze und Zugabe von 20 ppm IES wurde der Transport nicht reduziert, jedoch das Verteilungsmuster beeinflußt (URSINO et al., 1977, 1977). Es gibt Hinweise, daß auch der Verteilungsmechanismus gestört wird. Eine Normalisierung tritt durch erhöhte Lichtintensität nach 2 h wieder ein (SHELP et al., 1979, MC CABE et al., 1979). Die Autoren vermuten, daß durch die Photophosphorylierung gebildetes ATP eine Rolle beim Transport der Assimilate spielt. Es wird berichtet, daß 15 min nach Bestrahlung mit 41 Gy der Abtransport ^{14}C-markierter Assimilate um 37% und die Rate der Photophosphorylierung um 47% reduziert waren.

Da bei der Nettoproduktion der Biomasse nicht nur die Photoassimilation, sondern auch die Respiration eine Rolle spielt, wurde dieser physiologische Parameter ebenfalls Gegen-stand vieler Untersuchungen. Fast immer konnte nach Bestrahlung mit höheren Dosen in den Pflanzen eine erhöhte Atmungstätigkeit registriert werden; wie z.B. bei Mais-, Weizen-, Sorghum- und Radieschenkeimlingen nach Bestrahlung mit Dosen von 800 Gy (WOODSTOCK a. JUSTICE, 1967). Mittlere Dosen (200 Gy) hingegen zeigten eine indifferente Reaktion, während niedrige Dosen (50 Gy) eine Senkung des Respirationsquotienten verursachen. Bei Samenbestrahlung von *Phaseolus vulgaris* mit 50 Gy haben ABOUL-SAOD a. OMRAN (1975) eine gesteigerte Atmungsstätigkeit festgestellt. Höhere Dosen hingegen verursachten eine Hemmung der Respiration.

SCHMIDT (1975) hält die Messung der Atmungsaktivität von Pflanzen für eine geeignete Methode frühzeitig Strahlenschäden zu erkennen. Er stellte fest, daß bestrahlte Karyopsen von unterschiedlich strahlenempfindlichen Weizensorten auch unterschiedliche Atmungs-intensität aufweisen. Zu den gleichen Ergebnissen, allerdings mit Einschränkungen, kamen PADOVA a. ASHRI (1977) bei *Arachis hipogea*. AMBERGER u. SÜSS (1968) fanden eine Ver-änderung im System Glutathion/Ascorbinsäure/Ascorbinsäureoxidase – eine Kompo-nente des Atmungsstoffwechsels – nach Bestrahlung mit sehr kleinen Dosen (0,01 bis 1 Gy) von Gerstensamen. In den Blättern von bestrahlten Pflanzen kann eine erhöhte Pigmen-takkumulation beobachtet werden. Der Anstieg z.B. des Anthocyangehaltes in Rumex-Arten nach hohen Dosen (80 – 160 Gy Röntgen bzw. Gammastrahlen) kann bereits visuell wahrgenommen werden, er ist abhängig von der Pflanzenart und dem Alter der bestrahlten Pflanzen. Im Pigmentmolekül selbst scheint keine strahleninduzierte Änderung stattzufin-den. In weiteren 33 Pflanzenarten wurde eine erhöhte Pigmentbildung nach Bestrahlung registriert (SPARROW et al., 1968, KIRCHMANN et al., 1971, 1971). Über erhöhte Gehalte an Chloroplasten und Carotinoiden in Zwiebelpflanzen nach Bestrahlung der Samen mit 15 Gy berichten GENCHEV a. TODOROV (1972), ebenso BAKRAHMED et al. (1976). KOEPP (1978) konnte ebenfalls in den Blättern von Mais nach Bestrahlung der Samen mit niedrigen Dosen diese Pigmente anreichern. In *Abelmoschus esculentus* wurde ein erhöhter Chloro-phyllgehalt nach Röntgenbestrahlung der Samen mit 40 bzw. 70 Gy beobachtet, während eine Bestrahlung mit 80 Gy den Gesamtchlorophyllgehalt der Blätter um 50% reduzierte. Der Stomata-Index wurde nicht beeinflußt (RAO a. RAO, 1978). Eine starke Verschiebung der Anteile an den Flavonoiden Rutin, Leucoanthocyanidin, Anthocyanin und den Glucof-lavonen ermittelten MARGNA a. VAINJARV (1976) in 4 Tage alten Keimlingen von *Fagopyrum esculentum* nach Bestrahlung der Samen mit Dosen von 60 bzw. 120 Gy.

Dem Einfluß ionisierender Strahlen auf Phytohormone und ihrer Biosynthese wurde verhältnismäßig viel Aufmerksamkeit gewidmet. Wegen ihrer unspezifischen Funktion jedoch konnten nicht immer eindeutige Resultate gewonnen werden, zumal auch die Versuchsbedingungen nicht vergleichbar waren. In dem bereits oben erwähnten Über-sichtsreferat berichten GUNCKEL a. SPARROW (1961), daß das Enzymsystem, welches das Phytohormon IES aus Tryptophan katalysiert, sehr strahlenempfindlich ist. Bereits Dosen von 2,5 bis 10 Gy wirken hemmend. Sowohl synthetische als auch aus Pflanzenzellen extrahierte IES erwies sich dagegen als sehr unempfindlich gegenüber ionisierenden Strahlen.

Für Versuche zur Klärung der Strahlenwirkung auf Streckungswachstum und Zellteilung und der Frage, welche Rolle Pflanzenhormone dabei spielen, eignen sich sogenannte »Gammapflänzchen« besonders gut. Sie entwickeln sich nach Bestrahlung der Samen mit sehr hohen Dosen (1000 bis 8000 Gy), die zum völligen Erliegen der Mitose führen: die Folge ist Streckungswachstum ohne Zellteilung. So zeigte in *Avena*-Koleoptile die Zelltei-lung eine weit höhere Strahlenempfindlichkeit ($LD_{50} = 10$ Gy) als die Zellstreckung ($LD_{50} = 3000$ Gy) (MIURA et al., 1974). Zu ähnlichen Resultaten gelangten PALAMINO et al. (1979) nach Experimenten an Gerstenkeimlingen. Bemerkenswert ist dabei, daß bei den »Gam-mapflänzchen« die Synthese von IES aus Tryptophan selbst bei derart hohen Dosen nicht blockiert wurde. Auch bei »Gammapflänzchen« von Weizen wurde nach Befunden von JORDAN III a. HABER (1974) nach Bestrahlung mit 5000 Gy die Zellteilung blockiert ohne jedoch Cytokinin zu beeinflussen. Ein Pflanzenhormon mit antagonistischer Wirkung zum Cytokinin ist Abscisinsäure (ABS). In Pflanzen unter Streßsituation erhöht sich ihre Konzentration (LEVITT, 1972; MILBORROW, 1974; TIETZ A. TIETZ, 1982). Eine derartige Reaktion konnten DEGANI A. ITAI (1978) auch nach Bestrahlung von Weizenkeimlingen nachweisen (Tab. 2).

Tab. 2: Wirkung des Zeitpunktes der Bestrahlung und der Dosis auf das Wachstum und die Abscisin-säurekonzentration (ABS) in den Blättern und Wurzeln von 5 Tage alten Weizenkeimlingen (nach DEGANI and ITAI, 1978)

Gamma-Bestrahlung		Frischgewicht				ABS-Konzentration (pg pro g Frischgewicht)	
Zustand	Dosis [Gy]	Blätter		Wurzel			
		mg	relativ	mg	relativ	Blätter	Wurzel
Trockene	0	73	100	76	100	534	480
Samen	100	66	90	59	78	720	600
	300	44	60	41	54	1410	880
	700	23	32	16	21	1475	1040
Nach 24 h	10	55	75½	38	49	625	805
Keimung	20	38	52	24	31	755	970

Die Biosynthese von Gibberellinsäure (GS), einem Wuchsstoff, welcher bekanntlich die Produktion und Sekretion von verschiedenen Hydrolasen, wie Alpha-Amylase, in der Aleuronschicht keimender Samen iniziiert, ist dagegen als strahlenempfindlich zu bezeich-nen. Wie Abb. 17 zeigt, können ionisierende Strahlen mit einer Dosis von 320 Gy den Wuchsstoff (Bestrahlung »in vitro, Aktivitätstest »in vivo«) fast vollkommen inaktivieren (SIDERIS et al., 1969). Dabei spielt die Herabsetzung der Aktivität von zwei für die GS initiierend wirkenden Schlüsselenzymen – Mevalonat-Kinase und ATP-, eine Rolle. Die

Bestrahlung scheint in die Übertragungssysteme hochaktiver und weniger aktiver Gibberel-
line einzugreifen. Auch wichtige Isoenzyme der Alpha-Amylase werden unterschiedlich
beeinflußt (MACHAIAH et al., 1976, MACHAIAH a. VAKIL, 1979).

Der Kohlenhydrat-Stoffwechsel wird ebenfalls durch eine Bestrahlung beeinflußt. So
berichten FRANK a. LENDVAI (1971) über eine Erhöhung des Gesamtkohlenhydratgehaltes
und eine Abnahme des Gehaltes an löslichem Zucker in keimenden Erbsen nach Bestrahlung vorgequollener Samen mit Dosen von 5 bis 200 Gy. Im Verlauf der Keimung erhöhte
sich später der lösliche Zuckeranteil wieder. Ebenfalls über einen erhöhten Gehalt an
Kohlenhydraten (Zucker und Stärke) in den Kotyledonen von *Trigonella foenum-graecum*
nach Bestrahlung der Samen mit Dosen von 100–300 Gy berichtet AHANOTU (1985). Es wird
vermutet, daß die Akkumulation der Kohlenhydrate in den Kotyledonen durch die Strahlenschädigung des Transportsystems und der damit verbundene verzögerte Abtransport
von Zucker in die übrigen Pflanzenteile verursacht wird. Tatsächlich erhielten die normalen
Blätter einen geringeren Gehalt an Kohlenhydraten. Nach Untersuchungen von INOUE et
al. (1975) erfolgte nach Samenbestrahlung mit 400 Gy eine Wachstumsdepression von
Reiskeimlingen, begleitet von einer Abnahme des reduzierenden Zuckergehaltes. Zum Teil
konnte diese Wachstumsdepression durch Zugabe von Glucose ausgeglichen werden. Die
selben Autoren berichten über eine Beinflussung des C_6/C_1-Glucoseverhältnisses durch
Bestrahlung mit 300 Gy an Hand der unterschiedlichen Inkorporation von $^{14}C_6$-Glucose
bzw. $^{14}C_1$-Glucose (INOUE et al., 1982).

Einen erhöhten Capsaizingehalt in den Früchten von Paprika *(Capsicum annuum)* stellte
ZDERKIEWICZ (1971) und einen erhöhten Vitamin C-Gehalt ZDERKIEWICZ a. DYDUCH (1972)
bei Dosen von 50 Gy fest. Eine Abnahme des Ascorbinsäuregehaltes bei hohen Dosen
(100 Gy) und eine Steigerung auf das 1,5-fache bei niedrigen Dosen (20–40 Gy) wurde in

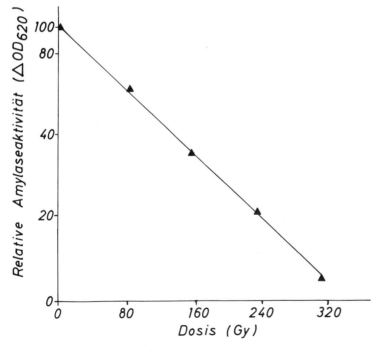

Abb. 17: Wirkung einer Gammabestrahlung auf die Amylaseaktivität (nach
SIDERIS et al., 1969)

Maiskeimlingen ermittelt (NORBAEV, 1975). Eine Abnahme der Oleinsäure, eine nichtver-
seifbare Substanz der gesättigten Fettsäuren und eine Steigerung des Linolsäuregehaltes
wurden im Öl von Sonnenblumen festgestellt (CUPIC et al., 1972). ARSLANOVA et al. (1976)
fanden nach einer Bestrahlung von Baumwollsamen mit 300 Gy Gammastrahlen einen
niedrigeren Gehalt an Fettsäuren mit langen Kohlenstoffketten. Dies führte zur Blockierung der Membranbildung, besonders der der Mitochondrien.

Über die Strahlenwirkung auf Nukleinsäuren und Proteine läßt sich generell feststellen, daß die synthetischen Prozesse strahlenempfindlicher sind als Polymerisation zu
Makromolekülen. Bei der Nukleinsäuresynthese ist die bereits laufende S-Phase relativ
unempfindlich. Eine Hemmung der mitotischen Teilung erfolgt offensichtlich durch De-
pression essentieller Teilungsprozesse. Bereits GUNCKEL u. SPARROW (1961) resümieren
1961, daß in jungen Pflanzen die Proteinsynthese stärker geschädigt wird als in älteren, was
in der Anhäufung von freien Aminosäuren und unlöslichen Polyphosphaten zum Ausdruck kommt. Die Hemmung beruht auf einer Verminderung der oxydativen Phosphory-
lierung; dadurch steht die zur Proteinsynthese erforderliche Energie nicht zur Verfügung.
Zahlreiche spätere Experimente führten zu weiteren Einzelergebnissen über den Einfluß
ionisierender Strahlen auf Nukleinsäure- und Proteinsynthese. So ermittelten JOSHI et
al. (1971) nach Bestrahlung trockener Samen im Sproß 7 Tage alter Gerstenkeimlinge
LD_{50}-Werte (50%ige Reduktion der Makromoleküle) für freie Nuklide von 292 Gy, für DNA
von 323 Gy, für freie Aminosäuren und Proteine von 389 Gy und für RNA 391 Gy. In Mais
fanden IQBAL et al. (1974) eine Anhäufung von freien Aminosäuren nach Bestrahlung der
Samen mit 200 Gy. Ebenso blockierten 60 Gy Gammastrahlen die Proteinsynthese in
Jerusalem-Artichoken (Topinambur), was sich in der Akkumulation von löslichem Stick-
stoff äußerte (SCHAEVERBEKE-SACRE, 1977). IBRAGIMOV a. SAFAROV (1973) berichten über
einen reduzierten Einbau von markierten Aminosäuren in Ribosomen von Baumwolle. In
Salatkeimlingen der Sorte »Grand Rapid« wurde nach Bestrahlung der Samen mit 1000 Gy
Gammastrahlen eine abnehmende Inkorporationsrate von ^{3}H-Uridin in hochmolekulare
RNA, jedoch eine Verringerung in transfer-RNA festgestellt (YEALY a. STONE, 1975).
KARAKUZIEV (1975, 1977) berichtet über ein Absinken des Uridinmonophosphatgehaltes in
der gesamten tRNA. Diese Befunde deuten darauf hin, daß die Proteinsynthese durch
Strahlenschädigung der ribosomalen und der tRNAs beeinträchtigt wird.

Für die Beeinflussung der DNA-Synthese, ermittelt an Hand der Einbaurate von
^{3}H-Thymidin bzw. ^{14}C-Thymidin, gibt es viele Beispiele; so für eine Hemmung der Inkorporationsrate bei Reis nach Bestrahlung der Samen mit 400 Gy (INOUE et al., 1975), oder eine
Förderung derselben bei *Phaseolus*, *Pisum* und *Vicia* nach Bestrahlung der Samen mit
15 Gy (GOLIKOVA a. MIRONYUK, 1976). IBRAGIMOV et al. (1977) fanden nach Bestrahlung von
Baumwollsamen mit 250 Gy eine signifikante Abnahme des rRNA/DNA-Hybridisierungs-
grades. Mit steigenden Strahlendosen wurde für die hochmolekulare RNA eine Abnahme
der Anzahl hybridisierbarer Citrons registriert. Wie aus Untersuchungen von BERKOFSKY a.
ROY (1977) und ROY a. SAMBORSKY (1982) hervorgeht, werden Histone durch Bestrahlung
nicht nachweisbar angegriffen, wohl jedoch das Enzym Histon-Kinase, und zwar stärker »in
vivo« (65%) als »in vitro« (20%).

Einige Beispiele über Strahleneffekte auf Enzymaktivitäten fanden bereits an anderer
Stelle dieses Kapitels (Atmung, Proteinsynthese) Erwähnung. Hier sollen weitere Einzelda-
ten zu diesem Fragenkomplex zitiert werden. Über die Stimulation der Enzyme Catalase
und Lipase in bestrahlten Keimlingen von Safran *(Crocus sativus)* mit Dosen von 100 Gy
berichtet SINGH (1974). Eine erhöhte Aktivität der Peroxidase wiesen WARFIELD et al.
(1973) VORA et al. (1974) MATHUR et al. (1974) und IZVORSKA a. BAKYRDZHIEVA (1975) nach.
FILATOV (1976) konnte keine Änderung der Aktivität dieses Enzyms in Pollenkörnern von
Baumwolle bei 5 bis 20 Gy feststellen. Nach Bestrahlung mit relativ geringen Dosen
erhöhte sich die Aktivität der Polyphenoloxidase in Tomatenpflanzen (DASKALOV et al.,

1977; Mojnova a. Maltseva, 1978). Eine Dosis von 5 Gy (^{60}Co-Gammastrahlen) verursachte in Kalluskulturen von Karotten eine Erhöhung der Phosphataseaktivität unmittelbar nach der Bestrahlung. Nach 20 Tagen verschwand dieser Effekt vollkommen (Padmanaban et al., 1977). Über eine strahlenbedingte Änderung der ATP-aseaktivität und einen Kationeneinfluß berichtete Kazymov (1975, 1976). Erhöhte Aktivität von Nukleasen (RNA-asen, DNA-asen) wurde in Baumwollpflanzen nach Bestrahlung der Samen mit 300 Gy von Arslanova et al. (1978,1978) ermittelt. Kurobane et al. (1979, 1979) stellten nach sehr eingehenden Untersuchungen an keimenden Gerstensamen 2 Gruppen von Enzymen mit unterschiedlicher Strahlenempfindlichkeit fest: So waren Phosphomonoesterase, Phosphodiesterase und ATP-ase strahlenempfindlich, während sich Gamma- und Beta-Amylase, Beta-Glucosidase, Beta-Galactosidase und Beta–1,3-Glucanase als unempfindlich erwiesen. Die empfindliche Gruppe ist verantwortlich für die Bildung von Phosphatverbindungen, die resistenten Enzyme metabolisieren Kohlenhydrat-Verbindungen.

In Erbsenpflanzen wurde die Inaktivierung des Isoenzyms der Lipoxygenase, einem die Peroxidation von ungesättigten höheren Fettsäuren katalysierenden Enzym, beobachtet (Chepurenko et al., 1977). Hargreaves et al., (1976) stellten in einer Untersuchung an *Citrullus vulgaris* eine große Strahlenempfindlichkeit der Urease fest.

Die in diesem Abschnitt gegebene Übersicht über physiologische Wirkungen ionisierender Strahlen auf höhere Pflanzen kann nur einen Überblick über die sehr umfangreiche Literatur geben. Sie zeigt aber die vielseitigen möglichen Angriffspunkte bei Auslösung eines Strahlenschadens. Eine Systematik, wie sie weiter unten für sehr viel gröbere Kriterien aufgestellt wird, lässt sich aus den hier gegebenen Daten nicht ableiten. Wohl aber erkennt man, daß die Entwicklung eines Strahlenschadens äußerst komplex sein kann. Umgekehrt lässt sich aus der Tatsache, daß physiologische Parameter ziemlich empfindliche Indikatoren sind, schließen, daß im Bereich unter 1 Gy wesentliche Wirkungen ionisierender Strahlen in höheren Pflanzen nicht zu erwarten sind.

4.5 Morphologische Veränderungen

Als morphologische Veränderungen an Pflanzen werden hier abnorme Erscheinungsbilder beschrieben, die auf vorausgegangenen physikochemischen und physiologischen Strahleneffekten beruhen. Die Veränderungen können auf zellulärer Ebene auftreten (Zell- und Kerndeformationen, Vakuolenbildung, Verlust der Kompartimentierung, u.s.w.), histologischer Natur sein (z. B. Gewebeschäden), oder sie betreffen das Erscheinungsbild ganzer Organe (z. B. Tumorbildung, Deformation, Panaschierung, erhöhte Knospen- und Adventivwurzelbildung). Selbstverständlich ist eine klare Trennung zwischen den genannten Bereichen nicht ohne weiteres möglich, da innere Organisation und äußere Gestalt sich wechselseitig bedingen. Morphologische Veränderungen können nach Bestrahlung in allen Pflanzenteilen beobachtet werden, Anzahl und Ausmaß sind dosisabhängig sowie art-, und oft auch sortenspezifisch. Wachstumsdepressionen bzw. -stimulationen ohne abnormes Erscheinungsbild, sind in diesem Sinne keine »morphologischen Veränderungen«, und folglich werden sie in diesem Abschnitt nicht berücksichtigt.

Morphologische Strahleneffekte waren die ersten, die überhaupt beobachtet wurden. In dem bereits zitierten Übersichtsartikel von Gunckel and Sparrow (1961) und in einem noch ausführlicherem von Gunckel (1965) wird über eine Fülle morphologischer Veränderungen der einzelnen Pflanzenorgane referiert. Es wird postuliert, daß chronische Bestrahlungen eher geeignet sind schwerwiegende morphologische Schädigungen hervorzurufen – ohne die Pflanzen dabei abzutöten –, als akut verabreichte Strahlendosen. Die erzeugten Abnormitäten werden ausdrücklich als physiologische Störungen und nicht als genetische Veränderungen (somatische Mutationen) angesehen.

Über cytomorphologische Strahleneffekte liegen zahlreiche Untersuchungsergebnisse auch aus neueren Veröffentlichungen vor. Ein typisches Beispiel dafür ist eine Verschiebung der Mitosedauer im Ruhezentrum (Quiescent centre) bzw. in den Zellen des normalen Meristems (z. B. Stele) in den Wurzeln von *Vicia faba* und *Zea mais*. Nach einer Bestrahlung mit 3,6 bzw. 18 Gy Röntgenstrahlen verlängerte sich die Mitosedauer aktiv teilender Bereiche von 30 auf 95 Stunden und gleichzeitig verkürzte sich die des Ruhezentrums von 200–300 Stunden auf ein Minimum von 38 Stunden. Durch die offenbar höhere Strahlenresistenz des ruhenden Zentrums, sind diese Zellen zur Neubildung von meristematischen Gewebe und damit zur Regeneration von Strahlenschäden befähigt (CLOWES a. HALL, 1962; CLOWES, 1963). Analoge Phänomene gelten auch im Bereich der hystologischen und organographischen Strahlenschäden, wie weiter unten gezeigt wird. Für Veränderungen im zellulären Ultrastrukturbereich gibt es zahlreiche Hinweise. Besonders beeindruckend ist die Bildung von Mikrokernen im Wurzelmeristem von *Pisum sativum* nach Bestrahlung der Keimlinge mit 4 Gy Gammastrahlen (Abb. 18). Zu bemerken wäre noch, daß eine 5-tägige Exposition der Keimlinge im elektrischen Feld (430 V/m, 60 Hz) in einem anorganischen Nährmedium keine derartigen Veränderungen bewirkt (MILLER et al., 1982). Über eine dosisabhängige Initiierung von Mikrokernen in den Wurzelspitzen von *Vicia faba* nach Gammabestrahlung mit 7–190 Gy berichten MARSHALL a. BIANCHI (1983). Die Produktion der Mikrokerne war von der Dosisleistung bzw. -fraktionierung und von der Sauerstoffkonzentration unabhängig.

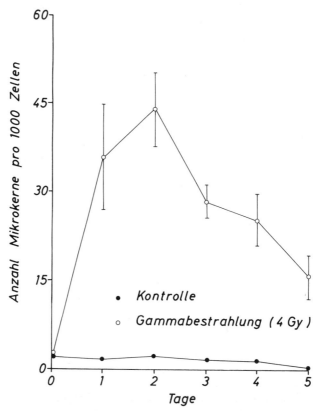

Abb. 18: Wirkung einer Gammabestrahlung auf die Mikrokernbildung im Wurzelmeristem von *Pisum sativum* (nach MILLER et al., 1982)

Über morphologische Veränderungen extranuklearer Zellorganelle in Weizenkeimlingen berichtete von WANGENHEIM (1969), über morphologisch anomale Zellen (Riesen- und Zwergzellen, deformierte Zellen) in Staubfadenhaare von *Tradescantia* ICHIKAWA et al. (1969), über Verkürzung der Faserzellen in *Quercus alba* und *Liguidambur styraciflua* HAMILTON and CHESSER (1969). BOSTRACK a. SPARROW (1969) stellten eine Desorganisation des apikalen Meristems fest; durch reduzierte Aktivität des Gefäßkambiums und verzögerte Verholzung der Xylem-Elemente erfolgte eine Verengung der Jahresringe in *Pinus rigida*-Bäumen. Außer Verlust des Zellinhaltes und Zersetzung der Zellen beobachteten die Autoren Zellanomalien wie: Pyknose der Kerne, Vakuolenbildung, mehrkernige Zellen, Mitosehemmung, Frühreife der Zellen, Strukturänderung der Chloroplasten, Ribosomen und Mitochondrien, sowie Abnormalitäten der Stomata und Schließzellen und Parenchymzellen. Hohe Dosen bis 4000 Gy verursachten ein Aufplatzen von Pollenkörnern (LAPINS a. HOUGH, 1970; ARSLANOVA, 1975; KISELEVA, 1975; GONZALES a. COLLANTES, 1976; REED, 1977; SCHAEVERBEKE-SACRE, 1977; LYANDERS et al., 1973; ZEIGER a. RAFALOWSKY, 1976; INAMDAR et al., 1977; GILISSEN, 1978; PETROVIC et al., 1977).

Viele der zellmorphologischen Veränderungen wurden bei der Auslösung von Mutationen vegetativ vermehrter Pflanzen entdeckt. Diese Experimente betrafen vorwiegend das apikale oder das axillare Meristem, wie die von PRATT (1963, 1967 und 1968) in diploiden und cytochimerischen Apfel- und Birnensorten sowie Süßkirschen, von MIKSCHE et al. (1962) in *Taxus media*, von CROCKETT (1968) in *Coleus blumei*, von IQBAL (1969, 1970, 1972 und 1973), von PATES a. SHAH (1974) und ILLEVA a. MOLKOVA (1976) in *Capsicum annuum* bzw. *C. pendulum*, von GUDKOV (1976 und 1976) in Erbsen, Mais und Gerste und von KATAGIRI (1976) in *Morus alba*, Apfel und Birnen. In den meisten Versuchen erwiesen sich gegenüber ionisierenden Strahlen die Zellen der 2. und 3. Schicht des apikalen Meristems als die empfindlichsten. Vielfach wurde ein Zusammendrücken einzelner Zellen vom umliegenden meristematischen Gewebe und eine Zerstörung der Organisation des Vegetationskegel beobachtet. Die Rolle des zerstörten apikalen Meristems wurde von seitlich gelegenen, ungeschädigten Zellen übernommen, was zur teilweisen Aufhebung des Primärschadens führte. Diese Erscheinung ist deshalb bemerkenswert, weil auch eine mechanische Beseitigung des apikalen Meristems, mittlere Knospen und Triebe, zur Induktion akzessorischer Meristeme, Knospen, Triebe u.s.w. führt. Darüber hinaus beschrieben die Autoren andere Effekte, wie Verschiebung der Plastochron-Periode (dazu weitere Einzelheiten weiter unten) und abweichende Färbbarkeit.Eine Bestrahlung im späteren Stadium der Embryogenesis von *Capsicum annuum* ergab, daß das Endothelium bedeutend empfindlicher ist (Nekrosis, Vakuolisierung) als die übrigen Gewebe der Samenanlagen (ILIEVA a. ZAGORSKA, 1983).

Histologische und organographische Strahleneffekte sind schon lange bekannt und wurden bei zahlreichen Pflanzen beobachtet, derartige Arbeiten wurden bis in die jüngste Zeit mit großer Intensität weitergeführt. Wenn bestimmte Effekte dieser Art häufig in mehreren Pflanzenarten wiederkehren, sind andere Symptome doch artspezifisch, wie an Hand der aufgeführten Beispiele deutlich wird. So nahm die Internodienlänge bei Kalanchoe nach mittleren Dosen (15–20 Gy) ab. Außerdem veränderte sich die Phyllotaxis. Weitere Anomalien waren: Einzelblattbildung, Doppel- und Mehrtriebigkeit. Dies resultierte wohl aus der Zerstörung des apikalen Meristems (STEIN a. SPARROW, 1966). Bei Keimlingen von *Pinus rigida* verursachte eine chronische Bestrahlung (0–0,20 Gy/d) die Hemmung des terminalen Wachstums und dadurch Anregung akzessorischer Triebe. Subterminal führte die Bestrahlung zu einer Verringerung der Knospenbildung, nach höheren Dosen (0,15–0,20 Gy/d) waren die apikalen Anlagen völlig zerstört und axiale Primordien wurden nicht mehr entwickelt, die Nadellänge nahm merklich ab. Nach Gesamtdosen von 8 Gy (0,2 Gy/d) und höher waren in dem der Bestrahlung folgenden Jahr noch allgemeine Hemmungserscheinungen zu beobachten (MERGEN a. THILGES, 1966). Bei anderen *Pinus*-Arten (*P.pinea* und *P. halepensis) fand* DONINI (1967) nach chronischer Bestrahlung (0,02–0,36 Gy/d) außer allgemeiner Wachstumsreduktion aller Pflanzenteile organographische Veränderungen, wie abnormale Form der Cataphylle, erhöhte Nadelanzahl, Transformation der Zwergtriebe in Langtriebe, Neubildung von Primordien, Tumorbildung und Nekrosen an den vegetativen Knospen. Die Sproßspitzen wuchsen flacher als normalerweise. In Übereinstimmung mit zahlreichen anderen Untersuchungen wurde die Mehrtriebigkeit auf verstärkte Entwicklung der Seitenmeristeme zurückgeführt. Nach akuter Bestrahlung (150 und 300 Gy) entdeckten MULLENAX u. OSBORN (1967) 35 bis 45 neue Strukturen in den Sproßknospen (Plumulae) bestrahlter Gerstenembryonen. Unbestrahlte Embryonen wiesen zusätzlich zum Apikalmeristem 3 Blattprimordien und 2 Seitenknospenanlagen auf. Akute Bestrahlung 6 Wochen alter Salatpflanzen *(Lactuca sativa)* mit 60 und 70 Gy führte zu tumorartigen Strukturen und vermehrter Adventivwurzelbildung. Die Wurzeln bildeten sich in ungewöhnlicher Weise direkt am Stengel oder traten auf kleinen (1–5 mm), bulbenförmigen chlorophyllosen Tumoren auf, die sich an den Blättern und am Stengel entwickelten. Größere (bis zu 30 mm), chlorophyllhaltige Tumore bildeten sich an den Basalblättern, an der Basis der Blattspitzen und entlang der Blattränder. Bei 60 Gy entwickelten von den überlebenden Pflanzen 80% Tumore, bei 70 Gy nur 50% (BANKES a. SPARROW, 1969). BANKES et al. (1969) bestrahlten kurze internodiale Segmente von *Helianthus annuus* und stellten eine Dosisabhängigkeit der induzierten Anomalien fest. Die LD_{100} betrug für ganze Triebe 25 Gy; Segmente waren resistenter, die LD_{100} betrug 35 Gy. Zuerst wurden die Segmente chlorotisch und schrumpften, später jedoch reagierten sie hypertroph. Oberhalb der Internodien fand eine erhöhte Mitoseaktivität und Adventivwurzelbildung statt. Das Markgewebe wurde bei Dosen von 15, 20 bzw. 25 Gy nektotisch. Im Innern der so entstandenen Höhlungen bildeten sich Tumore und Adventivwurzeln. Hybriden von verschiedenen *Nicotiana*-Arten zeigten nach Bestrahlung mit 20 Gy eine erhöhte Frequenz der Tumorbildung. Bei den Ausgangsarten dagegen wurde nach Bestrahlung keine Tumorbildung beobachtet (s.a. Abschn. 6.2) AHUJA a. CAMERON, 1963). In Pflanzen von *Arabidopsis thaliana* wurden Tumore am Epicotyl und an der Basis, am Stiel und auf der Blattfläche der Kotyledonen nach Bestrahlung der Samen mit Röntgenstrahlen und beschleunigten schweren Ionen (^{4}He, ^{7}Li, ^{12}C, ^{16}O, ^{20}Ne und ^{40}Ar) gebildet (HIRONO et al., 1968).

In Untersuchungen von KILLION u. CONSTANTIN (1974) zeigten Soja-Pflanzen nach einer Beta- bzw. Gammabestrahlung oder nach Bestrahlung mit beiden Strahlenarten Brüchigkeit der Stengel. Zusätzlich erhöhte sich die Bildung von lateralen Trieben, diese war bei 24 Gy besonders auffällig. Ebenfalls bei Soja führten Dosen von 150 bis 200 Gy zu diversen Blattformen und -größen (NURTJAHNO, 1976). Eine Bestrahlung der Seitenknospen von *Parthenocissus tricuspidata* mit 6 Gy verursachte blinde Triebe, adventive Organogenese, mangelnde Organbildung, Kümmerwuchs, Bildung fadenförmiger Anhängsel, Vergabelung der Triebe, Rankenbildung an ungewöhnlichen Stellen und nekrotische Triebe. Die geschädigten Zellen zeigten kein Aufnahmevermögen für Farbstoffe, waren äußerst vakuolisiert, hypertroph, z. T. geplatzt, aufgerissen oder erdrückt von wachsenden Nachbarzellen. Die verursachten Schäden wurden von den Autoren LANGENAUER et al. (1972, 1973) als morphologische Anomalien und nicht als induzierte somatische Mutationen eingestuft. Bei *Prunus avium* waren Akzessorialknospen strahlenempfindlicher ($LD_{50} = 27,5$ Gy) als Zentralknospen ($LD_{50} = 45$ Gy). Nach Bestrahlung mit 30 Gy waren die Zentralmeristeme der Akzessorialknospen stark geschädigt, während die Seitenmeristeme weiterwuchsen. Bei 50 Gy wuchsen auch diese nicht mehr weiter und zeigten typische Strahlenschädigungen cytomorphologischer Art. Eine mechanische Entfernung der Seitenknospe förderte die Bildung von Seitentrieben, jedoch nicht die Neubildung von Seitenknospen an solchen Stellen, wo diese vorher nicht vorhanden waren. Eine Behandlung mit Cytokinin, 6-Benzylaminopurin in Kombination mit Adenin oder IES förderten die Seitenknospenbildung bestrahlter Triebe. GS dagegen verursachte eine verzögerte Entwicklung (KATAGIRI a. LAPINS, 1974). Blattdeformationen wie Ein- bis Fünfblättrigkeit wurden an *Phaseolus aureus*-Pflanzen nach Bestrahlung mit Gammastrahlen (150–600 Gy) und schnellen Neutronen (5–30 Gy) von CHANDRA a. TEWARI (1978) beobachtet. Eine Röntgenbestrahlung der Pollen von *Lilium regale* mit 5 Gy führte zur Bildung polyembrionaler Samen; die Pflanzen zeigten später deformierte Blüten (POOLE et al.,1978). Eine erhöhte Adventivwurzelbildung erreichten BORS u. ZIMMER (1971) nach Bestrahlung von Nelken-Stecklingen der Sorte »Wiliam Sim« mit Dosen von 0,8 bis 6,0 Gy, sowie ABIFARIN a. RUTTGER (1982) an vorgequollenen Reissamen mit 5,0 Gy.

In *Cucumis melo* wurde nach Samenbestrahlung mit Dosen von 5–25 Gy Gammastrahlen eine strahleninduzierte Positionsänderung der einzelnen Blüten auf den Trieben festgestellt. Außerdem nahm die Zahl der männlichen Blüten ab, während die der hermaphroditen nach 10 Gy sich verdoppelte. Diese Wirkung steht im Gegensatz zu der von Gibbevellin, welches grundsätzlich männliche Blüten iniziiert. Mit steigender Strahlendosis wurde auch Pollensterilität beobachtet (BISARIA et al., 1975).

An Lupine *(Lupinus alba)* wurden von CORDERO u. GUNCKEL (1982, 1982) umfangreiche Untersuchungen zur morphologischen Strahlenwirkung durchgeführt. Besonders bemerkenswert ist die Einführung des Plastochron-Indexes (P.I.) und dessen Stabilität als Parameter. Bekanntlich versteht man unter Plastochron-Intervall den Zeitabschnitt zwischen der Anlage zwei aufeinanderfolgender Blattknoten, wobei der Vegetationskegel jeweils charakteristische Gestaltsveränderungen zeigt. Um das Plastochron-Intervall zu ermitteln, wird täglich die Länge jedes Blattes einer Pflanze gemessen und die Logarithmen der Meßwerte gegen die Zeit (linear) aufgetragen. Man erhält so für jedes Blatt eine sigmoide Kurve, die numeriert wird. Im Fall der Lupine wurde in der halben Höhe der Ordinate (Blattlänge 31 mm = log 1,5) eine Referenzlinie gezogen. Der Abstand zwischen zwei Kurven in Höhe der Referenzlinie repräsentiert das Plastochron-Intervall, was im Mittel für alle Kontrollpflanzen mit 3,56 Tagen ermittelt wurde (Abb. 19 A). Die Anzahl der Intervalle auf der Referenzlinie gibt an, welches Plastochron-Alter die Pflanze hat. Der P.I., d. h. das exakte Pflanzenalter, wird durch eine Interpolation ermittelt. Mit Hilfe dieser Größe lassen sich Strahleneffekte an der Phyllotaxie, Änderungen am Vegetationskegel und mögliche Auswirkungen dieser Veränderungen auf die Initiation der Blätter und Gefäße mit mathematischer Exaktheit definieren. Auch das Stadium zur Zeit der Bestrahlung läßt sich dadurch mit einem Fehler von einigen Stunden angeben. Für weitere Einzelheiten sei auf die Arbeiten von MAKSYMOWICH (1973) und ERICKSON u. MICHELINI (1957) sowie auf botanische Spezialliteratur verwiesen.

Abb. 19 B demonstriert das Zustandekommen solcher Konfigurationen bei Lupine für die bei P.I. 5,32 mit semi-akuten Dosen von 100 Gy (1,04 Gy/h 4 Tage lang) bestrahlten Pflanzen. Anfangs verlängern sich die Plastochron-Intervalle, in der Folge verkürzen sie sich vorübergehend und kehren am Ende zur Länge der Kontrollwerte zurück. Bezüglich der Phyllotaxie ergaben sich keine signifikanten Unterschiede zwischen bestrahlten und unbestrahlten Pflanzen. Bezogen auf den Divergenzwinkel (einem Maß für die radiale Verschiebung der Primordien vom Vegetationspunkt) zeigten allerdings bestrahlte Triebe eine Erhöhung und somit eine laterale Verschiebung der Position der Blattprimordien.

Nach Bestrahlung mit Dosen von 66–320 Gy vermehrten sich in Abhängigkeit von der Dosis die Vegetationskegel. Dagegen entstanden die zellulären Schäden, wie Vakuolenbildung, Zellnekrosen und Zelltod nach Auffassung der Autoren dosisunabhängig. Die Primärgewebe zeigten eine unterschiedliche Strahlenempfindlichkeit: Das Mark war am empfindlichsten, gefolgt von den Primärgefäßen, während Epidermis und Cortex z. B. kaum Vakuolenbildung zeigten. Weitergehende morphologische Veränderungen äußerten sich in

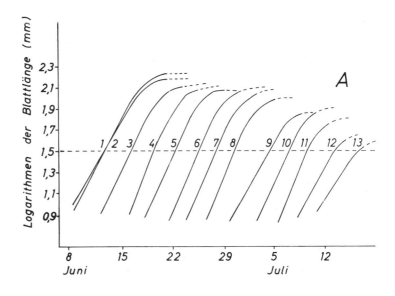

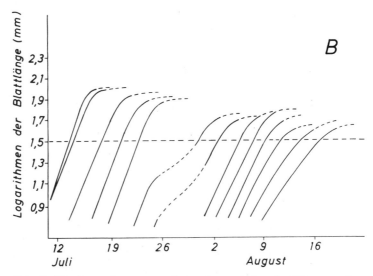

Abb. 19: Blattlängendiagramm nacheinander erscheinender Blätter von bestrahlten und nicht bestrahlten Lupinenpflanzen in Abhängigkeit von der Zeit (nach CORDERO u. GUNCKEL, 1982):   A = nicht bestrahlte Pflanzen B = bestrahlte Pflanzen

verwachsenen Blättern, in Unterdrückung der mittleren Blattleitbündel oder im Ausbleiben der Blattbildung.

Grundsätzlich erwiesen sich Blühorgane doppelt so empfindlich wie vegetative Gewebe. Durch Bestrahlung im Stadium der Blühinduktion (P.I. 5,32) entstanden Blütenabnormitäten. Die Blütenposition wurde verändert. Am stärksten waren die Lupinenblüten an der Basis der Trauben geschädigt. An den Blüten wurden morphologische Schäden folgender

Art beobachtet: Reduktion der Zahl der Staubfäden, Bildung petaliger Antheren und mikrosporangiumartiger Petale, Verwachsen von Antheren bzw. von Antheren und Petalen, asynchrone Pollenbildung, Bildung zusätzlicher Antheren und veränderte Gefäßanatomie. Im Sclerenchym und in den Leitbündeln der Blühorgane wurde eine korrelative Strahlenwirkung festgestellt. Nach Ansicht der Autoren spricht vieles dafür, daß der Vegetationspunkt einen Einfluß auf tiefere Regionen ausübt.

Auch eine chronische Bestrahlung der Lupine mit Dosen von 0,66; 2,04; 3,84; 6,00 und 7,92 Gy/d verursachte zahlreiche histologisch-morphologische Veränderungen. So wurden die Plastochron-Intervalle verlängert, die Anzahl der Blätter reduziert. Außerdem wurden fehlende oder verwachsene Blattfieder, verkürzte Internodien, blinde Triebe, Vieltriebigkeit, kurzzeitige Stimulation der Anthozianbildung in den Blattstielen registriert. Bei 3,84 Gy/d trat in 50% aller Fälle Frühtod der Pflanzen ohne Blütenbildung auf, bei 6 und 7,92 Gy/d in allen Fällen.

Gegenüber den Kontrollen waren bei den beiden niedrigen Dosisraten die Stammdurchmesser geringer. Bei den höheren Dosisleistungen erreichten sie die Durchmesser der Kontrollen. Dieser Effekt resultierte aus der unterschiedlichen Strahlenempfindlichkeit der einzelnen Stammkomponenten, wie die Abbildungen 20 und 21 verdeutlichen. Das Mark war bei niedrigen Dosisraten reduziert und bei höheren (3,84 und 6,00 Gy/d) stimuliert. Der Cortex zeigte eine dosisabhängige Stimulation, während die Gefäße negativ reagierten. Die Reaktion des Xylems und Phloems war ebenfalls gegensinnig. Die Verdickung des Phloems war einerseits auf die höhere Anzahl, andererseits auf die Vergrößerung der Zellen zurückzuführen (CORDERO, 1982).

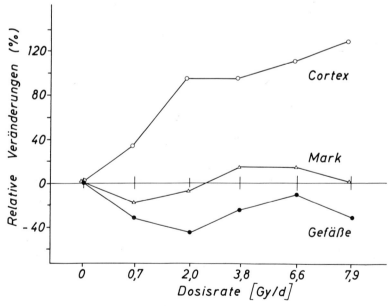

Abb. 20: Wirkung einer chronischen Gammabestrahlung auf Cortex, Mark und Gefäße der Lupine (nach CORDERO, 1982)

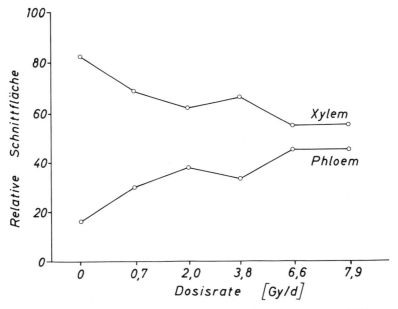

Abb. 21: Wirkung einer chronischen Gammabestrahlung auf das Xylem und Phloem der Lupine (nach CORDERO, 1982)

4.6 Stimulationserscheinungen

In geringen Dosen applizierte ionisierende Strahlen können zur Wachstumssteigerung und in manchen Fällen sogar zu höheren Erträgen führen. Die Grundmechanismen solcher, aus der Sicht des Pflanzenbauers biopositiven Effekte, die als Stimulation oder in letzter Zeit auch als Hormesis bezeichnet werden, sind bis heute nicht aufgeklärt. Die Schwierigkeit liegt darin, daß das Phänomen fast nicht reproduzierbar auftritt. Auch wenn im Rahmen dieses Buches die Strahlenschäden behandelt werden, soll die Strahlenstimulation mindestens nicht unerwähnt bleiben, zumal nicht auszuschließen ist, daß eine kurze Schädigung dem späteren positiven Effekt vorausgegangen ist. Über Stimulation bei höheren Pflanzen spricht man, wenn eine strahleninduzierte Zunahme einzelner Versuchsparameter, wie Kornertrag, Anzahl der Blüten, Pflanzenlänge usw. über die Kontrollwerte hinaus registriert wird. Auch die für den Menschen positive Beeinflussung qualitativer Merkmale, wie frühere Marktreife, Keimungsbeschleunigung, größere Widerstandsfähigkeit gegenüber Krankheiten, erhöhte Standfestigkeit bei Getreide usw. ist definitionsgemäß eine Stimulation. Für die Erzeugung der erwähnten Effekte werden relativ niedrige Strahlendosen benötigt, die um etwa ein bis zwei Zehnerpotenzen oder noch niedriger als die LD_{50}-Werte liegen. Angesichts der Tatsache, daß diese »Schädigungsdosen« für die einzelnen Pflanzenarten mehr als 100fach variieren und auch innerhalb einer Art von vielen Faktoren modifiziert werden, können für die Auslösung einer Stimulation keine absoluten Dosen angegeben werden.

Strahleninduzierte Wachstumsförderung wurde bereits in der Frühzeit der Radiologie (MALDINEY u. THOUVENINI, 1898, STOKLASA, 1912) beobachtet. In der Zwischenzeit sind zahlreiche experimentelle Ergebnisse publiziert worden und das Problem war auch Gegenstand vieler wissenschaftlichen Tagungen (GLUBRECHT u. SÜSS 1965, IAEA 1966). Die zum

Teil mangelhafte statistische Kontrolle in einigen früheren Experimenten ließ eine gewisse Skepsis gegenüber den sowieso schon spektakulär erschienenen Resultaten aufkommen. Inzwischen wird nicht mehr in Zweifel gezogen, daß Pflanzen unter bestimmten Voraussetzungen nach Behandlung mit ionisierenden Strahlen für mehr oder minder längere Zeit Wachstumssteigerungen erfahren können. Die zur Zeit geführten Diskussionen betreffen vielmehr vorwiegend den Aspekt der praktischen Anwendbarkeit der Strahlenstimulation. Das Problem scheint nicht in der Gewinnung von statistisch gesicherten Ergebnissen in einzelnen Experimenten zu liegen, sondern in der Reproduzierbarkeit der Effekte. Dies wird angesichts der Komplexität der Strahlenwirkung und der jährlich wechselnden Umgebungsfaktoren (unterschiedliches Bestrahlungsgut, Nährstoffversorgung, Witterungsverlauf usw.) auch plausibel. So kann sich z.B. eine erhöhte Bestockung bei Getreide, hervorgerufen durch die strahlenbedingte Repression des apikalen Meristems, in bestimmten Fällen (ungenügende Nährstoffversorgung) positiv auf den Ertrag auswirken, in anderen Fällen (Überangebot an Nährstoffen) nachteilig sein. Als Erklärung für den Mechanismus wird neben der eben erwähnten Beeinflussung meristematischer Gewebe die Blockierung von wachstumsregulierenden Hormonen herangezogen. Es wird allgemein akzeptiert, daß es sich bei diesem Phänomen nicht um die Beeinflussung des genetischen Materials, sondern ausschließlich um physiologische Effekte handelt.

Stimulationserscheinungen wurden nach akuter und chronischer Bestrahlung, sowie nach Inkorporation radioaktiver Stoffe beobachtet. Zur Bestrahlung kamen Samen, Knollen, Zwiebeln, ganze Pflanzen, bewurzelte und unbewurzelte Stecklinge. Die positiven Effekte lagen meistens um 10–20% über den Kontrollwerten. Für die Behauptung, daß negative Effekte erst gar nicht publiziert wurden, fehlen die Anhaltspunkte; es können nur wissenschaftlich veröffentlichte Resultate einer Bewertung unterzogen werden. Wegen der Thematik dieses Buches soll auf dieses Phänomen nicht weiter eingegangen werden. Es wird auf zusammenfassende Literatur mit kritischer Wertung und weiterführenden Angaben verwiesen. So faßte SAX (1963) als erster die bis dahin erschienenen einschlägigen Publikationen zusammen. FENDRIK u. BORS (1975) referierten über mit Zierpflanzen angestellten Untersuchungen. SIMON u. BHATTACHARIYA (1977) behandeln die Stimulationserscheinungen unter dem Aspekt der praktischen Anwendbarkeit, gestützt auf die auf diesem Gebiet sehr reichhaltige Fachliteratur aus osteuropäischen Ländern. Die umfangreichste Zusammenfassung wurde von LUCKEY (1980) erstellt. Eine kritische Bewertung erfährt dieses Thema von MILLER u. MILLER (1987) und von SHEPPARD u. HAWKINS (1990), während in ihrer Arbeit SHEPPARD u. REGITNIG (1987) die ökonomische Nutzung der Bestrahlung mit niedrigen Strahlendosen diskutieren.

5 Modifikation der Strahlenschädigung

Als man die ersten Wirkungen ionisierender Strahlen auf lebende Organismen entdeckte, glaubte man zunächst, daß mit dem Primärereignis der Energieabsorption auch schon die Endreaktion bestimmt sei, d.h. daß die Wirkung ionisierender Strahlen von keinem anderen Parameter beeinflußt werde. Erst als die stufenweise Entwicklung eines Strahlungseffektes (s. Abschn. 2.10) klarer bekannt wurde, fand man auch, daß dieser Effekt durch innere und äußere Faktoren erheblich modifiziert werden kann. Diese bei der Beurteilung von Strahlenschäden zu berücksichtigenden Parameter seien hier anhand von Beispielen besprochen.

5.1 Ontogenetisches Stadium und physiologischer Zustand der Pflanzen

Das Entwicklungsstadium der Pflanze ist für die Beurteilung der Strahlenwirkung entscheidend, jedoch muß das registrierte Merkmal unbedingt berücksichtigt werden. In späteren Stadien (z.B. Halmschoßen, Ährenschieben) werden Kornertrag und Keimfähigkeit der Körner in stärkerem Maße reduziert als Strohertrag und Überlebensrate, da in dieser Zeit die wichtigsten Prozesse für die Kornbildung ablaufen. Andererseits können nach Bestrahlung in einem früheren Stadium besonders Erholungsprozesse wirksam werden und die anfänglichen Strahlenschäden zum Teil reparieren.

Die Bedeutung des Entwicklungsstadiums einer bestrahlten Pflanze als Einflußfaktor sei hier am Beispiel eines Freilandsversuches mit Winterroggen angezeigt (Abb. 22). Dabei

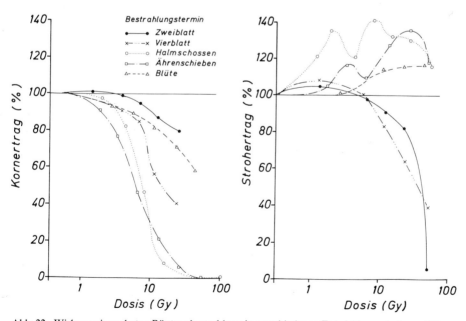

Abb. 22: Wirkung einer akuten Röntgenbestrahlung in verschiedenen Entwicklungsstadien auf Korn- und Strohertrag von Winterroggen (nach NIEMANN et al., 1978)

wurden die Pflanzen in 5 verschiedenen Entwicklungsstadien mit akuten Röntgenstrahlen behandelt (NIEMANN et al., 1978). Man erkennt deutlich die starke Abhängigkeit der Strahlenwirkung vom Zeitpunkt der Applikation, aber auch vom registrierten Merkmal. So wird der Kornertrag durch die Bestrahlung während der reproduktiven Phase (Halmschossen, Ährenschieben) am stärksten geschädigt. Der Strohertrag dagegen zeigt erhöhte Werte gegenüber der Kontrolle unter den gleichen Bedingungen. Diese »Stimulation« des Stroherträges wird hauptsächlich auf die strahlenbedingte Blockierung der Rückbildungsprozesse der zu dieser Zeit voll entwickelten Blätter und sterilen Halme zurückzuführen sein. Wird das Saatgut aus bestrahlten Pflanzen wieder angebaut, so werden die Strahlenwirkungen auch in der Folgegeneration sichtbar. Dabei zeigt sich, daß eine Bestrahlung in späteren Entwicklungsstadien die Tochtergeneration mehr schädigt als eine Bestrahlung in der vegetativen Periode, wie die Abb. 23 für Sommerweizen verdeutlicht (BORS et al. 1979). Zu dem gleichen Ergebnis führten die Untersuchungen von SIEMER et al. (1971) bei Soja, Reis und Mais, von DAVIES and MACKAY (1973) bei Weizen, Gerste und Kartoffeln und IOBAL and AZIZ (1981) bei Weizen und Hirse (*Sorghum vulgare*).

Die Frage des Entwicklungsstadiums als modifizierender Faktor wurde in zahlreichen Untersuchungen behandelt, und zwar vorwiegend mit dem Ziel, Ernteverluste nach einem Falloutereignis abschätzen zu können. Bereits 1958 bestrahlte HERMELIN (1959, 1970) Sommergerstenpflanzen in verschiedenen Entwicklungsstadien und prüfte ihre Mutationshäufigkeit und Fertilität. Er fand das Stadium der Meiose (vor dem Ährenschieben) als das empfindlichste im Hinblick auf Fertilität der Ährchen. MATSUMURA and FUJII (1963) ermittelten mit *Triticum monococcum, T. durum* und *T. vulgare*, daß eine Bestrahlung während der Bestockung effektiver war als im 1-Blatt- bzw. 2-Blattstadium. Spätere Stadien wurden nicht untersucht. KAVAI and INOSHITA (1965) behandelten Reispflanzen mit sich jeweils über mehrere Tage hinaus erstreckten Strahlendosen in vier verschiedenen Entwicklungsstadien. Wiederum waren die Pflanzen hinsichtlich Samenansatz im Stadium der Meiose am empfindlichsten. Sehr eingehende Untersuchungen mit einer ganzen Reihe von landwirtschaftlichen Nutzpflanzen unter dem Aspekt der Auswirkung der Falloutstrahlung auf den Ertrag wurden von DAVIES (1968, 1970, 1973) und von DAVIES and MACKAY (1973) angestellt. Es wurden Sommerweizen, Sommergerste, Winterweizen, Hafer, Kartoffeln, Zuckerrüben, Erbsen, Ackerbohnen, Deutsches Weidelgras, Wiesenschwingel und Weißklee akut in verschiedenen Stadien bestrahlt. Bei den in einem unbeheizten Gewächshaus durchgeführten Versuchen kam eine ganze Reihe von Ertragsmerkmalen zur Auswertung. Dabei erwiesen sich frühere Entwicklungsstadien vielfach als empfindlicher gegenüber späteren. In einer neueren Arbeit zitiert BATYGIN (1971) Untersuchungen aus der Sowjetunion, die seit 1928 vorwiegend unter dem Aspekt der Strahlenstimulation an Kartoffeln, Zuckerrüben, Ackerbohnen, Erbsen, Lupinen, Gurken und Tomaten durchgeführt worden sind. Von 3 reproduktiven Stadien (Knospen, Blüten, Schoten) wurde der Kornertrag in einer Untersuchung von BOTTINO and SPARROW (1971) mit Lima-Bohnen (*Phaseolus limensis*) bei Bestrahlung im Knospenstadium, in dem die Pollenentwicklung stattfindet, am stärksten reduziert.

SIEMER et al. (1971), KILLION et al (1971), und KILLION and CONSTANTIN (1971) stellten in einer Untersuchungsserie mit Soja, Reis, Mais und Winterweizen grundsätzlich fest, daß der Kornertrag im Stadium vor der Blüte (Meiose, Gametogenesis) durch die Bestrahlung am meisten reduziert wird. Zum gleichen Ergebnis kommen IQBAL and ZAHUR (1975) mit Reis. Dabei erwies sich das Stadium vor der Bestockung als am empfindlichsten, gefolgt von den Stadien Meiose und Ährenschieben. IQBAL (1969, 1970, 1972) bestrahlte Paprikapflanzen (*Capsicum annuum*) im Keim-, 4-, 8- und 12-Blattstadium akut mit ^{60}Co-Gammastrahlen und kam zu dem Schluß, daß die Pflanzen im Keimblattstadium am empfindlichsten waren. Die Empfindlichkeit nahm mit steigendem Alter ab. Ertragsmerkmale allerdings wurden dabei nicht berücksichtigt, wohl aber in einem weiteren Experiment mit Winterweizen und

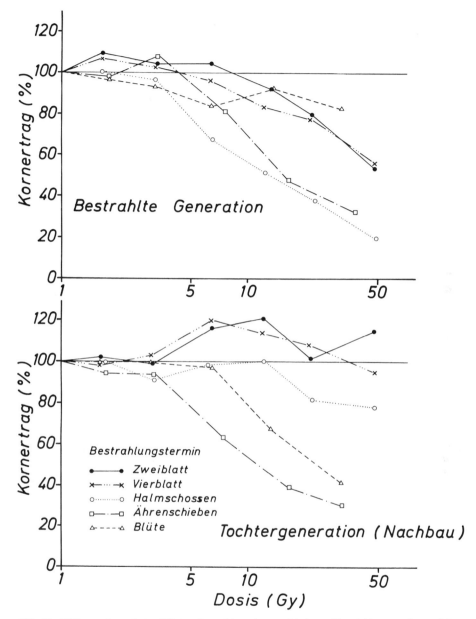

Abb. 23: Wirkung einer akuten Röntgenbestrahlung in verschiedenen Entwicklungsstadien auf den Kornertrag der Bestrahlungs- und Tochtergeneration von Sommerweizen (nach NIEMANN et al., 1978)

Hirse (IQBAL 1980). Dabei war der Kornertrag durch die Bestrahlung während der Blüte am meisten geschädigt. Die Effekte, verursacht von der Bestrahlung im Einblattstadium und während des Ährenschiebens, fielen bedeutend niedriger aus. Weitere Beispiele für den Einfluß des Bestrahlungstermins lieferten die Untersuchungen von LARSSON and LÖNSJÖ

(1975) und Lönsjö (1975) mit den Ackerunkräutern *Avena fatua, Spergula arvensis* und *Sinapis arvensis,* sowie von Kutovenko and Serebrenikov (1977) mit Kartoffeln. Aus Abb. 24 wo die verschiedenen Untersuchungsergebnisse zusammenfassend dargestellt sind, geht hervor, daß der Kornertrag durch die Bestrahlung in der generativen Entwicklungsphase die stärkste Schädigung erfährt.

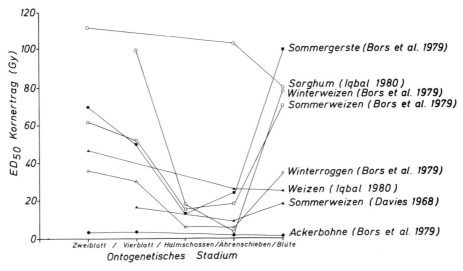

Abb. 24: ED$_{50}$-Werte für den Kornertrag von verschiedenen Nutzpflanzen nach Bestrahlung in unterschiedlichen Entwicklungsstadien.

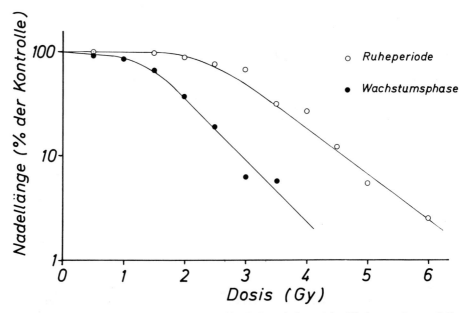

Abb. 25: Wirkung einer Gammabestrahlung in der Ruheperiode und der Wachstumsphase auf die Nadellänge von *Pinus strobus* (nach Sparrow et al., 1963)

Neben dem Einfluß des ontogenetischen Entwicklungsstadiums auf die Strahlenempfindlichkeit ist es auch von Bedeutung, ob die Pflanzen in einer Ruheperiode oder in einer physiologisch aktiven Phase bestrahlt werden. Dafür, daß aktive Meristeme grundsätzlich empfindlicher gegenüber ionisierenden Strahlen sind als ruhende, liegen zahlreiche Untersuchungsergebnisse vor. So fanden SPARROW et al (1963), daß junge Weymouthskieferbäume (*Pinus strobus*) in einem aktiven Stadium der Winterruhe bedeutend strahlenempfindlicher waren, als in der völligen Ruheperiode (Abb. 25) SPARROW erklärt dies aus dem größeren Zellkernvolumen in der aktiven Phase (970 μm^3, in der Ruheperiode 530 μm^3). Auf derartige Zusammenhänge wird noch später eingegangen werden (s.u. 6.2). Für die Strahlenresistenz in der Ruheperiode wurde bei Gehölzen ein Faktor von 1,65 gegenüber der Bestrahlung in der aktiven Wachstumsphase ermittelt (SPARROW et al., 1968). Aktive Winterknospen von Apfelbäumen und aktive Sommerknospen von Pfirsich zeigten eine höhere Häufigkeit an morphologischen und physiologischen Mutationen als ruhende Winterknospen von Apfel bzw. semiaktive Sommerknospen von Pfirsich (LAPINS et al., 1969). Ein Beispiel für den Einfluß der Ruheperiode auf die Strahlenempfindlichkeit bei ausgewachsenen Pflanzen liefert der Versuch von BORS et al (1979) mit Winterroggen »Petkuser Kurzstroh« (Tab. 3) In diesem Zusammenhang interessieren die beiden Bestrahlungen im Dreiblattstadium bei 0° C bzw. 10° C Außentemperaturen. Während die Werte des Kornertrages beieinander liegen, deuten die Zahlen des Strohertrages und der Pflanzenlänge auf eine größere Empfindlichkeit der Pflanzen in der aktiven Periode hin.
Besonders große Unterschiede der Strahlenempfindlichkeit wurden gefunden, wenn

Tab. 3: Einfluß der Ruheperiode auf die Strahleneinwirkung von Winterroggen »Petkuser Kurzstroh« Freilandversuch in Töpfen

Stadium Datum Tagesmittel [° C]	Dosis [Gy]	Kornertrag [g/Topf]	Strohertrag [g/Topf]	Pflanzenlänge [cm]
	Kontrolle	29	31	112
		Relative Werte in % der Kontrolle		
Zweiblatt	2,5	97	100	88
18.11.	5,0	72	97	77
12° C	10,0	–	–	–
	20,0	–	–	–
Dreiblatt	2,5	104	110	84
5. 3.	5,0	86	90	80
0° C	10,0	–	61	63
	20,0	–	–	–
Dreiblatt	2,5	97	94	91
13. 4.	5,0	86	87	78
10° C	10,0	0	52	51
	20,0	–	–	–
Halm-	2,5	93	129	82
schossen	5,0	24	149	55
8. 5.	10,0	0	94	36
12° C	20,0	0	61	32
Blüte	5,0	83	87	90
11. 6.	10,0	38	71	104
18° C	20,0	28	113	104
	40,0	10	110	95

– bedeutet: keine überlebenden Pflanzen

Samen in der Ruheperiode bzw. in einer physiologisch aktiven Phase bestrahlt waren. Dabei ist der Wassergehalt der Samen von entscheidender Bedeutung. Inwieweit höherer Wassergehalt auch die physikalisch-chemischen Vorgänge bei der Strahlenabsorption beeinflußt, wird weiter unten (Abschn. 5.7.) diskutiert. Auf jeden Fall spielt der physiologische Zustand der Samen eine wesentliche Rolle. So berichtet REUTHER (1966, 1969), daß LD_{50}-Werte von drei verschiedenen Winterweizensorten (»Bayro«, »Peragis« und »Walthari«) im Verlauf der Quellung in der vormitotischen Phase der Keimung innerhalb von 24h von 200 bis 350 Gy auf 20 Gy zurückgehen, wie dies in Abb. 26 in Verbindung mit der Zunahme des Wassergehaltes gezeigt wird. Dabei ist interessant, daß die sortentypi-

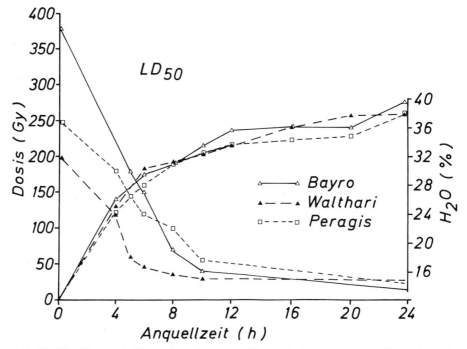

Abb. 26: LD_{50}-Werte nach Röntgenbestrahlung und Wassergehalt nach unterschiedlichen Anquellzeiten von 3 Winterweizensorten (nach REUTHER, 1966)

schen Resistenzunterschiede ruhender Samen mit zunehmender physiologischer Aktivität verringert, aufgehoben und auch umgekehrt werden können. Ähnlich hierzu erhielten CONGER et al (1973) bei der Sommergerste »Himalaya« etwa 30- mal niedrigere LD_{50}-Werte, wenn die Samen bei der Bestrahlung mit Gamma- bzw. Betastrahlen 24h vorgequollen waren (Tab. 4). Im Gegensatz zu REUTHER (1966) wird in dieser Arbeit dem Einfluß des Wassergehaltes auf die Primärvorgänge größeres Gewicht bei der biologischen Strahlenwirkung beigemessen als der Änderung der physiologischen Aktivität. Wie die Tabelle weiter zeigt, verschieben sich die Empfindlichkeitsverhältnisse je nach dem, ob LD_{30}- oder LD_{70}-Dosen berücksichtigt werden d.h. der Verlauf der Dosis-Wirkungskurven ist nicht gleich. Tendenziell werden die Unterschiede bei stärkerer Schädigung kleiner. Besonders gering sind sie bei Neutronenbestrahlung. Da die Arbeit auch für den Einfluß der Strahlenart interessante Daten enthält, wird im nächsten Abschnitt noch einmal darauf zurückgegriffen.

Tab. 4: Strahlendosen in Gy für 30, 50 und 70%-ige Schädigung und das Empfindlichkeitsverhältnis (Dosis bei ruhenden Samen/Dosis bei keimenden Samen) für die gleiche Schädigung nach Bestrahlung von ruhenden und keimenden Samen von Sommergerste »Himalaya« mit Beta- und Gammastrahlen und Spaltneutronen (nach CONGER et al., 1973)

Strahlenart u.Grad der Schädigung	Keimende Samen Dosis(Gy)	Ruhende Samen Dosis(Gy)	Empfindlichkeits- verhältnis
Gamma			
30% Schädigung	8,9	320,0	36,0
50% Schädigung	15,0	450,0	30,0
70% Schädigung	25,1*	620,0	24,7
Beta			
30% Schädigung	8,9	320,0	36,0
50% Schädigung	15,0	440,0	29,3
70% Schädigung	25,1*	590,0	23,5
Spaltneutronen			
30% Schädigung	1,2	8,2	6,8
50% Schädigung	2,2	11,0	5,0
70% Schädigung	4,0*	15,5	3,9

* Extrapolierte Werte

In Hartweizen (*Triticum durum*) wurden nach Bestrahlung mit 50 Gy Röntgenstrahlen in der physiologisch aktiven Keimungsphase 100% höhere Raten von Chromosomenaberrationen gefunden gegenüber der Bestrahlung in der Ruheperiode (FLORIS et al., 1975). Von den 7 untersuchten ontogenetischen Phasen (Pollenreife, Bildung männlicher und weiblicher Gemetophyten, Zygote, 15 Tage altes Embryo, 30 Tage altes Embryo, trockene Samen und keimende Samen) von Paprika zeigten die ersten 5 keinen Unterschied in der Strahlenempfindlichkeit (LD_{50}). Dazu im Vergleich waren trockene Samen 10-fach resistenter, während keimende Samen in der Empfindlichkeit dazwischen lagen. (AUNI et al., 1978).

Über den Einfluß der Jahreszeit auf die Strahlenempfindlichkeit von Kopfsalat berichten BOTTINO and SPARROW (1973). So nahm der Ertrag nach der Bestrahlung in späterer Jahreszeit stärker ab. Dies wurde auf die verkürzte Tageslänge zurückgeführt, da Temperatur und Wasserzufuhr nahezu konstant blieben. Auf die Überlebensrate hatte die Jahreszeit keinen Einfluß. Auch endogene Substanzen haben einen Einfluß auf die Strahlenempfindlichkeit, wie dies in den Versuchen von SEMERDJIAN and NOR-AREVIAN (1975) bestätigt werden konnte. In den Weizenarten mit unterschiedlichen Ploidiestufen konnte die erhöhte Strahlenresistenz mit höherem Gehalt an Sulfhydril-Gruppen der Embryonen (-SH) in Verbindung gebracht werden, zumal eine Behandlung der Samen mit den Strahlenschutzsubstanzen β-mercaptoethylamin, Harnstoffderivate und Methylvinylketon ein Ansteigen der sulfhydrilhaltigen Substanzen zur Folge hatte. (vergl. dazu Abschn. 5.10.).

Ebenfalls auf innere physiologische Unterschiede, hier auf unterschiedlichen Versorgungsgrad mit Wuchsstoffen, lassen sich die abweichenden Strahlenreaktionen von Kalluskulturen von *Nicotiana tabacum* je nach Entfernung der Entnahmestelle vom Vegetationskegel zurückführen. Auch hierbei konnten die Effekte durch die Zugabe von Wachstumsregulatoren beeinflußt werden (HELL et al., 1978). Dafür schließlich, daß die Strahlenempfindlichkeit von Samen auch von ihrem Ursprung abhängt, lieferten die Untersuchungen von GANCHEV and TSVETKOVA (1977) ein Beispiel. Es wurde ermittelt, daß Samen mit zunehmender Höhenlage beim Anbau eine abnehmende Strahlenresistenz hinsichtlich Keimfähigkeit, Pflanzenlänge und Chromosomenaberrationen aufwiesen.

5.2 Art der Strahlung und Energie

Wie in Abschn. 2.1. aufgeführt umfaßt der Begriff »ionisierende Strahlen« verschiedene Strahlenarten. Neben dem verschiedenen physikalischen Charakter (α-, β-, γ-, Neutronen-Röntgenstrahlen) unterscheiden sie sich auch in der Energie, bzw. im Energiespektrum der Teilchen oder Quanten. Bei jeder ionisierenden Strahlung kann man die im bestrahlten Objekt absorbierte Energie als Dosis in Gy messen oder berechnen. Die biologische Wirkung kann jedoch bei gleichen Energiedosiswerten je nach Strahlenart und/oder Energie sehr verschieden sein. Allerdings sind die Unterschiede der Wirkungen nicht so ausgeprägt wie bei der Absorption von Licht verschiedener Wellenlänge (d. h. Quantenenergie).

Zu einem guten Teil wird die Wirkung verschiedener Arten ionisierender Strahlen schon durch den in Abschn. 2.6. definierten »linearen Energie-Transfer« (LET) bestimmt. Von ihm hängt bei sonst gleichen Bedingungen die Strahlenwirkung nach Qualität und Quantität wesentlich ab. Findet man für zwei Strahlenarten auch die gleiche Endreaktion, so kann man sie über die RBW miteinander vergleichen (s. o. Abschn. 2.6).

Nicht selten, besonders bei Neutronenbestrahlung treten bei verschiedenen Strahlenarten aber auch verschiedenartige Dosis-Effekt-Kurven auf. Man kann dann eine RBW allenfalls noch für *eine* Dosis oder vielleicht für einen Dosisbereich angeben.

DONINI et al. (1967) untersuchte die RBW von Gammastrahlen und Spaltneutronen (1 MeV) bei 5 Pflanzenarten. Die Bestrahlungen wurden im Jugendstadium ausgeführt. Je nach Untersuchungsparameter, wie Überlebensrate, Trockengewicht bei Pflanzenreife, Pflanzenlänge und Pollenabortion stellten sie eine RBW (γ/N_f) von 5,0 bis 6,7 fest. Abb. 27 zeigt die Überlebenskurven für die fünf Pflanzenarten. Während die Kurven der Neutronenbestrahlung einen exponentiellen Verlauf mit Ausnahme von *Arabidopsis* und *Pisum* zeigen, besitzen die Kurven der Gammastrahlen immer eine ziemlich breite Schulter. Man bekommt hier also unterschiedliche RBW-Werte, je nach Dosis.

Bereits im Kap. 2 wurde darauf hingewiesen, daß der radioaktive Fallout hauptsächlich Beta- und Gammastrahlen emittiert, deren Reichweiten sich zwar voneinander erheblich unterscheiden, die jedoch annähernd die gleiche biologische Wirksamkeit besitzen. Viele Autoren vergleichen die Wirksamkeit dieser beiden Strahlenarten mit denjenigen von Neutronen, die besonders bei der Erzeugung von Mutationen eine Rolle spielen. Hinsichtlich Schädigung von Pflanzen durch Fallout, verdienen jedoch Beta- und Gammastrahlen eine besondere Beachtung.

Bei Durchsicht der einschlägigen Fachliteratur fällt auf, daß lange Zeit nur die Gammastrahlen aus dem Fallout berücksichtigt wurden und von der Betakomponente wohl wegen der geringen Reichweite keine biologischen Schäden an Pflanzen vermutet waren. Ein weiteres Problem für die experimentelle Prüfung lag in der Handhabung großer Mengen von offenem radioaktiven Material in derartigen Experimenten. Später kam jedoch die Überlegung auf, daß infolge des möglichen hohen Anteils der Betastrahlung im Fallout und bei einer Deposition von radioaktiven Partikeln an empfindlichen Pflanzenorganen auch von dieser Strahlenart Schäden zu erwarten sind.

In ihren sehr eingehenden Untersuchungen mit Sojakeimlingen haben WHITHERSPOON and CORNEY (1970) auch die Betastrahlen mit einbezogen. Sie stellten eine annähernd gleiche RBW zwischen Gamma- und Betastrahlen fest, während Neutronen je nach Untersuchungsparameter 6- bis 15fach wirksamer waren als Gammastrahlen (Tabelle 5). Die Wirkung der untersuchten Strahlenarten in Kombination zeigt Tabelle 6. So bewirkt z.B. eine 10%ige Zusatzbestrahlung mit Gammastrahlen bei 15 Gy Betabestrahlung eine erhöhte Reduktion der Pflanzenlänge um 29,5%. Bei 30 Gy Betastrahlung ist dieser Zusatzeffekt 17,1% und bei 60 Gy Betastrahlung nur noch 4,3%. Eine 10%ige Zusatzbe-

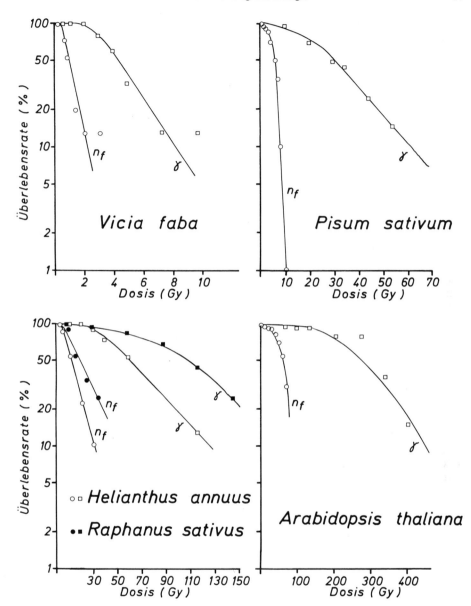

Abb. 27: Überlebensrate von 5 Pflanzenarten nach Behandlung mit Gammastrahlen und Spaltneutronen (nach DONINI et al., 1967)

strahlung mit Neutronen zu den 15 Gy Betastrahlung bewirkte eine Reduktion der Pflanzenlänge um 114% und zu 30 Gy um 25%. Darüberhinaus war keine Kombinationswirkung
zu beobachten. Bei der Prüfung der Parameter Trockengewicht von Wurzeln und von
oberirdischen Pflanzenteilen wurden ähnliche Resultate ermittelt.

Hinsichtlich Überlebensrate und Pflanzenlänge bei Sojabohnen fanden KILLION and
CONSTANTIN (1974) keine Abhängigkeit der Wirkung von der Strahlenart (Beta und Gamma).

Tab. 5: Dosen von Gamma- und Betastrahlen bzw. Spaltneutronen, die eine 50%ige Schädigung (LD_{50}) bei Soja verursachen (nach WITHERSPOON u. CORNEY, 1970)

Kriterium und Zeit nach Bestrahlung	LD_{50} [Gy]			RBW		
	Gamma	Beta	Neutronen	Gamma	Beta	Neutronen
Meristemtod 35 Tage	44,8	49,8	7,5	1,00	0,89	6,0
Pflanzenlänge 28 Tage	20,6	21,6	1,3	1,00	0,95	15,74
Sproßtrockengewicht 35 Tage	25,2	18,6	3,3	1,00	1,35	7,74
Wurzeltrockengewicht 35 Tage	20,3	15,5	3,3	1,00	1,31	6,14

Tab. 6: Differenzielle und kombinierte Wirkung von Gamma- und Betastrahlen sowie Spaltneutronen auf die Pflanzenlänge von Soja 28 Tage nach der Bestrahlung (Angaben in % Reduktion), (nach WITHERSPOON u. CORNEY, 1970)

Dosis [Gy] Beta	Gamma							Neutronen		
	0	1,5	3	6	15	30	60	1,5	3	6
0	0	11,3	17,1	24,3	35,3	90,5	94,9	52,1	69,9	89,5
15	35,7	53,4	48,8	41,0	89,1	92,6	95,7	76,6	82,8	94,4
30	77,1	92,7	90,3	89,5	91,0	96,8	98,8	92,7	96,8	98,5
60	93,8	81,2	91,1	97,8	98,1	98,4	99,1	–	–	–

Laterales Wachstum, Pflanzenmasse und Kornertrag dagegen war beeinflußt von dem Betaanteil der in Kombination verabreichten Strahlung. Wurde die Beta-Komponente der Strahlung erhöht, so erhöhte sich das laterale Wachstum. Bei der 50%igen Reduktion des vegetativen und generativen Ertrages war die Gammastrahlung im Mittel 1,2mal effektiver als die Beta-Komponente.

Die RBW der Neutronen im Verhältnis zu den anderen beiden Strahlenarten ist auch vom physiologischen Zustand der Pflanzen abhängig, wie dies aus Tabelle 7 hervorgeht. So waren Neutronen in der Ruheperiode etwa 40mal, in der aktiven Wachstumsphase jedoch nur 6,8mal (LD_{50}) effektiver als Beta- und Gammastrahlen, die in beiden Fällen die

Tab. 7: RBW-Werte für 30, 50 und 70%-ige Schädigung von »Himalaya« Gerstenkeimlingen nach Bestrahlung mit Gamma- und Betastrahlen und Spaltneutronen in aktivem Stadium und während der Keimruhe. (nach CONGER et al., 1973)

Vergleich der Strahlenart	Bestrahlung von keimenden Samen Schädigung von			Bestrahlung trockener Samen Schädigung von		
	30%	50%	70%	30%	50%	70%
Gamma/Beta	1,0	1,0	1,0	1,0	1,0	1,0
Gamma/Neutronen	7,4	6,8	6,3	35,9	40,9	40,0
Beta/Neutronen	7,4	6,8	6,3	35,9	40,0	38,1

gleiche Effektivität (RBW $\gamma/\beta = 1$) aufwiesen. Eine mögliche Erklärung der unterschiedlichen RBW von Neutronen in ruhendem und aktivem Gewebe könnte darin gesehen werden, daß bei höherem Wassergehalt neben direkten in größerem Umfange auch indirekte Strahleneffekte auftreten, während in Samen mit relativ niedrigem Wassergehalt in der Hauptsache direkte Effekte zu erwarten sind. Allerdings gibt es für eine Radikalbildung auch in trockenem Samen genug Hinweise (CONGER et al. 1973).

Beim Vergleich von Gamma- und Betastrahlen muß unbedingt darauf geachtet werden, daß die empfindlichen Pflanzenteile – meistens die sich in Teilung befindlichen Meristeme –, die gleiche Gewebedosis erhalten. Besonders Betastrahlen mit ihrer geringeren Reichweite werden von den über dem Meristem liegenden unempfindlichen Pflanzenteilen abgeschwächt. Um dieser Tatsache Rechnung tragen zu können, kann die Ermittlung der durch das erste Blattmeristem absorbierten Dosis bei Samen nach folgender Formel nach LÖWINGER et al (1956) vorgenommen werden:

$$D = D_0 \, e^{-\lambda d} \left(\frac{1 - e^{-\lambda x}}{\lambda x} \right)$$

wobei   D = Mittlere Dosis im ersten Blattmeristems
         D_0 = Beta-Dosis an der Samenoberfläche
         λ = Absorptionskoeffizient des untersuchten Pflanzenmaterials
         x = Schichtdicke des ersten Blattes (mm)
         d = Über dem ersten Blatt liegende Schicht in mm (Koleoptile plus Samenschale)

CONGER et al (1973) berechneten für trockenen Samen eine $D = 0{,}85 \, D_0$ und für keimenden Samen (24h vorgequollen) $D = 0{,}77 \, D_0$.

In Anlehnung an eine Falloutsituation wurden Bestrahlungsversuche mit ^{90}Y-Betastrahlen von SCHULZ and BALDAR (1972) an Weizen, Erbsen und Salat, von SCHULZ et al. (1973, 1974) an Gartenbohnen (*Phaseolus vulgaris*) von BORS et al (1979) an Winter- und Sommerweizen, Raps und Ackerbohne und von MURPHY and McCORMICK (1971) an einer natürlichen Mischvegetation durchgeführt. Diese Untersuchungen haben eindeutig klargestellt, daß die Betakomponente des Fallout bei der Abschätzung des Strahlenschadens unbedingt berücksichtigt werden muß. In bestimmten Fällen kann sie sogar stärker zur Schädigung beitragen als die Gammakomponente. Detaillierte Ergebnisse werden an entsprechender Stelle im speziellen Teil aufgeführt. (s. Kap. 7)

Bei Bestrahlungsversuchen werden aus praktischen Erwägungen wahlweise Röntgen- (200–300 kV) oder Gammastrahlen (^{60}Co, ^{137}Cs) verwendet. Man ging zunächst davon aus, daß die beiden qualitativ sehr ähnlichen Strahlenarten die gleiche biologische Wirksamkeit besitzen. Experimente auf mikrodosimetrischer Grundlage haben jedoch eine RBW von 0,82 für Gammastrahlen relativ zu 259 kV-Röntgenstrahlen für somatische Mutationen ergeben (NAUMAN et al., 1975). In unteren Dosisbereichen bei gleicher Dosisleistung fanden UNDERBRINK et al. (1976) sogar eine RBW von 0,62 von ^{137}Cs Gammastrahlen gegenüber 250 kV-Röntgenstrahlen für den gleichen Parameter. Dabei ist allerdings zu berücksichtigen, daß die γ-Strahlung »monoenergetisch« ist, bzw. nur Quanten mit einzelnen bestimmten Energien enthält, die bei Röntgenstrahlen angegebene Energie dagegen die obere Grenze eines mehr oder minder ausgedehnten Bremsstrahlenspektrums ist, dessen Form bei RBW-Bestimmungen eigentlich berücksichtigt werden müßte. ^{60}Co-Gammastrahlen und 1 MeV-Elektronen, beide mit niedrigem LET (0,2 keV/µm), zeigten hinsichtlich Zellzahl, Zellänge und -breite der Gersten-Koleoptile die gleichen Effekte. Auch im Einfluß auf die Keimungsrate waren die beiden Strahlungen ähnlich (PALOMINO et al., 1979).

Dagegen erhält man sehr hohe RBW-Werte bei schweren ionisierenden Teilchen. Ein Beispiel dafür sind die α-Teilchen und die gleichzeitig auftretenden ^{7}Li-Kerne aus der Reaktion ^{10}B (n, α) ^{7}Li. Pollenmutterzellen von *Triticum monococcum*, die dieser Strahlung ausgesetzt wurden, Chromosomenaberrationen bei einem RBW-Wert von 23 ± 10 zeigten. Mit der Strahlung ausgelöste Chlorophyllmutationen ergaben sogar einen RBW-Wert von 29 ± 10 (MATSUMURA et al., 1963).

Die Effektivität der einzelnen Strahlenarten kann in folgender Weise zusammengefaßt werden: Beta- und Gammastrahlen sowie 1 MeV-Elektronen haben die gleiche biologische Wirksamkeit. 200–300 kV-Röntgenstrahlen können um den Faktor 1,2 bis 1,6 effektiver als Gammastrahlen sein. Die RBW von Neutronen gegenüber Gammastrahlen schwankt je nach System zwischen 5 und 40 und von Alphateilchen liegen die entsprechenden Werte bei 20 bis 30 je nach Untersuchungsparameter.

5.3 Geometrie: Äußere Bestrahlung und Inkorporation

Bei der Erörterung der Einflußgröße Bestrahlungsgeometrie muß, insbesondere bei der äußeren Bestrahlung vorausgeschickt werden, daß es sich hierbei nicht um eine »wirkliche« Modifikation der Strahlenwirkung handelt, wie es etwa bei den Effekten des Sauerstoffs oder des Wassergehalts der Fall ist, sondern um das bestrahlungstechnische Problem der Applikation externer Bestrahlungen. Während bei Samen und jungen Pflanzen mit geringem Umfang die Verabreichung der Strahlen an die empfindlichen Pflanzenteile mit hinreichend genauer Dosierung erfolgen kann, spielt bei den Versuchen mit ausgewachsenen Pflanzen, wo eine Bestrahlung möglichst in Anlehnung an eine Falloutsituation durchgeführt werden muß, die Bestrahlungsgeometrie eine Rolle.

Der Fallout setzt sich im wesentlichen gleichmäßig als Staub auf den Boden ab oder wird vom Regen dorthin ausgewaschen, so daß er als Flächenquelle die oberirdischen Teile nach teilweiser Abschirmung durch die oberen Bodenschichten von unten bestrahlt. Die Dosis nimmt dabei etwa proportional zum Abstand ab. Eine derartige Bestrahlungsanordnung läßt sich experimentell praktisch nicht verifizieren, so daß eine Bestrahlung entweder von oben oder horizontal erfolgen muß. Eine vertikale Anordnung, wie sie in vielen in der Literatur beschriebenen Laborversuchen angewandt wurde, belastet die der Strahlenquelle zugewandten oberen Pflanzenteile, besonders bei hochgewachsenen Pflanzen stark, während die unteren Teile einer weit geringeren Strahlenbelastung ausgesetzt sind und auch die Wurzeln nur einen entsprechend geringeren Strahlenanteil erhalten. Man kann daher nur schwer eine für die Gesamtpflanze gültige Gesamtdosis angeben. Die horizontale Anordnung hat demgegenüber den Vorteil, daß die gesamte Pflanze, – ein Idealfall liegt bei den Getreidearten vor –, homogen bestrahlt werden kann. Allerdings muß die teilweise Abschirmung der Wurzel auch bei dieser Anordnung in Kauf genommen werden. Ein weiterer Vorteil der horizontalen Anordnung ist, daß hier bei gleicher Gesamtbestrahlungszeit Pflanzen in verschiedenen Abstand von der Quelle entsprechend dem Dosisabfall mit $1/r^2$ unterschiedliche Gesamtdosen erhalten, so daß mit nur einer Bestrahlung praktisch die ganze Dosiseffektkurve erhalten werden kann. Besonders eignet sich diese Anordnung für die Durchführung von Feldversuchen mit akuter und chronischer Bestrahlung. Um den Einfluß der verschiedenen Bestrahlungsgeometrien abzuschätzen, wurde in einem Topfversuch Sommerweizen in verschiedenen Entwicklungsstadien vertikal und horizontal bestrahlt; zusätzlich erfolgte noch eine horizontale Bestrahlung unter Abschirmung des Wurzelbereiches und eine Bestrahlung des Wurzelhalses allein. Für die vertikale Behandlung wurde dabei die am Vegetationspunkt der Pflanzen gemessene Dosis angegeben. Tabelle 8 zeigt die Ergebnisse: Während in den frühen Entwicklungstadien bei kleineren Pflanzen die senkrechte Bestrahlung wirksamer ist, zeigt die horizontale Anordnung während der Blüte, bei der Bestrahlung von größeren Pflanzen, die stärkere Wirkung auf den Kornertrag. Die Abschirmung des Wurzelbereichs reduziert den Strahleneffekt zusätzlich, während im Blütenstadium eine Bestrahlung nur des Wurzelhalses (wie sie den Falloutbedingungen theoretisch am nächsten kommt) zu keiner Schädigung sondern zur Stimulation führt (Bors et al. 1979). Erwähnenswert sind in diesem Zusammenhang die Ergebnisse eines Bestrahlungsversuches, bei dem in den von der Strahlung abgeschirmten Wurzelteilen von *Vicia faba* Veränderungen des Mitoseindex, Verschiebungen im Verhältnis der Mitosestadien, Reduzierung des Wachstums und Störungen in der Atmungstätigkeit in Abhängigkeit von der im nichtabgeschirmten Teilbereich applizierten Dosis ermittelt wurden. Die Befunde wurden auf toxische Stoffwechselprodukte, Radiotoxine, die in den bestrahlten Wurzelteilen erzeugt werden und in die unbestrahlten Pflanzenteile gelangen können, zurückgeführt (Müller, 1969).

Ein Teil des radioaktiven Fallouts wird über die Wurzel und über oberirdische Organe von den Pflanzen aufgenommen. Diese inkorporierte Radioaktivität unterscheidet sich in

Tab. 8: Einfluß verschiedener Bestrahlungsgeometrien auf den Kornertrag vom Sommerweizen »Opal« (nach Bors et al., 1979)

Stadium Tagesmittel	Geometrie	Dosis [Gy]	Kornertrag [g/Topf]
	Kontrolle	0	6,5
			% d. Kontr.
Zweiblatt		2,5	91
	S	5	91
		10	50
		2,5	131
	H	5	123
		10	72
7,1° C		2,5	129
	HA	5	96
		10	91
		2,5	121
	S	5	87
Bestockung		10	55
		2,5	103
	H	5	86
		10	63
21,2° C		2,5	112
	HA	5	91
		10	76
		5	89
	S	10	90
		20	63
Blüte		5	113
	H	10	108
		20	53
		5	114
11,6° C	HA	10	97
		20	114
		5	125
	WH	10	121
		20	118

S = Senkrechte Bestrahlung   HA = Horizontale Bestrahlung mit Abschirmung des Wurzelbereiches
H = Horizontale Bestrahlung   WH = Horizontale Bestrahlung des Wurzelhalses allein

ihrer Wirkungsweise von der äußeren Bestrahlung: Aufgrund ihrer chemischen Eigenschaften erfahren die Radionuklide eine inhomogene Verteilung im Gewebe und in den Zellen; in bestimmten Zellorganellen werden sie bevorzugt eingebaut. Zu ihrer eigentlichen Strahlenwirkung durch die Abgabe von Strahlungsenergie an die umgebenden Gewebe kommen noch sogenannte Transmutationseffekte hinzu, die darauf beruhen, daß die Nuklide beim Zerfall nicht nur eine physikalische,sondern auch eine chemische Umwandlung eingehen, wodurch die betreffenden Moleküle in ihrer physiologischen Funktion verändert werden. So zerfällt beispielsweise ^{90}Sr über ^{90}Y zu stabilem ^{90}Zr, ^{32}P zum ^{32}S und ^{35}S zum ^{35}Cl, wobei es sich bei den beiden letzteren um künstliche, nicht falloutrelevante Radionuklide handelt (GLUBRECHT, 1965).

Zur Berechnung der absorbierten Dosis dient die in den Pflanzen am Versuchsende ermittelte spezifische Radioaktivität. Dabei wird angenommen, daß diese nach einigen Tagen (ca. 10) ein Gleichgewicht erreicht und sich nicht mehr wesentlich verändert, wie dies zahlreiche Untersuchungen ergeben haben. Somit ist die Wirkung inkorporierter Radioaktivität am ehesten mit der einer chronischen externen Bestrahlung vergleichbar. Die durch Zerfall inkorporierter Radionuklide verursachte interne Strahlendosis läßt sich wie folgt berechnen (Strahlenschutzkommission, 1987):

$$D \approx 0,58 \cdot A \cdot \Sigma_i f_i \cdot W_i \cdot E_i \qquad \text{in nGy/h}$$

wobei

A = spezifische Aktivität in Bq/kg Frischgewicht
f_i = absorbierter Anteil der bei einem Zerfall emittierten Energie
W_i = Strahlungsemissionswahrscheinlichkeit des Zerfallprozesses i
E_i = effektive Zerfallsenergie in MeV

Das Produkt von $W_i \cdot E_i$ kann z.B. dem ICRP (International Commission on Radiological Protection)-Bericht 38 (ICRP, 1983) entnommen werden.

Zur Wirkung inkorporierter Radioaktivität auf höhere Pflanzen wurden nur einige wenige Versuche angestellt. Eine der Ursachen dafür dürfte darin liegen, daß externe Bestrahlungen einfacher durchzuführen und besser dosierbar sind, während simulierte Falloutversuche einen bedeutend höheren technischen Aufwand erfordern. Zum anderen glaubte man die Wirkung inkorporierter Strahlung im Verhältnis zur externen Bestrahlung von Fallout vernachlässigen zu können. Daß dies nicht der Fall sein kann, haben die Arbeiten von NIEMANN (1961) und AHMAHDI (1967) gezeigt. *Arabidopsis thaliana* und *Kalanchoe blossfeldiana* wurde ^{90}Sr, ^{89}Sr und ^{131}I in verschiedenen Konzentrationen unter simulierten Falloutbedingungen über mehrere Generationen verabreicht. Die applizierte Aktivität richtete sich nach den höchsten, in den 50er Jahren gemessenen Bodenkontamination, welche von den Kernwaffentests dieser Jahre herrührte. Diese Aktivität (A_o = 0,55 Bq/m^2 · d) wurde in mehreren Abstufungen bis auf $A_o \cdot 10^6$ gesteigert. Bei *Arabidopsis* wurde eine Schädigung (Abnahme der Samenproduktion, der Anzahl Spaltöffnungen und der Keimfähigkeit) bei der höchsten Konzentration von ^{90}Sr ($A_o \cdot 10^6$) ermittelt. Die berechnete Generationsdosis betrug annähernd 80 Gy. Darunterliegende Konzentrationen bzw. Strahlendosen führten zur keiner Schädigung, sondern zu Stimulationserscheinungen. Die 10^5-fache Menge des A_o von ^{131}I (3,3 Gy/Generation) erbrachte eine 24%-ige Wachstumshemmung. Niedrige Konzentrationen verursachten eine Stimulation der Wachstumsparameter. In *Kalanchoe* wurden keine negativen Resultate beobachtet. Die durch die oben angegebenen Dosen verursachten Schäden bei Arabidopsis, einer der resistentesten Arten überhaupt – deuten auf eine höhere Wirksamkeit inkorporierter Radioaktivität im Vergleich zu externer Bestrahlung hin.

In Inkorporationsexperimenten mit Sommergerste, Sommerweizen und Winterroggen wurde hingegen keine Schädigung des Korn- und Strohertrages nach der Applizierung von 10 bis 1000 MBq ^{89}Sr pro m^{2}festgestellt. Die Versuche wurden anstelle des umweltrelevan-

Tab. 9: Inkorporierte ^{90}Sr-Aktivität in den einzelnen Pflanzenteilen von verschiedenen Getreidearten

Pflanzenart	Applizierte ^{89}Sr-Aktivität [MBq/m^2]	^{90}Sr-Aktivität [MBq/kg F.G.]		
		Korn	Spelzen	Stroh
Sommergerste	1000	0,06	0,98	1,48
	100	–	0,04	0,08
	10	–	–	–
Sommerweizen	1000	0,38	0,33	2,70
	100	0,07	0,04	0,14
	10	0,03	0,01	0,04
Winterroggen	1000	0,38	1,67	48,10
	100	0,09	0,25	0,68
	10	0,01	0,09	0,14

ten, langlebigen ^{90}Sr mit ^{89}Sr durchgeführt, um keine hohen Restaktivitäten beseitigen zu müssen (FENDRIK et al.,unveröff.). Vom im Zweiblattstadium auf die Pflanzen gesprühten trägerfreien ^{89}Sr wurden bis zur Ernte in den einzelnen Pflanzenteilen die in der Tabelle 9 wiedergegebenen Aktivitäten, umgerechnet auf ^{90}Sr, eingelagert. Die nach obiger Formel errechneten Gesamtstrahlendosen bei den jeweils höchsten ^{89}Sr-Gaben (1000 MBq/m^2) zeigt Tabelle 10 Für die Berechnung wurden für die Gesamtpflanze maßgebende Aktivitäten im Stroh zugrundegelegt. Wie bereits erwähnt, wurde keine Schädigung der Ertragskomponenten beobachtet, was insofern bemerkenswert ist, daß eine externe chronische Bestrahlung mit ähnlichen Gesamtdosen (9,2–18,5 Gy) eine geringfügige Reduzierung des Kornertrages verursacht hatte (s.a.Kap. 7.1).

Tab. 10: Höchste ermittelten Strahlendosen nach Inkorporation von ^{89}Sr bei Sommergerste, Sommerweizen und Winterroggen

Pflanzenart	Dosisleistung [Gy/d]	Vegetationszeit [d]	Akkumulierte Strahlendosen [Gy]
Sommergerste	0,002	120	0,24
Sommerweizen	0,004	120	0,48
Winterroggen	0,060	300	18,00

5.4 Zeitfaktor: chronische und akute Bestrahlung

Die Wirkung einer Strahlendosis wird in beträchtlichem Ausmaß durch die Zeit modifiziert, in der sie gegeben wird, d.h. die meisten Strahlenschäden hängen nicht nur von der Dosis, sondern auch von der Dosisleistung ab. Besonders tritt dieser Sachverhalt bei Bestrahlung von Tieren in Erscheinung, aber auch bei Pflanzen spielt er eine wesentliche Rolle.

Die Begriffe »akute« und »chronische« Bestrahlung wurden schon in Abschn. 2.8 definiert. Eine ganz scharfe Grenze zwischen diesen Begriffen gibt es natürlich nicht. Mit Sicherheit liegt eine chronische Bestrahlung vor, wenn sich die Strahleneinwirkung über einen Zeitraum erstreckt, der verschiedene Entwicklungsstadien der Pflanze umfaßt. Es ist generell einzusehen, daß der Einfluß der Dosisrate oder der »Zeitfaktor« mit der Dauer der Entwicklungsstadien des bestrahlten Objektes – zusammenhängt.

Wird eine über einen längeren Zeitpunkt erstreckte Bestrahlung durch längere oder kürzere Pausen unterbrochen, so spricht man von *fraktionierter* Bestrahlung. In Bestrahlungsexperimenten sollte neben der Gesamtdosis die Dosisrate bzw. die zeitliche Verteilung der Dosis immer angegeben werden. Generell wurde beobachtet, daß erhöhte Dosisraten (kürzere Bestrahlungszeiten) effektiver sind, als wenn gleiche Dosen in längerer Zeit verabreicht werden. (Matsumura and Fujii, 1963, Constantin et al., 1971, Ichikawa et al., 1978, Killion and Constantin, 1971). Es gibt allerdings Einschränkungen dieser Tendenz. So kann z.B. bei sehr hohen Dosisleistungen eine Art »Sättigung« erreicht werden. Umgekehrt gibt es Fälle, in denen die Dosisleistung so niedrig ist, daß es zu keiner nachweisbaren Schädigung kommt (McCrory and Grun, 1969). Bottino et al. (1975) untersuchten weite Bereiche von Dosisraten mit verschiedenen Gesamtdosen bei keimenden Gerstensamen und stellten von 0,3 Gy/h bis 15 Gy/h einen Anstieg der Wirksamkeit fest. Oberhalb dieser Rate kehrte sich der Effekt um, d.h. es waren für die Erzielung derselben Wirkungen (35 % bzw. 20 % Wachstumshemmung) wieder höhere Dosen erforderlich. Dieser Wiederanstieg war nicht sehr steil, jedoch stetig (Abb. 28).

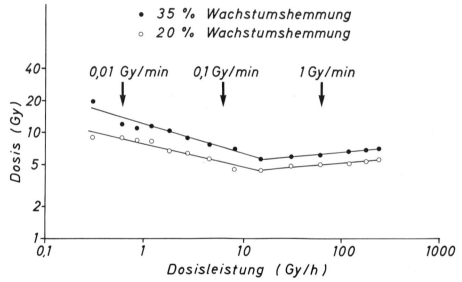

Abb. 28: Abhängigkeit der Wachstumshemmung von der Dosisleistung (nach Bottino et al., 1975)

Ein Vergleich der Schädigungsdosen mit der Bestrahlungszeit hat gezeigt, daß die Richtungsänderung innerhalb eines Mitosecyclus erfolgt und damit in guter Übereinstimmung steht mit der zeitabhängigen Reparaturfähigkeit der Zellen, sowie mit der »dose-rate theory« nach Kellerer and Rossi (1972). Die Bedeutung der Dauer des Mitosecyclus im Zusammenhang mit der Dosisrate geht auch aus Tab. 11 deutlich hervor. Je kürzer die mitotische Zellteilung dauert, umso höhere Dosisraten, bzw. pro Zellcyclus absorbierte Dosen sind für die Erzielung einer bestimmten Schädigung erforderlich. (Evans and Van't Hof, 1975). Daß die Länge des Mitosecyclus eine Funktion des artspezifischen chromosomalen DNA-Gehaltes ist, wurde auch an anderen Stellen deutlich dokumentiert (Van't Hof and Sparrow, 1963; Benett, 1972; Van't Hof, 1974 and Evans et al., 1972). In den Staubgefäßen von *Tradescantia*, Klon 02 wurde bei Gesamtdosen von 0,6 bis 0,8 Gy die Mutationshäufigkeit pro Gy und pro 10^4 Staubfadenhaare bei Steigerung der Dosisleistung von 0,003 Gy/min bis zu 1,05 Gy/min erhöht, bei 3 Gy/min war kein weiterer Anstieg zu beobachten und 5,03 Gy/min verursachte wieder ähnliche Effekte wie bei 0,3 Gy/min. Zur möglichen Erklärung dieser Sättigung bei sehr hoher Dosisleistung werden zellbiologische Faktoren und die Treffer-Theorie aufgeführt. (NAUMAN et al., 1975). Bei 8 Tage alten Sämlingen von Weizen (BOTTINO and SPARROW, 1972) und bei Samen von *Arabidopsis thaliana* (KARTEL and MANESHINA, 1974) wurden ebenfalls unterschiedliche Empfindlichkeitsbereiche je nach Dosisleistung gefunden.

Tab. 11: Dauer des Mitosezyklus und die für die Erzeugung von Meristemschäden erforderlichen Dosisraten (Gammastrahlen) bei verschiedenen Pflanzenarten (nach EVANS u. VAN'HOF,1975)

Pflanzenart	Dauer des Mitosezyklus (h)	Dosisleistung Gy/h	Gy/Zyklus
Helianthus annuus	10	2,7	27
Crepis capillaris	10	2,4	24
Triticum aestivum	13	1,6	21
Pisum sativum	14	1,4	19
Secale cereale	13	0,9	11
Vicia faba	18	0,5	8,3
Tradescantia Klon 02	20	0,05	1,0

Neben diesen grundsätzlichen Aspekten interessierte vor allem die Frage, ob eine bei den Bestrahlungsversuchen mit Pflanzen meistens angewandte konstante Dosisleistung mit der einer stetig abnehmenden Fallout-Dosisleistung verglichen werden kann. Wie bereits erwähnt, nimmt nach einer Kernwaffendetonation die Dosisleistung proportional zu $1/t^{1,2}$ ab, anders ausgedrückt, nach jeweils der siebenfachen Zeit sinkt die Strahlenbelastung pro Zeiteinheit auf 1/10. Um derartige vergleichende Untersuchungen durchführen zu können, wurde ein sog. »Fallout Decay Simulator« (FDS) konstruiert. Die Reduktion der Strahlungsintensität nach der dem $1/t^{1,2}$-Gesetz entsprechenden Zeit wurde durch eine Abschirmung mit Hilfe von 5 teleskopisch zusammengesetzten Edelstahlringe erreicht. Die Wandstärke der einzelnen Ringe war so bemessen, daß die Dosisleistung dabei jeweils auf die Hälfte abnahm. So konnten 6 Abstufungen der Strahlungsintensität untersucht werden (SPARROW and PUGLIELLI, 1969). Abbildung 29 zeigt den Dosisleistungsabfall in der Natur und im FDS in unterschiedlichen Abständen von der Strahlenquelle (444 TBq ^{137}Cs). Mit dieser Anordnung wurden die Bestrahlungsversuche mit Weißkohl, Mais, Erbsen und Radieschen (SPARROW and PUGLIELLI, 1969), mit Salat, Mais, Radieschen, Wassermelonen und Tomaten (SPARROW et al., 1970), mit Kopfsalat, Gerste und Weizen (BOTTINO and SPARROW, 1971) mit Weizen und Hafer (BOTTINO and SPARROW, 1971) und mit Kopfsalat (BOTTINO and SPARROW, 1973) durchgeführt. Die Ergebnisse in Zusammenfassung zeigt Tab. 12 nach SPARROW et al. (1971). Es hat sich gezeigt, daß eine 8stündige Bestrahlung mit

Tab. 12: LD_{50}-Werte für verschiedene Bestrahlungszeiten bei konstanter Dosisleistung und Fallout-Decay-Simulation (LD_{50} bei 16h Bestrahlungszeit ist = 1,00 (willkürlich), (nach SPARROW et al., 1971)

Bestrahlungszeit (h)	Behandlung Konstante Dosisleistung Verhältniszahl	Fallout-Decay Simulation (FDS)
36	0,76	1,40
16	1,00	–
8	1,40	–
4	2,00	–
1	2,70	–

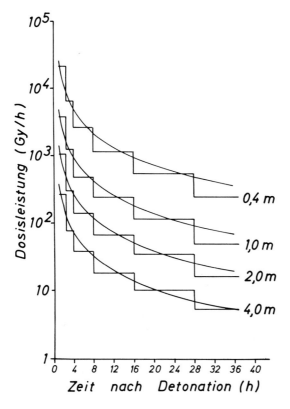

Abb. 29: Abnahme der Dosisleistung
nach einer Kernwaffendetonation und
nach der »Fallout Decay Simulation«
(nach SPARROW u. PUGLIELLI, 1969)

konstanter Dosisrate dem FDS praktisch equivalent war, während kürzere Zeiten höhere und längere Zeiten niedrigere Effekte bei gleicher Gesamtdosis ergaben. Die unterschiedliche Effektivität von akuten und chronischen Bestrahlungen ist in einer Fülle von Arbeiten dokumentiert. Über Einzelheiten wird im speziellen Teil berichtet. An dieser Stelle sei noch ein Beispiel gegeben (Abb. 30). Dosen, die akut eine erhebliche Reduktion des Kornertrages hervorrufen, verursachen chronisch, d. h. über die ganze Vegetationsperiode verteilt, noch keinerlei Schädigung, vielmehr ist eine Stimulation zu registrieren (NIEMANN et al. 1978).

Die Verhältnisse nach einer sehr langen chronischen Bestrahlung werden aus Abb. 31 deutlich, wo akkumulierte Gesamtdosen und die täglichen Dosisraten in den 8 Bestrahlungsjahren mit den LD_{50} des ersten Jahres gegenübergestellt wurden. Während die Dosisleistung relativ zu den im ersten Jahr täglich applizierten Dosen (LD_{50}) auf 54% abnimmt, steigt die akkumulierte LD_{50} auf das 4,3fache in der gleichen Periode an. Das bedeutet wieder, daß bei längeren Bestrahlungszeiten höhere Dosen für eine 50%ige Schädigung erforderlich sind. Die allmähliche Abnahme der relativen Wirkung nach dem 2. Bestrahlungsjahr ist vermutlich auf den Aufbau effektiverer Reparatursysteme zurückzuführen (SPARROW et al., 1970).

Wenn akute Strahlendosen fraktioniert verabreicht werden, liegen zwischen den einzelnen Teilbestrahlungen unterschiedlich lange Erholungszeiten, in denen subletale Strahlendosen repariert werden können. Anders ausgedrückt: die Strahlenschäden fallen nach fraktionierter Bestrahlung niedriger aus, als wenn die gleichen Dosen ohne Unterbrechung appliziert wären. Während über die akute und chronische Bestrahlung ungezählte Arbeiten vorliegen, wurde die Frage der fraktionierten Bestrahlung nur von wenigen Autoren aufge-

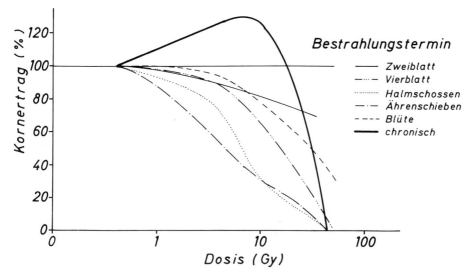

Abb. 30: Wirkung einer akuten Röntgenbestrahlung in verschiedenen Entwicklungsstadien und einer chronischen Gammabestrahlung auf den Kornertrag von Sommerroggen (nach NIEMANN et al., 1978)

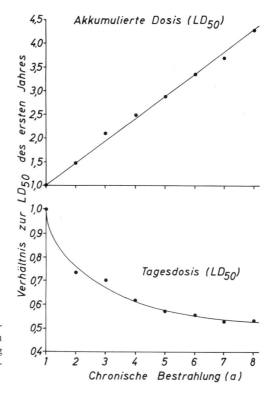

Abb. 31: Veränderungen der akkumulierten LD_{50}-Werte und LD_{50}-Tagesdosen nach einer achtjährigen chronischen Bestrahlung im Verhältnis zu den LD_{50}-Werten des ersten Jahres (nach SPARROW et al., 1970)

griffen. So berichten Sparrow et al. (1961) über die Abnahme der Anzahl Farbmutationen bei *Antirrhinum majus* nach Fraktionierung der Gesamtdosen von 10 Gy. Die zwischen den Teilbestrahlungen (2, 4 und 8) eingefügten Erholungszeiten von 30 bis 1200 Minuten haben zwar generell einen Schutzeffekt gebracht, es ließ sich jedoch hinsichtlich Anzahl der Teilbestrahlungen und Länge der Erholungszeiten keinerlei Trend feststellen. Eine starke Schutzwirkung in *Saintpaulia ionantha* wurde nach Fraktionierung der Gesamtdosen von Röntgenstrahlen und schnellen Neutronen von Broertjes (1971) beobachtet. In den Untersuchungen von Mousseau et al. (1976) und Mousseau and Delbos (1977) lieferte eine Unterbrechung der Gammabestrahlung von 15 Minuten und länger einen Erholungs-effekt bei Seitenknospen von haploiden und diploiden *Nicotiana tabacum*. Lönsjö (1977) bestrahlte Hafer (*Avena sativa*) 2 Tage nach Aussaat mit Gesamtdosen von 7,4 und 11,8 Gy in 2 Zeitabschnitten mit je 5 min. Dauer und einer Unterbrechungszeit von 5, 10, 20, 40, 80 und 160 min. Es trat bei 7,4 Gy bereits nach einer 5- und 10minütigen Unterbrechung der erwartete Erholungseffekt ein (Tab. 13). Längere Unterbrechungszeiten bedeuteten

Tab. 13: Wirkung einer Gammabestrahlung auf das Wachstum von *Avena sativa* nach Unterbrechung der Bestrahlung zwei Tage alter Keimlinge zu verschiedenen Zeiten (nach Lönsjö, 1977)

Dosis [Gy]	Behandlung			Trockengewicht [g]	
	M	U	B	pro Topf	pro Pflanze
0				6,52 ± 0,31	0,466
7,4	10	0	0	1,88 ± 0,16	0,139
	5	5	5	1,82 ± 0,13	0,123
	5	10	5	2,60 ± 0,11	0,179
	5	20	5	2,05 ± 0,03	0,144
	5	40	5	2,87 ± 0,20	0,196
	5	80	5	2,78 ± 0,18	0,188
	5	160	5	2,74 ± 0,24	0,206
11,8	10	0	0	0,05 ± 0,00	0,004
	5	5	5	0,04 ± 0,00	0,003
	5	10	5	0,02 ± 0,00	0,002
	5	20	5	0,01 ± 0,00	0,001
	5	40	5	0,03 ± 0,00	0,002
	5	80	5	0,03 ± 0,01	0,002
	5	160	5	0,08 ± 0,01	0,006

M = Minuten Bestrahlung   U = Unterbrechung   B = Bestrahlung

keine zusätzliche positive Wirkung. Das würde bedeuten, daß subletale Schäden in diesem Falle in relativ kurzer Zeit repariert werden. Bei 11,8 Gy konnte mit Ausnahme der 160-Minuten-Unterbrechung, praktisch keine Erholung durch die Fraktionierung beob-achtet werden. Offenbar verursachte hierbei bereits die erste Bestrahlung von 5 Minuten unreparierbare Schäden. Die Komplexität der Zusammenhänge zeigt sich in der Tatsache, daß bei dieser Dosis bei Unterbrechungszeiten zwischen 5 und 80 Minuten niedrigere Trockengewichtswerte gemessen wurden als bei der ohne Unterbrechung bestrahlten Kontrolle. Keine eindeutigen Erholungsprozesse konnten von Woch et al. (1982), zumin-dest nicht im exponentiellen Bereich der Dosiseffektkurven (2 und 4 Gy Röntgenstrahlen), für somatische Mutationen in den Staubfadenhaare von *Tradescantia* beobachtet werden. Dagegen stimulierte eine Vorbestrahlung mit niedrigen Dosen (5 Gy) in *Saintpaulia ionantha* »Utrecht« sowohl die Regeneration der Zellen (Durchschreiten über die erste

Mitose) als auch die Pflanzenproduktion (mittlere Anzahl Pflänzchen pro Blatt) nachdem die Blattstecklinge mit höheren Dosen von Röntgenstrahlen und Neutronen behandelt waren, wie dies in Abb. 32 deutlich gezeigt wird (LEENHOUTS et al., 1982).

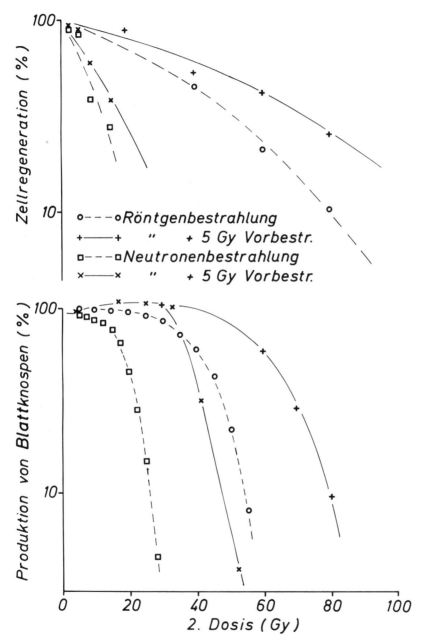

Abb. 32: Wirkung einer Vorbestrahlung auf die Zellregeneration und Knospenbildung in *Saintpaulia ionantha* (nach LEENHOUTS et al., 1982)

5.5 Temperatur

Die modifizierende Wirkung der Temperatur geschieht, wie dies von vielen Untersuchungen gezeigt werden konnte, offenbar auf zwei Ebenen: Einmal ändert sich die Strahlenresistenz in Temperaturbereichen, die unterhalb oder oberhalb der physiologisch optimalen Temperatur liegen; zum anderen können größere Temperaturschocks offensichtlich die indirekte Strahlenwirkung beeinflussen. Ganz allgemein erwartet man eine erhöhte Strahlenwirkung, wenn die Bestrahlungstemperaturen von dem für das Wachstum optimalen Bereich abweichen. So erhielten SPARROW et al. (1961) z.B. in *Tradescantia* bei 12,5° C eine um 2,9-fach erhöhte Mutationsrate im Vergleich zur Bestrahlung bei 21° C. Ebenfalls war bei niedrigen Temperaturen (10° C und 20° C) die Bestrahlung im Stadium der Bestockung auf Keimfähigkeit der geernteten Körner und auf die Mutationsrate in der Nachkommenschaft in den Untersuchungen mit Reis (YAMAGATA a. FUJIMOTO, 1970) effektiver als bei der für Reis optimalen Temperatur von 30° C, wie aus den Abb. 33 u. 34 hervorgeht. Erhöhte Bestrahlungstemperaturen (40–43° C) führten bei Samen von *Lolium multiflorum* zu größeren Schäden, während im Bereich von 5° C bis 30° C keine Modifizierung der Strahlenwirkung zu beobachten war (VERHO et al., 1973). NAUMAN et al. (1978) stellten ebenfalls einen erhöhten Effekt bei Heraufsetzung der Bestrahlungstemperatur von 16–19° C auf 26,5–28° C hinsichtlich Mutationshäufigkeit der Staubgefäße einiger Klone von *Tradescantia* fest. Allerdings wurde in einem Klon (02) kein Temperatureinfluß registriert.

Zu ähnlich verstärkten Strahlenwirkungen (Tod nach kürzeren Zeiten, erhöhte Absterberate) führten Temperaturerhöhungen von 20–22° C auf 30° C in den Untersuchungen von SPARROW a. SCHWEMMER (1970) mit akuter Bestrahlung bei verschiedenen Pflanzen-

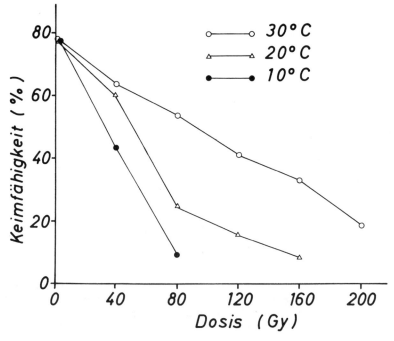

Abb. 33: Wirkung einer Gammabestrahlung von Reissamen bei unterschiedlichen Temperaturen auf die Keimfähigkeit (nach YAMAGATA u. FUJIMOTO, 1979)

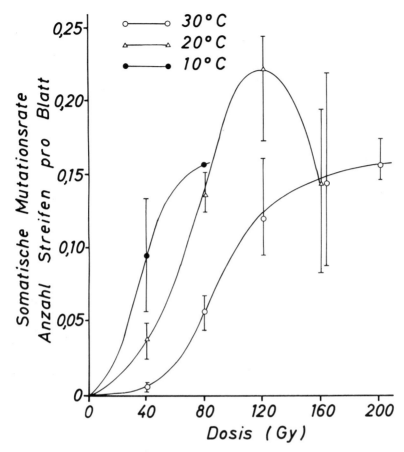

Abb. 34: Wirkung einer Gammabestrahlung von Reissamen bei unterschiedlichen Temperaturen auf die Mutationsrate (nach YAMAGATA u. FUJIMOTO, 1970)

arten. In einem Versuch mit Gerstensamen konnte gezeigt werden, daß eine Erhöhung der Temperatur nach der Bestrahlung über das Optimum physiologische Schäden (Zellmetabolismus, DNA-Synthese) verursacht und ein großer Teil des Temperatureffektes auf die Blockierung der DNA-Reparatur zurückzuführen ist (INOUE et al., 1982).

Im Zusammenhang mit der Verwendung von Strahlen in der Pflanzenzüchtung für die Erzeugung von Mutationen ist es besonders problematisch, daß die strahlenbedingte Erhöhung der Mutationshäufigkeit zwangsläufig mit einer Abnahme der Überlebenserwartung der Population einhergeht. Man versuchte daher durch Beeinflussung der indirekten Strahlenwirkung, für die Radikale von unterschiedlicher Lebensdauer verantwortlich sind, die Überlebensrate bei gleichbleibender Mutationshäufigkeit zu erhöhen. Tatsächlich haben die in dieser Richtung unternommenen Versuche mit Temperaturschocks diese Möglichkeit bestätigt. Meistens werden die Samen, nachdem sie bei extrem niedrigen Temperaturen bestrahlt waren, für unterschiedlich lange Zeiten in heißes Wasser getaucht und dann erst zur Keimung gebracht. Die Strahlenschutzwirkung dieser Behandlung wird in Abb. 35 für die Überlebensrate und Abb. 36 für die Pflanzenlänge bei Mais deutlich demonstriert (YAMAGATA et al., 1975). In einem anderen Experiment (YAMAGATA a. TANISAKA, 1977) wurden 2,5 mal höhere LD_{50}-Werte gegenüber der Kontrolle (Zimmertemperatur) für Reis

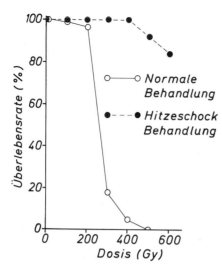

Abb. 35: Wirkung einer Gammabestrahlung und eines anschließenden Hitzeschocks auf die Überlebensrate von Reissamen (nach YAMAGATA et al., 1975)

ermittelt, wenn die Samen 2 min. im Wasserbad mit 60° C eingetaucht und vorher bei –70° C bestrahlt waren. Die Ausführung dieser Behandlung zeigt Abb. 37. Je nach Dosis und Temperatur des Wasserbades spielt auch die Dauer der Wärmebehandlung eine Rolle. Die Schutzwirkung erfolgt scheinbar unabhängig von dem Sauerstoffeffekt, wie dies die Versuche von CALDECOTT (1961) mit Gerstensamen bestätigten. Im Prinzip haben die Strahlenschutzwirkung eines Temperaturschocks die Untersuchungen von KAPLAN et al. (1975) mit Bohnen, Flachs und Senf bestätigt, ebenso von WOLF a. SICARD (1961) mit Gerste, von ATAYAN (1978) mit *Crepis capillaris* und von VASILEVA (1978) mit *Triticale*.

Die Wirkung einer Kälteschockbehandlung (–78° C) für 24 h bei Erbsensamen vor, während und nach der Bestrahlung untersuchten NAJDENOVA a. VASILEVA (1976, 1976). Als Kontrollen dienten a) trockene, bei Raumtemperatur gelagerte Samen ohne Bestrahlung, b) 24 h lang bei –78° C gehaltene Samen ohne Bestrahlung und c) trockene Samen bestrahlt mit Dosen von 50, 150, 200 und 300 Gy. Es ergab sich eine Schutzwirkung der Kältebehand-

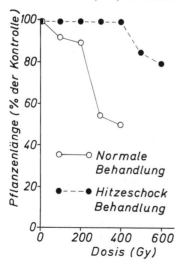

Abb. 36: Wirkung einer Gammabestrahlung von trockenen Samen und eines anschließenden Hitzeschocks auf die Pflanzenlänge von Reispflanzen (nach YAMAGATA et al., 1975)

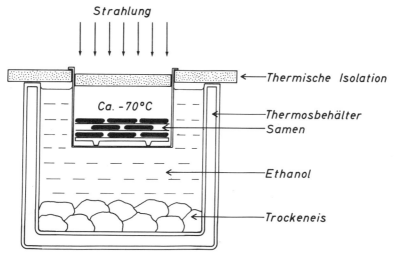

Abb. 37: Anordnung für eine Bestrahlung von Samen bei extrem niedrigen Temperaturen (nach YAMAGATA et al., 1975)

lung vor und während der Bestrahlung hinsichtlich verschiedener Wachstumsparameter und ein breites Spektrum von Chlorophyllmutanten in der M_2 Generation. NIKOLOV a. IVANOV (1976) berichten, daß eine Behandlung der Samen von *Arabidopsis thaliana* mit 100° C für 30 min. vor der Bestrahlung und eine 2-malige Wiederholung der Behandlung nach der Bestrahlung die schädigende Wirkung auf Wachstum und Überlebensrate reduzierte, wodurch die relative Ausbeute an brauchbaren Mutanten erheblich gesteigert werden konnte. Eine einmalige Hitzebehandlung nach der Bestrahlung blieb ineffektiv. Eine unterschiedliche Reaktion erhielt ATAYAN (1979) in *Crepis capillaris*: Wenn die Samen (6% Wassergehalt) mit 100° C trockener Hitze für 30 min. vor der Bestrahlung behandelt waren, war die Mutationsrate reduziert, während eine Behandlung nach der Bestrahlung einen erhöhten Effekt verursachte. Je nach Untersuchungsparameter war die Reaktion auf die Bestrahlung von Weizensamen in trocken gefrorenem Zustand in den Versuchen von AJAYI a. LARSSON (1975) sehr unterschiedlich. Während Trieb- und Wurzellänge nicht beeinflußt wurden, war das Koleoptylwachstum etwas reduziert.

Um die Wirkung zweier Komponenten einer Kernwaffendetonation, Hitze und Strahlung, im Zusammenhang abschätzen zu können, bestrahlten CLARK et al. (1967) trockene Samen von *Pinus banksiana* und *P.sylvestris* mit Gammastrahlen (von 4,5 bis 86,4 Gy) bei Erhöhung der Temperatur auf 425° C für 3 bis 60 sec. 1 h vor Bestrahlungsanfang. Diese Temperatur wird in einer Entfernung von 5 km vom Nullpunkt der Detonation erwartet. Die LD_{50} für die Keimung innerhalb von 30 Tagen betrug für *P. sylvestris* 12,6 Gy und für *P.banksiana* 48,9 Gy. Die Samen verloren völlig ihre Keimfähigkeit, wenn sie länger als 3 sec. dem Hitzeschock ausgesetzt waren. Eine Dosis von 46,9 Gy (LD_{50}), kombiniert mit einem 3 sec. dauerndem Hitzeschock, bewirkte bei den Samen von *P. banksiana* im Vergleich zu anderen Behandlungen eine merkliche Abnahme der Keimungs- und Überlebensrate (6 Monate). Die gleiche Hitzebehandlung verbunden mit einer Bestrahlung mit 12,6 Gy (LD_{50}) erbrachte bei *P.sylvestris* eine zusätzliche Schädigung nur in der Überlebensrate. Die Keimung war dabei nicht geschädigt. Die Ergebnisse zeigen, daß die beiden Streßfaktoren in Kombination effektiver sind als wenn sie einzeln angewandt werden.

5.6 Sauerstoff

Werden Pflanzen oder deren Samen in Abwesenheit von Sauerstoff bestrahlt, so kann eine Reduzierung der Strahlenwirkung beobachtet werden. Umgekehrt wird im allgemeinen in Sauerstoffatmosphäre eine erhöhte Strahlenschädigung registriert. Diese sensibilisierende Wirkung hängt von der Konzentration des Sauerstoffs ab und der maximale Effekt wird im allgemeinen bereits bei Luftsättigung erreicht, wie dies im System *Tradescantia* hinsichtlich Chromosomenaberrationen von EVANS and NEARY (1959) gezeigt werden konnte (Abb. 38).

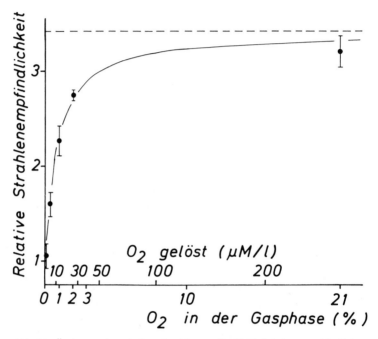

Abb. 38: Änderung der relativen Strahlenempfindlichkeit bei unterschiedlichen Sauerstoffkonzentrationen (nach EVANS und NEARY, 1959)

Der relative Sensibilisierungsfaktor wird als »Sauerstoffverstärkungsverhältnis«, abgekürzt OER (»Oxygen enhancement ratio«) genannt und bedeutet den Quotienten der beiden Strahlendosen, die bei stickstoff- bzw. sauerstoffgesättigter Atmosphäre bei sonst gleicher Behandlung die gleiche biologische Strahlenwirkung hervorrufen:

$$OER = \frac{D\,(-O_2)}{D\,(+O_2)}$$

Je nach System liegen die OER-Werte nach Bestrahlung mit ^{60}Co-Gamma- und 250 kV-Röntgenstrahlen in der Regel zwischen 2 und 3, es wurden jedoch auch höhere, bzw. niedrigere Werte, je nach anderen beeinflussenden Faktoren, gefunden. Interessanterweise konnte bei Neutronenbestrahlung kein oder nur ein geringer Sauerstoffeffekt beobachtet werden, wie dies aus Tabelle 14 aber auch aus Tab. 15 hervorgeht. In einem Experiment mit *Tradescantia* zeigten die beiden Kurven (mit und ohne O_2) für die Mutationsrate von Staubgefäßen einen parallelen Verlauf (Abb. 15), was praktisch auf die Dosisunabhängigkeit der OER hindeutet (UNDERBRINK et al., 1975).

Tab. 14: OER-Werte für die Mutationshäufigkeit in den Staubgefäßen von *Tradescantia* nach Bestrahlung mit Neutronen verschiedener Energie und Röntgenstrahlen (nach UNDERBRINK et al., 1975)

Energie der Neutronen [MeV]	OER
0,395	1,48
0,43	1,52
0,68	1,32
1,02	1,42
5,80	1,57
13,40	1,68
Röntgenstrahlen (250 KV)	3,20

Tab. 15: Einfluß von aeroben bzw. anaeroben Bedingungen sowie Wassergehalt der Samen auf die Wirksamkeit von Gammastrahlen und Spaltneutronen bei der Wachstumshemmung von Gerstensämlingen (nach CONGER a. CARABIA, 1975)

Wassergehalt der Samen (%)	Gammabestrahlung			Spaltneutronen			RBW	
	$LD_{50}O_2$ [Gy]	$LD_{50}N_2$ [Gy]	OER	$LD_{50}O_2$ [Gy]	$LD_{50}N_2$ [Gy]	OER	O_2	N_2
2,2	60	570	9,6	7,8	10,6	1,4	7,6	53,8
5,7	140	633	4,6	8,7	10,3	1,2	16,0	61,5
10,0	180	624	3,5	10,3	10,5	1,0	17,5	59,4
13,0	636	628	1,0	10,9	11,0	1,0	58,3	57,1

Bei der Bestrahlung in N_2-Atmosphäre zeigten auch *Kalanchoë*-Keimlinge eine höhere Strahlenresistenz als nach Bestrahlung bei Luftzufuhr. Die Strahlenempfindlichkeit nahm mit steigendem Luftdruck zu. Ähnliche Resultate wie in N_2-Atmosphäre (niedrigere Strahlenempfindlichkeit) erzielte man nach Bestrahlung in CO_2-Atmosphäre. Eine Steigerung des CO_2-Druckes in Gegenwart von 1 atm. Luft jedoch erbrachte eine große Empfindlichkeitszunahme (STEIN a. SPARROW, 1966). Wie bereits erwähnt, hängt die Höhe des Sauerstoffeffektes von anderen Umweltparametern, wie Wassergehalt, Temperatur, von der Anwesenheit von Strahlenschutzsubstanzen, von der LET der Strahlung, u.a.m. ab. So ist z.B. eine Abnahme der OER bei erhöhtem LET zu erwarten was auch die oben erwähnten Befunde bei Neutronenbestrahlung erklärt. Es ist außerdem von Bedeutung, ob diese Faktoren vor, während oder nach der Bestrahlung zur Wirkung kommen. Deshalb versuchte man in den entsprechenden Untersuchungen der Komplexität dieser Frage gerecht zu werden. Besonders eingehend wurde die Rolle des Wassergehalts bei der Bestrahlung von Gerstensamen untersucht und eindeutig demonstriert (NILAN et al., 1961; CONGER et al., 1966; und CONGER a. CARABIA, 1972) (vergl. hierzu Abschnitt 5.7). Es wurde gezeigt, daß extrem trockene Samen eine höhere OER aufweisen als Samen mit normalem Wassergehalt. Oberhalb eines Wassergehalts von 13% spielt der Sauerstoff praktisch keine Rolle mehr, wie dies Abb. 39 verdeutlicht. Auch bei Reissamen erhielten CONSTANTIN et al. (1970) mit dem sehr niedrigen Wassergehalt von 2,7% eine sehr hohe OER von 12,4 nach Bestrahlung mit Gammastrahlen. Mit Spaltneutronen dagegen wurde kein Sauerstoffeffekt erzielt, was auf den hohen LET-Wert dieser Strahlenart und die damit verbundene massenhafte Rekombination von freien Radikalen, welche nicht mehr zur Reaktion mit Sauerstoff zur Verfügung stehen, zurückgeführt werden kann. Andererseits ist beim Einquellen von Gerstensamen in O_2 durchströmten Wasser nach Neutronenbestrahlung eine OER von 1,34 entdeckt worden (CONGER a. CONSTANTIN, 1970). Eine Nachbehandlung der Samen unmit-

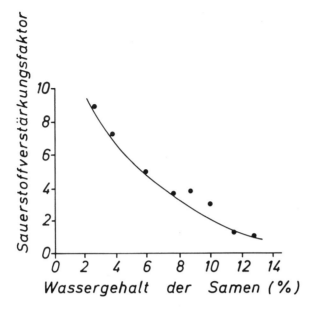

Abb. 39: Abhängigkeit des Sauer-
stoffverstärkungsfaktors vom Wassergehalt der bestrahlten Gerstensamen (nach CONGER et al., 1966)

telbar nach der Bestrahlung mit Sauerstoff oder Stickstoff förderte einen besonders kriti-
schen Bereich des Wassergehalts zutage, wie es Abb. 40 verdeutlicht. Bei einer Abweichung
des Wassergehalts um nur 0,3%, d.h. zwischen 10,7% und 11,0% ging die Sauerstoffreaktion
um den Faktor von mehr als 2,5 zurück (CONGER et al., 1968). Es wird in diesem Zusammenhang vermutet, daß eine relativ geringe Menge an freiem, nicht mehr an Zellbestandteile
gebundenen Wasser (um den 11% Wassergehalt) ausreicht, um freie Radikale zu binden
und zu neutralisieren, wodurch diese für eine Wechselwirkung mit Sauerstoff nicht mehr

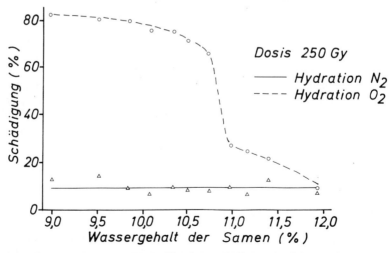

Abb. 40: Auswirkung von Sauerstoff auf die Schädigung der Keimlinge nach einer
Gammabestrahlung von Gerstensamen mit unterschiedlichem Wassergehalten (nach
CONGER et al., 1968)

zur Verfügung stehen. Tatsächlich konnte eine Abnahme der Anzahl von freien Radikalen bei Wasserzufuhr nach der EPR-Methode (Elektronen-Paramagnetischen Resonanz) nachgewiesen werden.

In komplex angelegten Untersuchungen wurde von DONALDSON et al. (1979) ein dreifaktorieller Zusammenhang zwischen den Sauerstoffkonzentrationen in der Gasphase der Einquellflüssigkeit, dem Wassergehalt der Gerstensamen und der Bestrahlung gefunden. Unterhalb 3,1% Gasphasen-Sauerstoffgehalt konnte kein Sauerstoffeffekt festgestellt werden. Die für eine biologische Wirkung (Keimlingslänge) erforderliche minimale Sauerstoffkonzentration der Gasphase erhöhte sich mit zunehmenden Wassergehalt der Samen während der Bestrahlung und nahm ab bei erhöhten Strahlendosen. Abb. 41 zeigt die Auswirkung der Gasphasensauerstoffkonzentration der Einquellflüssigkeit und des Samenwassergehalts auf die OER-Werte im Zusammenhang. Daraus kann entnommen werden, daß eine OER von 1 (Grundlinie) entweder bei hohem Wassergehalt der Samen während der Bestrahlung oder mit sehr niedriger Sauerstoffkonzentration erreicht wird. Umgekehrt führen niedriger Wassergehalt und hohe Sauerstoffkonzentrationen in der Einquellflüssigkeit zu höheren OER-Werten (im Maximum bis zu 7). In einem weiteren Experiment untersuchten die Autoren (DONALDSON et al., 1980) die Auswirkung von sehr hohem Sauerstoffpartialdruck (139 atm.) vor, während und nach der Bestrahlung von Gerstensamen und stellten eine 2- bis 3-fach höhere Schädigung gegenüber der Bestrahlung im Vakuum fest. Die Wirkung des hohen Sauerstoffdruckes ließ sich auch nicht durch eine Evakuierung zwischen der Applizierung des hohen Druckes und der Bestrahlung aufheben, was darauf hindeutet, daß die Reaktion des Sauerstoffs mit den empfindlichen Zellbestandteilen (»oxygen sensitive sites«) bereits vor dem Einquellen der Samen stattfindet.

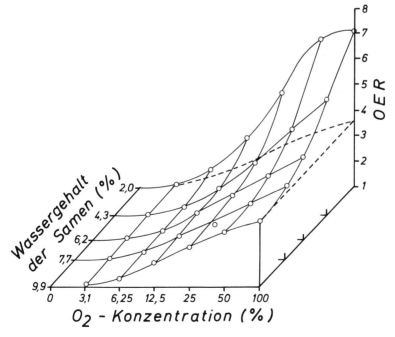

Abb. 41: Sauerstoffverstärkungsfaktor in Abhängigkeit von Wassergehalt der Samen und Sauerstoffkonzentration in der Gasphase der Einquellflüssigkeit (nach DONALDSON et al., 1979)

Über die Beeinflussung des Sauerstoffeffektes mit Chemikalien berichten in einer Untersuchungsserie mit Gerstenembryonen KESAVAN et al. (1973), SHARMA a. KESAVAN (1975), NADKARNI a. AHMAD (1976) AFZAL a. KESAVAN (1977), KESAVAN a. NADKARNI (1977), KESAVAN et al.(1978), BALACHANDRAN a. KESAVAN (1978) und AFZAL a. KESAVAN (1979). Es wurde gefunden, daß Coffein, Schwefelwasserstoff, n-Ethylmaleimid, Kaliumpermanganat, Ascorbinsäure, Kaliumjodid, Kaliumnitrat, Kaliumferroxyanid und t-Butanol im Dosis-Bereich des Sauerstoffeffektes als Strahlenschutzsubstanzen wirken; sie sind jedoch unwirksam oder wirken allenfalls sensibilisierend hinsichtlich der sauerstoffunabhängigen Strahlenwirkung. In einem weiteren Experiment zeigte S-2-(3-aminopropylamino)ethyl-phosphorothioic acid (WR$^-$2721), eine bewährte Strahlenschutzsubstanz bei Säugern, eine Schutzwirkung gegen die sauerstoffbedingte Strahlenschädigung in »trockenen« und auch in »metabolisierten« Gerstensamen. Die Substanz erhöhte die sauerstoffunabhängige Strahlenwirkung; dies allerdings nur in trockenen Samen (SHARMA et al. 1982)

Aufgrund von Untersuchungen mit Gerstensamen, wobei Katalase durch die Reduktion der Aktivität von H_2O_2 die Strahlenschädigung (Chromosomenaberration) verminderte, wurde von SAH a. KESAVAN (1987) postuliert, daß der Sauerstoffeffekt im biologischen System vorwiegend auf Peroxide als Mittler zurückgeführt werden kann. Allerdings werden physiko-chemische Reaktionen auch nicht ausgeschlossen.

5.7 Wassergehalt

Daß der Wassergehalt als ein eminenter pflanzenphysiologischer Faktor die Strahlenempfindlichkeit beeinflussen muß, wurde relativ früh vermutet. EHRENBERG a. NYBOM (1954) und CALDECOTT (1954) waren die ersten, die in entsprechenden Untersuchungen,vorwiegend mit Samen, dies auch tatsächlich belegen konnten. Es wurde beobachtet, daß bei Erhöhung des Wassergehaltes der Samen von 4% auf 8% die Strahlenempfindlichkeit tatsächlich abnahm. Über die wechselseitige Beeinflussung der Strahlenempfindlichkeit durch den Wassergehalt und die Sauerstoffkonzentration wurde bereits im vorigen Abschnitt berichtet, weshalb hier hauptsächlich die wassergehaltsabhängigen Effekte erörtert werden sollen.

CALDECOTT (1955) ermittelte später, daß im Bereich zwischen 8% und 16% Wassergehalt ein Plateau der Empfindlichkeit bestand. Eine weitere Feuchtigkeitszunahme (bis zu 60%) erbrachte keinerlei Modifikation der Strahlenwirkung mehr, wenn die physiologische Aktivität durch niedrige Temperatur blockiert war. Dagegen erhöhten sich die Strahlenschäden bei normalen Temperaturen. BIEBL a. MOSTAFA (1965) fanden in Weizen- und Gerstensamen ein Minimum der Strahlenempfindlichkeit bei 11,2% und 12,9% Wassergehalt (Abb. 42). Die in Wassser eingequollenen Samen zeigten unter- und oberhalb dieser Werte eine erhöhte Strahlenempfindlichkeit. Auch JOSHI a. LEDOUX (1970), CONSTANTIN et al. (1970) und VENDRAMIN a. ANDO (1975) gelangten bei Samen von Gerste, Reis und von der Gartenbohne zu den gleichen Resultaten. Ebenso erwiesen sich trockene Samen (3–4% H_2O) von *Pinus silvestris* als strahlenempfindlicher als Samen mit höherem Wassergerhalt (9–10% H_2O) (POROZOVA, 1983). NOTANI et al. (1968) untersuchten die Auswirkung der Dauer einer auf ca. 25% eingestellten Feuchtigkeit in Gerstensamen und fanden, daß die Strahlenschädigung mit steigender Equilibrierungsdauer zunahm (Abb. 43). Anhand einer Sorptionskurve stellten MAHAMA a. SILVY (1982) in den Samen von *Hibiscus cannabinus* drei verschiedene Zustände des Wassergehaltes fest: a) konstitutionelles Wasser (unterhalb 8%), b) Absorptionswasser (8–10%) und c) freies Wasser (oberhalb 11%). Hinsichtlich Strahlenreaktion der einzelnen Bereiche wurden die früheren Befunde im Prin-

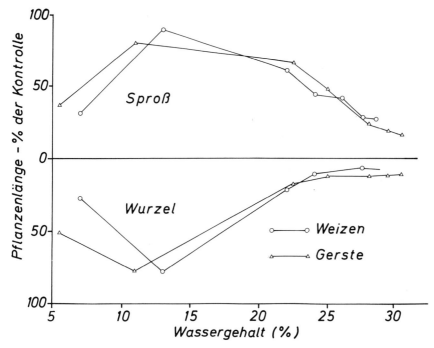

Abb. 42: Einfluß des Wassergehaltes der Samen auf die Wirkung einer Gammabestrahlung mit 200 Gy (nach BIBL u. MOSTAFA, 1965)

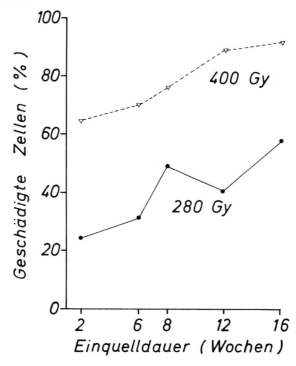

Abb. 43: Einfluß der Einquelldauer von Gerstensamen auf die Strahlenempfindlichkeit (nach NOTANI et al., 1968)

zip bestätigt, wie Abb. 44 verdeutlicht: Höhere Strahlenempfindlichkeit bei niedrigerem Wassergehalt, relative Resistenz im mittleren Bereich und ein Absinken der Strahlenresistenz oberhalb des »optimalen«, relativ schmalen Abschnitts der Scala des Feuchtigkeitsgehalts. Bemerkenswert ist die gefundene Strahlenstimulation gleich oberhalb des mittleren Bereiches bei 12 bis 14% Wassergehalt. Nach dieser Arbeit, aber auch nach den Untersuchungen von MICKE (1966) mit Steinklee und Gerste scheint die Breite des Plateaus der relativen Unempfindlichkeit bei mittlerem Wassergehalt artspezifisch zu sein.

Die erhöhte Strahlenempfindlichkeit in sehr trockenen Samen kann durch das Zusammenwirken von freien Radikalen mit Sauerstoff erklärt werden, worauf bereits im vorherigen Abschnitt hingewiesen wurde. Bei steigendem Wassergehalt werden diese Radikale neutralisiert und verlieren ihre Reaktionsfähigkeit, was zur Strahlenresistenz führt. Das Ansteigen der Strahlenempfindlichkeit bei höherem Wassergehalt kann auf erhöhte physiologische Aktivität zurückgeführt werden, wie dies in Kap. 5.1 bereits im einzelnen dargelegt wurde.

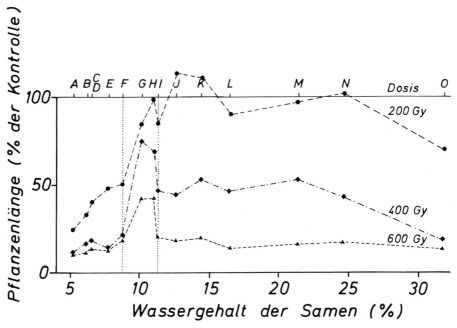

Abb. 44: Einfluß des Wassergehaltes auf die Strahlenempfindlichkeit von *Hibiscus cannabinus* (nach MAHAMA u. SILVY, 1982)

5.8 Bedingungen nach der Bestrahlung

Modifizierende Umweltparameter können nicht nur vor und während der Bestrahlung wirksam werden, sondern sie beeinflussen das Ausmaß der Strahlenwirkung auch während der Zeit zwischen der physikalischen Übertragung der Strahlungsenergie und der Reaktion des Gesamtorganismus. Einerseits können die in dieser Zeit ablaufenden Reparatur- und Erholungsprozesse günstig beeinflußt, langlebige Radikale zerstört oder unwirksam gemacht werden, wodurch eine Reduzierung der Strahlenwirkung zu erwarten ist. Andererseits können Strahlenschäden verstärkt werden und in kürzerer Zeit in Erscheinung treten,

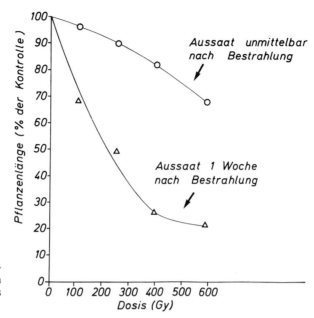

Abb. 45: Einfluß einer Bestrahlung auf die Pflanzenlänge von Gerstenkeimlinge (nach CURTIS et al., 1958)

wenn z.B. durch milieubedingte Verstärkung der physiologischen Aktivität die Zellteilungsrate erhöht wird.

Es wurde beobachtet, daß Samen, wenn sie nach der Bestrahlung nicht sofort ausgesät waren, eine erhöhte Strahlenempfindlichkeit zeigten, wie Abb. 45 dies deutlich demonstriert (ADAMS a. NILAN, 1958 und CURTIS et al. 1958). Dieses, als Lagerungseffekt »storage effect« bezeichnete Phänomen, trat nicht unter allen Bedingungen und nicht bei allen Untersuchungsmerkmalen auf. Aus Abb. 46 geht hervor, daß der Wassergehalt der Samen während und nach der Bestrahlung mit 300 Gy erheblich ist. WOLFF a. SICARD

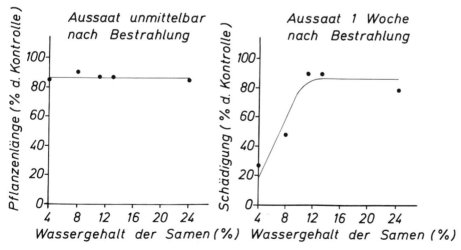

Abb. 46: Abhängigkeit der Pflanzenlänge von bestrahlten Samen in Verbindung mit ihrem Wassergehalt und Zeitpunkt der Aussat (nach CURTIS et al., 1958)

(1961) beobachteten, daß Samen mit normalem Wassergehalt bei der Bestrahlung (10%) und nach Lagerung bei normaler Luftfeuchtigkeit keine Änderung der Strahlenwirkung hinsichtlich Keimlingslänge zeigten. Sie waren im allgemeinen unempfindlicher als getrocknet bestrahlte (2% Wassergerhalt) und in trockener Luft gelagerte Samen, welche ebenfalls keinen »storage effect« zeigten (vergl. hierzu vorigen Abschnitt). Hingegen trat bei normaler Luftfeuchtigkeit bestrahlten und trocken gelagerten Samen eine verstärkte Strahlenreaktion ein (Abb. 47) Im umgekehrten Fall (Bestrahlung trocken, Lagerung feucht) ergab sich eine Reduzierung der Strahlenschädigung. Wurden jedoch chromosomale Schäden in der Wurzelspitze als Kriterium benutzt, war der »storage effect« auch in trocken bestrahlten Samen feststellbar.

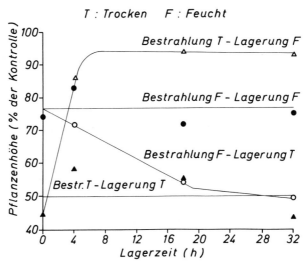

Abb. 47: Einfluß von Bestrahlungs- und Lagerungsbedingungen auf den Lagerungseffekt bei Gerstensamen (nach WOLF u. SICFFARD, 1961)

STOILOV et al. (1966) erhielten in Gerstensamen mit geringfügig niedrigem Wassergerhalt (4,5% statt 5,3%) einen höheren Lagerungseffekt. Der häufig beobachtete Lagerungseffekt bei niedrigerem Wassergehalt als 13% kann mit der Sauerstoffwirkung und mit der Entstehung und längeren Haltbarkeit von Radikalen unter diesen Bedingungen in Verbindung gebracht werden. Offenbar reichen 2–4% Wassergehalt aus, um die erforderliche Feuchtigkeit und den Sauerstoff zu liefern. Eine Nachbehandlung bestrahlter Samen mit Sauerstoff (eingequollen in O_2-gesättigtem Wasser) brachte weder bei niedrigerem ($<$ 4%) noch bei höherem ($>$ 12%) Wassergehalt eine Änderung der Strahlenempfindlichkeit. Es war jedoch ein Sauerstoffeinfluß in der ersten Periode der Lagerung (2 min. bis 2 Tage) bei Samen mit mittlerem Wassergehalt (10%) eingetreten. Nach 2–4 Wochen Lagerung konnte dieser Effekt nicht mehr nachgewiesen werden (CONGER et al., 1966, CONSTANTIN et al. 1970). In den Versuchen von ATAYAN a. GABRIELIAN (1978) mit *Crepis*-Samen war der Lagerungseffekt und auch die Initialwirkung bei Steigerung des Wassergehalts von 2,4% auf 7,6–12,6% deutlich reduziert. Es wurde eine »kurzzeitige« und eine »länger wirkende« Komponente des Lagerungseffektes ermittelt, wobei nur die »schnelle Komponente« durch die Modifizierung der Lagerungsbedingungen beeinflußt werden konnte. Bei Samen mit höherem Wassergehalt war der »storage effect« sehr klein und auch nicht durch die Nachbehandlung mit unterschiedlicher Luftfeuchtigkeit modifizierbar. Trocken bestrahlte Samen änderten

ihre Strahlenempfindlichkeit wie folgt: 1) Der Lagerungseffekt nahm in den Samen mit
2% Wassergehalt bei Erhöhung der Luftfeuchtigkeit ab und verschwand vollkommen bei
100% Luftfeuchte. 2) Der Lagerungseffekt erhöhte sich in Samen mit 6% Wassergerhalt
signifikant, wenn sie bei 0% Luftfeuchtigkeit gelagert waren. Diese Resultate stimmen mit
denen von WOLF a. SICARD (1961) und anderer Autoren überein und lassen sich mit der
längeren Haltbarkeit von freien Radikalen bei niedrigem Wassergehalt der Samen erklären.
Bemerkenswert ist in diesem Zusammenhang, daß bei einer Abkühlung bestrahlter Gerstensamen auf –80° C der erzeugte »storage effect« so lange erhalten blieb, bis die Samen
wieder auf Raumtemperatur gebracht wurden, wie Abb. 48 nach NILAN et al. (1961) dies
deutlich zeigt. Ähnliche Resultate erhielten DONALDSON et al. (1979) ebenfalls mit Gersten-
samen.Eine Eliminierung des »storage effect«s konnte hingegen in *Crepis*-Samen durch
eine Hitzebehandlung (100° C für 30 min) vor der Bestrahlung erreicht werden (ATAYAN,
1979).

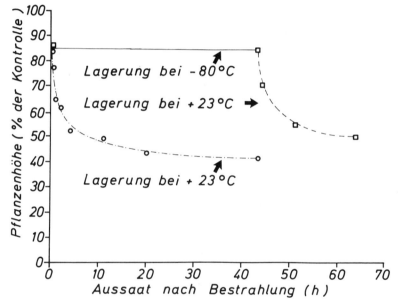

Abb. 48: Einfluß extrem niedriger Temperaturen auf den Lagerungseffekt von bestrahlten Gerstensamen (nach NILAN et al., 1961)

Nicht nur bei Samen läßt sich die Strahlenwirkung durch eine Nachbehandlung beeinflussen, sondern auch bei wachsenden Pflanzen spielen Milieufaktoren nach der Bestrahlung eine Rolle. Auf die um 50% erhöhte Strahlenempfindlichkeit von *Arabidopsis*-
Pflanzen bei einer Steigerung der Temperatur nach der Bestrahlung um ca. 10° C wurde
bereits im Kap. 5.5 hingewiesen (SPARROW a. SCHWEMMER, 1970). In einer späteren Arbeit
(SPARROW et al. ,1973) wurden neben der Temperatur auch die Lichtverhältnisse untersucht. Die über einem längeren Zeitraum verfolgte Überlebensrate bei den einzelnen
Kulturbedingungen nach der Bestrahlung mit 250 Gy zeigt Abb. 49. Unter normalen
Bedingungen (N = 20 - 22°C, 2/3-Licht) konnte kein Absterben beobachtet werden,
während im Gewächshaus (G = 20 - 22° C, natürliches Licht mit Zusatzbeleuchtung)
7% der Pflanzen nach 46 Tagen abstarben. Über 50% der Pflanzen starben bereits nach
30 Tagen bei hohen Temperaturen und bei vollem Licht (H = 28 - 30° C, volles Licht). Auch
bei *Capsella bursa pastoris* und *Raphanus sativus* konnte die Abhängigkeit der mittleren

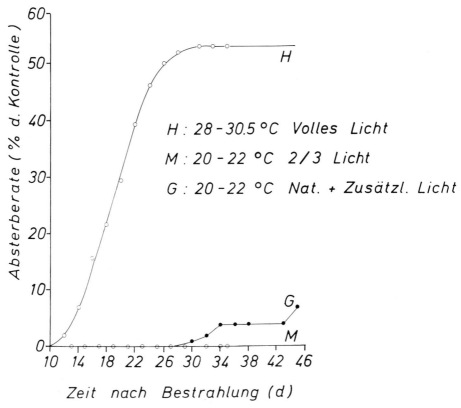

Abb. 49: Einfluß der Wachstumsbedingungen auf die Strahlenempfindlichkeit von *Arabidopsis*-Pflanzen (nach SPARROW et al., 1973)

Überlebenszeit von den Temperaturverhältnissen nach der Bestrahlung deutlich demonstriert werden (Abb. 50). In *Capsella* ist die Abhängigkeit vollkommen linear, während bei *Rhaphanus* die Kurve bei höheren Temperaturen eine Abflachung erfährt. Es ist offensichtlich, daß bis zum Sichtbarwerden der Strahlenschäden oder bis zum Strahlentod eine bestimmte Anzahl von Mitosen ablaufen müssen, folglich verkürzt eine Erhöhung der Temperatur den Mitosezyklus und damit die mittlere Überlebenszeit.

5.9 Pflanzensoziologische Einflüsse

Für die Beurteilung der Strahlenempfindlichkeit ist es weiter von Bedeutung, ob die betreffenden Pflanzen als Monokulturen oder in natürlichen oder naturnahen Pflanzengesellschaften exponiert werden. Pflanzengesellschaften sind mehr oder weniger stabile Systeme, entstanden während längerer Zeit in ständiger Wechselwirkung mit den vorgegebenen Umweltfaktoren. Solche Gesellschaften mit landwirtschaftlicher Relevanz sind Wiesen, Weiden und die meisten Forstbestände. In die Betrachtung müssen aber auch verunkrautete Kulturpflanzenbestände mit einbezogen werden. Wie auf jeden Eingriff von außen, antwortet das System auf die Bestrahlung mit kurzfristigen oder länger andauernden Reaktionen. Im Bestand können einzelne Arten stärker geschädigt werden, als in der

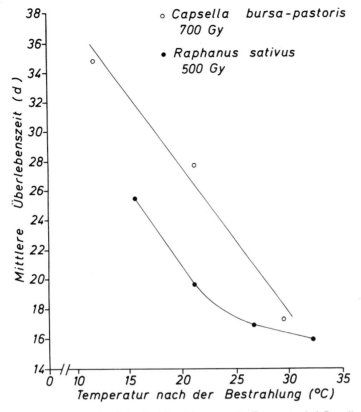

Abb. 50: Abhängigkeit der Strahlenwirkung von der Temperatur bei *Capsella bursa-pastoris* und *Raphanus sativus* (nach SPARROW et al., 1973)

Monokultur, wobei die artspezifische Fähigkeit der Pflanzen mit der veränderten Umweltsituation im Wettbewerb besser fertig zu werden, eine große Rolle spielt. Hinzu kommt, daß zum Zeitpunkt der Bestrahlung die einzelnen Arten sich in unterschiedlich empfindlichen Entwicklungsstadium befinden können. Auf jeden Fall muß durch die selektive Eliminierung von strahlenempfindlichen Bestandsbildern mit einer Verschiebung der Vegetation gerechnet werden und es dauert u.U. sehr lange (meistens mehrere Jahre) bis die Ausgangssituation wieder hergestellt wird.

Der Frage der Strahlenwirkung auf pflanzliche Ökosysteme widmete man sich relativ frühzeitig. Allerdings wurde hauptsächlich chronische Bestrahlung berücksichtigt und vielfach wurde die Pflanzengesellschaft aus dem natürlichen Standort in ein Gammafeld gebracht, so daß die Resultate nicht ohne Einschränkung mit den Ergebnissen von Bestrahlungsversuchen vergleichbar sind, die an Ort und Stelle, unter Einbeziehung der gesamten Milieufaktoren durchgeführt worden sind.

Über die chronische Strahlenwirkung auf Frühjahr- und Sommeranuellen berichten MC CORMICK and PLATT (1962), auf Mischwaldvegetation *(Pinus, Quercus)* WOODWELL and SPARROW (1963), auf ein bzw. zweijähriges Brachland WOODWELL and OOSTING (1965), auf Roggen-Unkraut-Gesellschaft HOLT und BOTTINOa (1972), auf Steppen-Grasland FRALEY and WHICKER (1973), auf die Krautschicht eines Eichen-Kiefernwaldes FLACCUS et al. (1974), auf Laubwald ZAVITKOWSKI and SALMONSON (1975) und MURPHY et al. (1977). In

einem Grundsatzreferat führten WOODWELL and HOLT (1971) aus, daß 20 Gy aus radioaktiven Fallout nach 4 tägiger Exposition den Baumbestand und den größten Teil der höheren
Pflanzen eines Nadelwaldes vernichten und daß 100Gy und höhere Dosen ähnliche Reaktionen in Laubwäldern hervorrufen. Ein Verschwinden der Vegetationen würde auf die
ganze Umwelt schwerwiegende Folgen haben: Bodenerosionen, Nährstoffverluste, Eutro-
phierungen, klimatische Veränderung mit Konsequenzen auf den Kulturpflanzenbau und
auf den Menschen selbst. Nach einer Untersuchung der akuten Beta-Strahlenwirkung in
einem simulierten Fallout-Versuch mit ^{90}Y kommen MURPHY and MC CORMICK (1971) zu
dem Schluß, daß Beta-Strahlen eine doppelt so hohe Wirkung auf natürliche Pflanzengesellschaften haben können, wie äquivalente Dosen chronischer Gamma-Strahlen. Die
jahreszeitliche Abhängigkeit der Wirkung einer semi-chronischen Gamma-Bestrahlung
(Bestrahlungsdauer ca. 1 Monat) auf eine Steppengras-Gesellschaft untersuchten FRALEY
and WHICKER (1973) und stellten überraschend fest, daß die späte Bestrahlung (Dezember)
die effektivste war. Diese Reaktion wird verständlich, wenn die durch die Ruheperiode
bedingte Akkumulation der Strahlungsenergie in den Zellen praktisch ohne Zellteilung
berücksichtigt wird. Über erste Wirkungen einer 14-tägigen Bestrahlung auf ein 12-jähriges
Feld mit 5 Jahre altem Kiefernbestand *(Pinus palustris)* referiert MONK (1966).

    HERNANDEZ-BERMEJO (1977) berichtet über quantitative und qualitative Strahleneffekte
(Änderung der Vegetation) in einem Modellversuch. LÖNSJÖ (1975) fand nach akuter
Bestrahlung ,daß für die Eliminierung von Flughafer in Gesellschaft mit Gerste niedrigere
Dosen ausreichen, als in der Monokultur. Vegetationsaufnahmen ergaben, daß aus den
akut mit Röntgenstrahlen behandelten Weideflächen empfindliche Arten, wie Quecke,
Wiesenfuchsschwanz und Wiesenrispengras je nach Dosis und Bestrahlungstermin ver-
schwanden bzw. im Bestand abnahmen. Ihre Stelle wurde vielfach von einjährigen Dico-
tylen (Löwenzahn, Vogelmiere) und Mosen eingenommen, aber auch einige Grasarten
(Jähriges Rispengras, Gemeines Rispengras und Knaulgras) kamen mit höheren Indivi-
duenzahlen vor als in der Ausgangspopulation. Für die Regeneration der bestrahlten
Flächen war von Bedeutung, ob die Gräser über vermehrungsfähige unterirdische Dauer-
organe wie Rhizome und Stolone verfügten (BORS et al., 1979). Über ähnliche Resultate
berichtet FRALEY, Jr., (1980). Er fand, daß in der oben erwähnten Steppengrasvegetation
(FRALEY a. WHICKER, 1973) die Stelle der ursprünglich vorhandenen, jedoch verschwunde-
nen Gräser, von *Lepidium densiflorum*, einer Kruziferen, eingenommen wurde.

    Weitere Einzelheiten über die Strahlenwirkung auf Pflanzengesellschaften werden im
Kap. 7.9 behandelt.

5.10 Kombinationswirkungen von Strahlung und Chemikalien

Durch Chemikalien kann die Strahlenreaktion auf verschiedene Weise beeinflußt werden.
Chemische Stoffe können als Strahlenschutzsubstanzen die Strahlenwirkung herabsetzen,
indem sie einmal »gefährliche« Radikale abfangen und zum anderen strahleninduzierte
Schäden chemisch mit Hilfe von SH-Komponenten in ihrem Molekül reparieren. Für die
ersteren Gruppen von Substanzen sind vor allem verschiedene Alkohole und Dimethylsul-
foxide (DMSO) bekannt geworden und von den SH-haltigen Stoffen können Cystein,
Cysteamin und Thioharnstoff erwähnt werden. Auf der anderen Seite kann die Strahlenwirkung in additiver und potenzierender Weise (Synergismus) durch die Gegenwart bestimmter Stoffe durch Sensibilisierung des zellulären Systems oder durch Blockierung des
Reparaturmechanismus erhöht werden. Zu den Sensibilisatoren gehören bestimmte Farbstoffe wie Riboflavin, Haematoporphyrin, Acriflavin und Pyronin. Als am meisten benutz-
ter Reparaturinhibitor gilt Coffein.

    Daß die meisten Chemikalien die Strahlenwirkung nicht immer in einer Richtung beeinflussen, ist bereits im Kap. 5.6 im Zusammendhang mit dem Sauerstoffeffekt deutlich geworden. So wirkten sowohl Sensibilisatoren als auch Schutzstoffe im Bereich der sauerstoffabhängigen Strahlenwirkung reduzierend auf die Schädigung, während die sauerstoffunabhängigen Effekte erhöht wurden. Auch die Behandlungszeit scheint die Kombinationswirkung zu beeinflussen (ANDO, 1972). Die Konzentration der Substanzen ist dagegen nur selten von ausschlaggebender Bedeutung.

Als Beispiel für die Schutzwirkung von SH-haltigen Stoffen sollen die Untersuchungen von REDDY (1975) und von REDDY a. SMITH (1978) erwähnt werden. Die Behandlung keimender Gerstensamen mit Thioharnstoff (Tab. 16) unmittelbar vor der Bestrahlung mit 10 Gy Röntgenstrahlen erbrachte eine Schutzwirkung von 28,9% bei den höchsten (10^{-2} mol/l) und von 25,2% bei der niedrigsten (10^{-4} mol/l) Konzentration. Beinahe die gleichen Effekte verursachte eine Behandlung unmittelbar nach der Bestrahlung.

Tab. 16: Induzierte Chromosomenfragmente in den Wurzelspitzen von *Hordeum vulgare* nach Röntgenbestrahlung (10 Gy) bei der Anwendung von Thioharnstoff in verschiedenen Konzentrationen (nach REDDY u. SMITH, 1978)

Thioharnstoff-behandlung	Anzahl Anaphasen	Fragmente pro Zelle	Prozentuale Schutzwirkung
Kontrolle (H_2O)	398	$1,90 \pm 0,072$	–
vor Bestrahlung			
10^{-2}M	395	$1,35 \pm 0,046$	29,9
10^{-3}M	417	$1,37 \pm 0,049$	27,8
10^{-4}M	364	$1,42 \pm 0,034$	25,2
nach Bestrahlung			
10^{-2}M	322	$1,36 \pm 0,036$	28,4
10^{-3}M	379	$1,38 \pm 0,070$	27,3
10^{-4}M	396	$1,39 \pm 0,042$	26,8

Eine dreifache Erhöhung der Primärwurzellänge von *Sorghum bicolor* wurde durch eine Nachbehandlung bestrahlter Samen mit Cystein registriert Abb. 51. Hinsichtlich Koleoptyllänge und Keimlingshöhe nach 7 Tagen war Cystein ebenfalls wirksam, jedoch nicht in dem Ausmaß, wie in der Länge der Primärwurzeln. Eine Abhängigkeit des Schutzeffektes von den applizierten Strahlendosen wurde nicht gefunden. Auch ß-aminoethylthioharnstoff (AET) erwies sich vor, während und nach der Bestrahlung von Gerstensamen als Schutzsubstanz (PANOYAN, 1971). Eine Nachbehandlung von bestrahlten Weizensamen mit den Aminosäuren Asparagin (0,05 mol/l) und Serin (0,005 mol/l) reduzierte die chromosomale Aberrationsrate beträchtlich (MATHUR et al., 1970). Wenn bestrahlte Samen von *Allium fistulosum* in einer Lösung von Naphtalenessigsäure ($C_{13}H_{24}ONa$) mit einer Konzentration von 10^{-6} mol/l und 10^{-5} mol/l behandelt waren, wurde die strahlenbedingte mitotische Verzögerung aufgehoben und es kam sogar zur Stimulation der Mitoserate (GURVICH, 1968).

KAUL (1969) registrierte eine 52%-ige Verringerung der Chromosomenaberrationen in *Vicia faba* bei Vorbehandlung der Samen mit dem Radikalfänger DMSO. Eine Nachbehandlung zeigte keinerlei Wirkung.

Über die Strahlenschutzwirkung von Wuchsstoffen liegen genügend Angaben vor. So beispielsweise von ARARATYAN a. GULGANYANA (1971, 1971) über Heteroauxin und Indolessigsäure in *Allium fistulosum*, von EL-AISHY (1976) über Gibberellinsäure, Indolessigsäure und Indolbuttersäure in Reissamen, von BHATTACHARYA (1977) über Indolessig- und Gibberellinsäure in Soja und von JONARD et al. (1979) über Cytokinine in *Helianthus tuberosus*. Auch Cytochrom C reduzierte nach einer Vorbehandlung der Gerstensamen

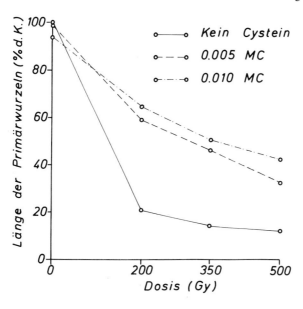

Abb. 51: Einfluß einer Nachbehandlung bestrahlter Samen mit Cystein (MC = mol Cystein) auf die Strahlenwirkung (nach REDDY u. SMITH, 1978)

die Strahlenschäden bezüglich Keimungs- und Überlebensrate. Eine Nachbehandlung verzögerte die Erholungsprozesse und erhöhte den prozentualen Anteil der Chlorophyll-mutationen (YANKULOV, 1977). Bei der Erzeugung von Heterostylie bei *Solanum khasianum* erwies sich Kinetin als Schutzstoff, während Gibberellinsäure und ß-Indolessigsäure unwirksam blieben (CHAUHAN a. RAVINDRAN, 1980). In Baumwolle hingegen erwiesen sich auch diese Hormone als Strahlenschutzsubstanzen hinsichtlich Massenproduktion (PAK a. KUSNETSOVA, 1983). Auch Thymidin wirkte in der G_2-Phase des Zellzyklus von *Crepis capillaris* mindernd auf die Strahlenschädigung (ZAICHKINA et al., 1982). Auf die Regeneration strahlengeschädigter Zellmembranen führte ARSLANOVA (1977) die Schutwirkung einer Behandlung der Samen von Baumwolle mit $Ca(NO_3)_2$ und den Boden mit CaO zurück, nachdem ein erhöhter Prozentsatz an langkettigen Fettsäuren ermittelt wurde.

Ein Beispiel für die sensibilisierende Wirkung von Pyronin Y in den Wurzelspitzen von *Vicia faba* liefern die Untersuchungen von GEARD a. SINGH (1974). Es zeigte sich auch hierbei kaum eine Konzentrationsabhängigkeit; die Effekte werden auf die Verzögerung des Mitosecyclus zurückgeführt.

RAMULU (1971, 1973) fand eine additive Wirkung von Gammastrahlen und EMS für die Frequenz von Chlorophyllmutationen in der M_2-Generation von *Sorghum* und mehr als einen additiven Effekt hinsichtlich relativer Fertilität bzw. Sterilität. KHALATKAR et al. (1979) berichten von Untersuchungen mit Natriumazid in Kombination mit EMS und Gammastrahlen bei Gerste und REDDY a. VAIDYANATH (1979) von Acetaldehydtrichlorhydrat, Methanol, Äthanol und ihren Gemische in Kombination mit Gammastrahlen bei Reissamen. Als Beispiel für die sensibilisierende Wirkung von Coffein soll eine Arbeit von EGIAZARIAN et al. (1982) mit *Crepis capillaris* erwähnt werden. Coffein verursachte erhöhte chromosomale Strukturschäden in den G_2- und S-Phasen des Zellzyklus nach Bestrahlung.

Gerade im Zusammenhang mit der Kombinationswirkung von Strahlung und Chemikalien auf Pflanzenwachstum ist die Frage, ob auch Umweltchemikalien mit der Strahlung synergistisch wirken, hochaktuell und von besonderer Bedeutung. Es kann nicht genug bedauert werden, daß hierzu kaum Untersuchungsergebnisse vorliegen. Dazu sei noch ein typisches Beispiel erwähnt. Über die Potenzierung, aber auch über die Reduzierung der Strahlenschäden durch 2,4 Dinitrophenol (DNP) bei Gerstensamen, je nach Konzentration

des Stoffes, berichten GAUR et al. (1970). Sehr unterschiedliche Resultate erhielten
CHAUHAN a. SINGH (1975) und CHAUHAN (1976, 1982) in *Carthamus tinctorus* durch die
Kombination von Strahlung und 2,4 Dichlorphenoxyessigsäure (2,4 D), ein häufig verwen-
detes Herbizid, nach Heranziehung cytomorphologischer bzw. cytohistologischer Merkmale. Es überwogen dabei die Strahlenschäden reduzierenden Effekte. Auch wenn in
diesen Arbeiten ein Synergismus tendenziell bestätigt worden ist, reichen die Ergebnisse
bei weitem nicht aus, um generalisierende Schlußfolgerungen ziehen zu können. Deshalb
werden zu dieser Frage dringend weitere Untersuchungen benötigt.

6 Hypothesen zum Mechanismus der Strahlenwirkung

6.1 Mathematisch-Physikalische Modelle

Vergleicht man die Vielfalt der Effekte, die – wie in den Kap. 4 und 5 zunächst empirisch beschrieben – nach Strahleneinwirkung in biologischen Systemen auftreten können mit den verhältnismäßig einfachen Verhältnissen bei der Bestrahlung homogener, chemischer oder auch biochemischer Systeme, so wird man von vornherein kaum erwarten, daß sich so etwas wie eine umfassende Theorie der biologischen Strahlenwirkung formulieren läßt. Etwas derartiges zu erwarten, wäre auch schon daher von vornherein unbillig, da wir nur einen sehr beschränkten Teil der Lebensvorgänge, etwa in einer Pflanze, heute mit physikalisch-chemischen Begriffen beschreiben können und da viele, ganz elementare Zusammenhänge (wie z.B. die Struktur der Chromosomen höherer Pflanzen), noch weitgehend im Dunkeln liegen. Letzten Endes bestrahlen wir mit einer Pflanze so etwas wie eine »Blackbox« und müssen uns bei der Abschätzung der Ergebnisse noch im wesentlichen auf das glücklicherweise schon recht umfangreiche empirisch gewonnene Material verlassen.

Den einzigen Anhaltspunkt für gewisse grundlegende theoretische Überlegungen bietet der statistische Charakter der Strahlenwirkung, auf den in den ersten Kapiteln immer wieder hingewiesen wurde. Das Auftreten der Energieübertragungsprozesse von der Strahlung auf Moleküle des bestrahlten Systems ist ein stochastischer Prozeß. Nachdem man dies erkannt hatte, begann man diese Energieübertragungsprozesse als »Treffer« zu bezeichnen, in einer – man muß wohl sagen etwas unglücklichen Analogie zum Scheibenschießen. »Unglücklich« muß man diesen Vergleich nennen, weil er ein sehr wichtiges Faktum übersieht, nämlich die Tatsache, daß es sich bei dem biologischen System nicht um einen Typ, sondern um eine fast unübersehbare Anzahl verschiedenartiger »Zielscheiben« handelt.

Dennoch haben schon in den Jahren zwischen 1922 und 1924 DESSAUER in Deutschland und CROWTHER in den USA unabhängig voneinander eine sogenannte »Treffer-Theorie« aufgestellt, die für das zunehmende Verständnis der biologischen Strahlenwirkung sicher einen gewissen heuristischen Wert hatte, auf der anderen Seite allerdings auch zu unnötigem und abwegigem Theoretisieren geführt hat. Die Treffer-Theorie hat heute noch einen gewissen Wert, wenn es darum geht Dosis-Effektkurven in ihrem typischen Verlauf zu charakterisieren. Sie soll deshalb hier in ihren Grundzügen behandelt werden.

In Abschnitt 1.2 wurde in Verbindung mit der Abbildung 1 schon darauf hingewiesen, daß die Dosis-Effektkurven bei einer Strahleneinwirkung grundsätzlich verschieden von denen bei der Einwirkung chemischer Agenzien sind. Bei der Einwirkung chemischer Schadstoffe ist fast immer ein Schwellenwert zu definieren sowie ein Wert mit 100% wirksamer Dosis, der sich vom Schwellenwert nicht wesentlich unterscheidet. Der Übergang erfolgt in einem engen Dosisbereich und mit einer mehr oder weniger stark ausgebildeten S-Form, die sich zwangsläufig aus der biologischen Streuung der bestrahlten Objekte ergibt.

Für die Form der Dosiseffekt-Kurven bei Strahleneinwirkung reicht diese Erklärung – die biologische Variabilität – nicht aus. So beginnt z.B. die mit 1 bezeichnete Kurve in Abb. 1 unter einem spitzen Winkel gegenüber der Ordinate und das bedeutet, daß schon die kleinste Dosis einen Effekt hervorrufen kann. Ein derartiges Verhalten ist charakteristisch für stochastische Prozesse, die dadurch gekennzeichnet sind, daß die einzelnen Vorgänge voneinander unabhängig sind. Betrachtet man etwa die Inaktivierung von einzelligen Organismen, von denen zunächst eine Anzahl N_0 vorhanden ist und nach Einwirkung

einer Strahlendosis D noch eine Anzahl N überlebt, so gilt nach der Wahrscheinlichkeits-
rechnung

$$N/N_o = e^{-vD}$$

Dabei ist v eine Konstante, die als Maß für die Strahlenempfindlichkeit der behandelten
Organismen angesehen werden kann und die zunächst die Dimension einer reziproken
Dosis besitzt. Mit der Dosis D1/2, die angibt, bei welcher Dosis 50% der bestrahlten
Organismen inaktiviert sind, ist v durch die Beziehung

$$v = \frac{0{,}697}{D_{1/2}}$$

verbunden.

Drückt man die Dosis *D* in Energieübertragungsakte (»Treffer«) pro Volumeneinheit
aus, so erhält *v* die Dimension eines Volumens bezogen auf einen Energieübertragungsakt
und kann damit, zumindest formal, als ein »Treffbereich« gedeutet werden.

Damit liegen schon die Grundvorstellungen der sogenannten »Treffer-Theorie« klar: Es
gibt in einem lebenden Organismus sensitive Bereiche, und ionisierende Strahlung kann
bereits einen am Ende nachweisbaren Effekt bis hin zur Inaktivierung verursachen, wenn
innerhalb eines solchen »Treffbereichs« ein »Treffer« stattfindet. Die durch die oben
wiedergegebene Exponentialfunktion beschriebene Dosiseffektkurve würde damit als »Ein-
trefferkurve« zu bezeichnen sein.

Für einfachere Objekte, wie z.B. Viren, Enzymmoleküle usw. scheint die Treffertheorie
in dieser Form durchaus anwendbar. Man erhält in diesen Fällen für das Volumen des
Treffbereichs das Volumen des ganzen Moleküls oder Virusteilchens in ziemlich guter
Übereinstimmung mit anderen Meßmethoden. Eintrefferkurven treten aber auch auf bei
der Inaktivierung von Bakterien und insbesondere bei der Auslösung von Mutationen und
bestimmten Chromosomenaberrationen. Sie sind besonders leicht zu erkennen, wenn man
in der Dosiseffektkurve die Ordinate, d.h. den gemessenen Effekt logarithmisch aufträgt, da
die Exponentialfunktion dann als Gerade erscheint.

Dosiseffektkurven, die man bei der Bestrahlung lebender Organismen erhält, haben
allerdings sehr viel häufiger einen Verlauf wie etwa die Kurve 2 in der Abb. 1. Das heißt,
diese Kurven verlaufen von der Dosis 0 ausgehend zunächst für ein mehr oder weniger
kurzes Stück etwa horizontal, um dann in einen S förmigen (Sigmoidförmigen) Verlauf
überzugehen. Auch diese Kurven lassen sich stochastisch begründen. Man erhält sie
nämlich, wenn man bei Beibehaltung der Defintionen, wie wir sie oben für Treffer und
Treffbereich gegeben haben unter der Annahme, daß die beobachtete Reaktion erst eintritt,
nachdem ein Treffbereich mehrere Treffer erhalten hat. Die bekannte stochastische Beschreibung eines solchen Vorganges (»Poisson-Verteilung«) lautet dann

$$N/N_o = e^{-vD}\left(1 + \frac{v \cdot D}{1!} + \frac{v^2 \cdot D^2}{2!} + \ldots + \frac{(v \cdot D)^{n-1}}{(n-1)!}\right)$$
$$n! = 1 \cdot 2 \cdot 3 \cdot \ldots \, n$$

wobei *n* die Zahl der Treffer im Treffbereich ist, die für das Eintreten der beobachteten
Reaktion vorliegen muß.

Man erhält dann für verschiedene n-Werte eine Schar von Kurven, wie sie in der
Abb. 52 wiedergegeben ist, und zwar unter Verwendung einer halblogarithmischen Auftragung des beobachteten Effekts, hier wieder als Überlebensrate *N/N_o* dargestellt. Die
Kurven sind in der Abbildung auf die Halbwertsdosis $D_{1/2}$ genormt. In dieser Form der
Auftragung spricht man vielfach von Schulterkurven. Man beachte, daß bei hohen Dosiswerten diese Kurven sich mehr und mehr dem Verlauf der Exponentialfunktion annähern,
lediglich mit größerer Steilheit.

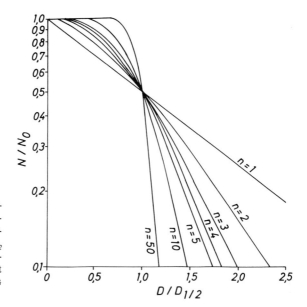

Abb. 52: Dosiseffektkurven für verschiedene Trefferzahlen *n* im halblogarithmischen Maßstab. Die Kurven sind auf »Halbwertdosis« $D_{1/2}$
normiert, bei der die Überlebens-
wahrscheinlichkeit 0,5 beträgt
(ZIMMER, 1960; DERTINGER u. JUNG
1969)

Durch Wahl passender Werte von *n* kann man naheliegenderweise fast jede Dosiseffektkurve, die einen solchen grundsätzlichen Verlaufcharakter hat, annähern, so daß man
mathematisch auch mit dieser Mehrtreffertheorie ein Werkzeug in der Hand hat, um die
verschiedensten Dosiseffektkurven zu beschreiben. Problematisch wird es jedoch mit dem
biologischen Sinn einer solchen Beschreibung.

Daß in einer Zelle oder gar in einer ganzen Pflanze ein bestimmter Bereich eine ganz
bestimmte Zahl, z.B. 17 oder 24 Energieübertragungsakte benötigt, um in einer später
makroskopisch beobachtbaren Weise zu reagieren, ist einigermaßen unwahrscheinlich,
besonders wenn man sich die ungeheure Fülle der beobachteten Strahleneffekte vor Augen
führt, wie sie in den früheren Kapiteln beschrieben wurde. Hinzu kommt, daß das Hilfsmittel der Dosiseffektkurve sowieso dadurch begrenzt ist, daß man im allgemeinen nur
zweidimensional aufträgt, d.h. nur eine ganz bestimmte Reaktion auf der Ordinate mißt
und dabei nicht zum Ausdruck bringen kann, welche Vielzahl von vielleicht noch völlig
unbekannten Wirkungen die Strahlung sonst noch in dem bestrahlten Objekt ausgelöst hat.
Im übrigen kann man Kurven vom Charakter wie er in Abb. 52 dargestellt ist auch
dadurch erhalten, daß man annimmt, nicht ein, sondern mehrere Treffbereiche müßten
eine bestimmte Anzahl von Treffern erhalten, wobei die Zahl dieser Treffer sogar noch
verschieden sein kann. Eine eindeutige Analyse eines vorgegebenen experimentellen
Befundes mit Hilfe von Mehrtreffertheorien ist damit so gut wie ausgeschlossen. Der
typische Verlauf der »Schulterkurven« braucht ja letzten Endes nur darauf zu beruhen,
daß nach Einwirkung kleiner Dosen Reparaturvorgänge im bestrahlten Objekt einsetzen,
die erst bei höheren Dosen den Fortgang der Schädigung nicht mehr kompensieren
können. Da solche Reparaturvorgänge, wie an anderer Stelle gezeigt, bei der Strahlenwirkung unter Umständen eine beträchtliche Rolle spielen, begnügt man sich heute damit,
Schulterkurven unter diesem Gesichtspunkt zu betrachten.

Zwei andere typische Formen von Dosiseffektkurven müssen freilich noch erwähnt
werden, da ihre theoretische Deutung keine derartigen Probleme mit sich bringt, wie wir sie
bei den »Mehrtrefferkurven« vorfanden.

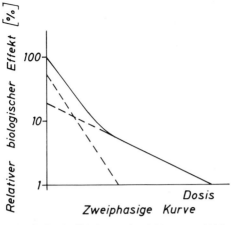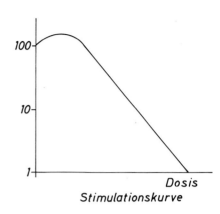

Abb. 53: Dosiseffektkurven (nach NIEMANN, 1982)

In Abb. 53 finden wir eine zweiphasige Dosiseffektkurve. Derartige »durchhän-
gende« Dosiseffektkurven ergeben sich immer dann, wenn in einer bestrahlten Zellpopula-
tion Individuen verschiedener Strahlenempfindlichkeit vorhanden sind. Z. B. Bakterien-
stämme verschiedener Sensibilität oder Zellen in verschiedenen Stadien des Zellzyklus. Es
ist leicht einzusehen, daß in diesen Fällen bei niedrigen Dosen, insbesondere der empfindliche Teil der Population geschädigt wird und erst bei höheren Dosen der weniger empfindliche. Durch Extrapolation, wie in der Abbildung angedeutet, kann man die Strahlenempfindlichkeit der verschiedenen Komponenten in der bestrahlten Population ermitteln.

Im Abschnitt 4.6 waren - wenn auch nur kurz - jene Befunde erwähnt, die man als
»Strahlenstimulation« oder auch »Hormesis« bezeichnet. Das Auftreten von solchen Effek-
ten ist in der Dosiseffektkurve leicht zu erkennen, da die Kurve mit von 0 zunehmender
Dosis zunächst etwas ansteigt, um erst bei höheren Dosiswerten unter die 100%-Grenze des
Effektes abzusinken.

Es ist natürlich klar, daß man solche Dosiseffektkurven grundsätzlich nicht erhalten
kann, wenn man als Ordinate in der Dosiseffektkurve Zahlenwerte von Zellen, Molekülen
oder anderen Einheiten aufträgt, deren Absterben oder Schädigung durch die Strahlenwirkung zustande kommt. Die Strahleneinwirkung kann nicht zur Schaffung zusätzlicher
Individuen dienen, sondern lediglich zu einer Vermehrung bestimmter Ertrags- oder
Verhaltensparameter gegenüber der Kontrolle. So sind geeignete Parameter für die Beob-
achtung von Stimulationsprozessen Kornertrag, Pflanzenlänge, Produktion bestimmter
Stoffe usw. Dieser sehr einfache Sachverhalt wird oft übersehen und führt dann dazu, das
Auftreten von Stimulation überhaupt zu bezweifeln, was heute angesichts des vorhande-
nen experimentellen Materials nicht mehr möglich ist.

Der Versuch, die Strahlenwirkung auf Pflanzen mit Hilfe mathematisch-physikalischer
Modelle auszuwerten ist sicher interessant aber - wie hier gezeigt - für die Praxis nur von
sehr geringem Nutzen. Eine Ausnahme bildet der hier schon mehrfach behandelte Ansatz
von SPARROW, der auch aus zunächst empirisch festgestellten Korrelationen hervorging und
sich dann als eine möglicherweise tragfähige Basis für eine gewisse Systematisierung der
Strahlenempfindlichkeit erwies. Unter diesem Gesichtspunkt soll im folgenden Abschnitt
noch einiges über eine mögliche Konkretisierung des Begriffes »Treffbereich« oder wenn
man will »primärer Angriffsort der Strahlung« gesagt werden.

6.2 Natur der primären Angriffsorte

Es war relativ frühzeitig vermutet worden, daß die sehr große Variabilität in der Strahlen-empfindlichkeit einzelner Pflanzenarten etwas mit den Faktoren zu tun haben muß, welche für die Zellteilung und weitere Differenzierung sowie die strukturelle Organisation der Pflanzen bestimmend sind. A. H. SPARROW und seine Arbeitsgruppe in Brookhaven National Laboratory, Upton, New York waren es, die nach Untersuchung von mehr als 200 Pflanzenarten festgestellt haben, daß zwischen der Strahlenempfindlichkeit einzelner Arten und dem Volumen ihrer Interphasekerne (Nuclear Volumen, NV) oder ihrer Interphasechromosomen (ICV) eine erstaunlich gute, negative Korrelation besteht (SPARROW a. EVANS, 1961; EVANS a. SPARROW, 1961; SPARROW a. MISCHKE, 1961, SPARROW et al., 1961, YAMAKAWA a. SPARROW,1966). Dies bedeutet, daß mit steigenden NV- oder ICV-Werten die zur Erzielung eines bestimmten Effektes (Wachstums- und Ertragsreduktion, Absterberate, u.s.w.) erforderlichen Strahlendosen abnehmen. So ergibt die Gegenüber-stellung der NV in μm^3 von 23 diploiden Pflanzenarten mit den chronischen Dosisraten in Gy/d, welche bei ihnen starke Wachstumsdepressionen verursachen, eine Regressions-gerade mit annähernd –1, wie dies in Abbildung 54 verdeutlicht wird. Eine noch bessere

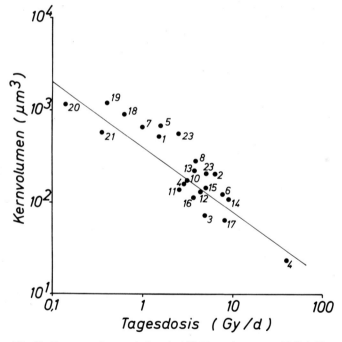

Abb. 54: Zusammenhang zwischen dem Nuklearvolumen von 23 diploiden Pflanzenarten und ihrer Strahlenempfindlichkeit (nach SPARROW et al., 1963)

Korrelation zeigt Abb. 55 zwischen akuten Letaldosen und den ICV von 16 Pflanzenarten, wobei die Steigung der Regressionsgerade keine nennenswerte Abweichung von –1 auf-weist (SPARROW et al., 1963). Wenn Dosis als die pro Volumeneinheit der betreffenden Gewebe absorbierte Energie (eV) verstanden wird, ergibt die Multiplikation der adsorbier-ten Energie pro Chromosom und Dosiseinheit und der Letaldosis die insgesamt absor-

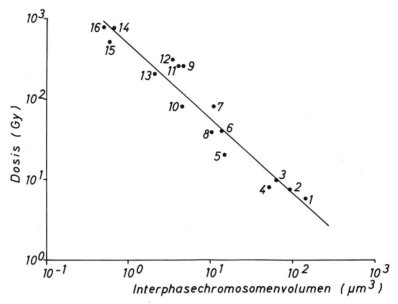

Abb. 55: Zusammenhang zwischen dem Interphasechromosomenvolumen von 16 untersuchten Pflanzenarten und ihrer Strahlenempfindlichkeit (nach SPARROW, 1963)

bierte Energie (Absorbierte Energie = Dosis $\times$ eV/μm^3 $\times$ ICV) wie dies in Tab. 17 für
16 Pflanzenarten der Abb. 55 eingetragen wurde. Dabei wurden 32,5 eV pro Ionenpaar und
1,77 Ionisationen pro μm^3 und 0,01 Gy zugrundegelegt und angenommen, daß alle Chromosomen eines Genoms gleich groß sind, was tatsächlich nie der Fall ist. An den Zahlen
wird deutlich, daß für die Erzeugung letaler Effekte eine kritische Schwelle der absorbierten
Energie erreicht werden muß und die pro Volumeneinmheit absorbierte Energiemenge
keine allzu große Variabilität ($1,7 \cdot 10^6 - 6,7 \cdot 10^6$ eV) zeigen. Sie variieren um den Faktor 4
und erreichen im Mittel ca. $3,6 \cdot 10^6$ eV pro Chromosom. Demnach wird die für eine
bestimmte Schädigung erforderliche Dosis (z.B. LD_{100}) ausschließlich von einem quantitativen cytologischen Faktor, von den mittleren Volumen der Chromosomen, determiniert.

   Da das Produkt der beiden Variablen, ICV und die zu einem bestimmten Effekt erforderliche Dosis, nahezu eine Konstante ergibt, kann in Kenntnis der einen Variablen (z.B. ICV)
mühelos das zweite ermittelt werden. Es ist deshalb ohne weiteres möglich, die Strahlenempfindlichkeit einer noch nicht untersuchten Pflanzenart mit Hilfe des ICV in ziemlich
engen Grenzen anzugeben (SPARROW et al., 1968). Zur Ermittlung der ICV werden meistens
Interphasekerne von Wurzelspitzenmeristemen mit Hilfe der Feulgenfärbung angefärbt
und ihr Durchmesser in zwei Richtungen gemessen. Aus dem Kernvolumen, errechnet
nach der Formel

$$V_k = \frac{4}{3} \pi \cdot r_1^2 \cdot r_2$$

wobei r_1 der kleinere und r_2 der größere Radius des leicht ellipsoiden Kernes ist, erhält man
durch Division der Werte durch die Anzahl der Chromosomen (2n) das ICV. In diesem
Zusammenhang ist es wichtig zu vergegenwärtigen, daß die Masse eines Zellkernes fast
ausschließlich aus DNA besteht (SPARROW a. MISCHKE, 1961 und BAETCKE et al., 1967).
Tatsächlich konnte eine gesicherte Korrelation zwischen DNA-Gehalt der Zellen und
Chromosomen und LD_{50} bei einigen Koniferen von EL-LAKANY a. SZIKLAI (1970) ermittelt

Tab. 17: Kern- und Chromosomenvolumen, Letaldosen und absorbierte Energie bei LD_{50} für 16 Pflanzenarten (nach SPARROW et a., 1963)

Pflanzenart und Anzahl der Chromosomen (2n)	Kernvolumen [μm^3]	Durchschn. Volumen per Chromosom [μm^3]	Absorbierte Energie pro Chromosom pro Gray [keV]	Letaldosis [Gy]	Absorbierte Energie pro Chromosom bei Letaldosis [keV]
1. *Trillium grandiflorum* (10)	1452	145,19	834,8	6,0	5008
2. *Podophyllum peltatum* (12)	1118	93,16	535,7	7,6	4017
3. *Hyacinthus* c.v. Innocence (27)	1758	65,12	374,4	10,0	3744
4. *Lilium longiflorum* (24)	1252	52,18	300,0	8,0	2400
5. *Chlorophytum elatum* (28)	422	15,08	86,7	20,0	1733
6. *Zea mays* (20)	279	13,95	80,2	40,0	3209
7. *Aphanostephus skirrobasis* (6)	67	11,19	64,3	80,0	5147
8. *Crepis capillaris* (6)	64	10,59	60,9	37,5	2284
9. *Sedum ternatum* (U643) (32)	149	4,64	26,7	250,0	6671
10. *Lycopersicum esculentum* (24)	110	4,60	26,5	80,0	2116
11. *Gladiolus* c.v. Friendship (60)	252	4,19	24,1	250,0	6027
12. *Mentha spicata* (30)	107	3,57	20,5	300,0	6152
13. *Sedum oryzifolium* (20)	43	2,16	12,4	200,0	2486
14. *Sedum tricarpum* (128)	89	0,69	4,0	750,0	2985
15. *Sedum alfredi* var. nagasakianum (128)	78	0,61	3,5	500,0	1755
16. *Sedum rupifragum* (136)	71	0,52	3,0	750,0	2246

werden. Eine ähnlich gute Korrelation wie zwischen ICV und LD_{50}-Dosen besteht auch zwischen ICV und den anderen LD-Werten von LD_{10} bis LD_{100}. Wie in Abb. 56 gezeigt wird, existiert auch ein Zusammenhang zwischen LD_{10} und ED_{50} Dosiswerten. Da unter ED_{50} die Dosis zur Erzielung einer 50%igen Ertragsreduktion (z.B. Kornertrag) verstanden wird (s. Kap. 2.6), besitzt diese Beziehung insofern eine große praktische Bedeutung, da man aus den LD_{10} Werten im frühen Entwicklungsstadium auf die Ernteverluste nach einem Fallouereignis schließen kann. Allerdings bedürfte es noch der Einbeziehung weiterer Nutzpflanzen in die Untersuchung, um die Allgemeingültigkeit dieses Zusammenhanges zu erhärten.

Als eine weitere Korrelation, welche aus dem Kern- bzw. Chromosomenvolumen resultiert, sei diejenige zwischen dem Kernvolumen (x) und mittlerer Überlebenszeit nach Bestrahlung (Y) genannt (Abb. 57). Die 6 untersuchten Pflanzenarten erbrachten einen Korrelationskoeffizienten von 0,92 (log Y = –0,515+0,597x), was bedeutet, daß auch der Verlauf der Strahlenwirkung cytogenetisch gesteuert wird (SPARROW et al., 1973). Die Zeitspanne zwischen Bestrahlung und Manifestation der Strahlenwirkung hängt auch von

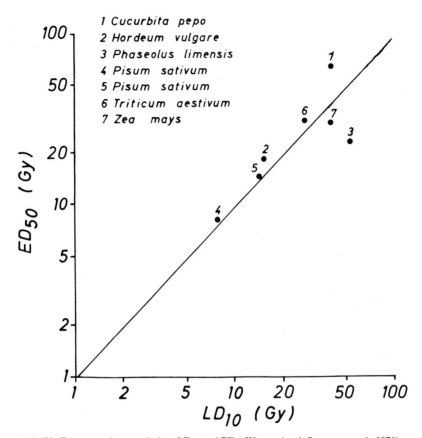

Abb. 56: Zusammenhang zwischen LD_{10} und ED_{50}-Werten (nach SPARROW et al., 1971)

der Höhe der applizierten Dosis ab, wie dies in Abb. 58 für *Arabidopsis* und *Capsella* durch Einbeziehung der beiden Parameter LD_{50} und mittlere Überlebenszeit (»mean survival time«, MST) deutlich demonstriert wird. Dies hat eine praktische Konsequenz, daß nämlich Strahlenschäden, besonders diejenigen, welche durch niedrige und mittlere Dosen verursacht werden, eine ganze Zeit im vorborgenem bleiben, bevor sie in Erscheinung treten und quantitativ oder qualitativ erfasst werden können. Als weiteres belegtes Beispiel hierfür, soll der Versuch mit *Pinus banksiana* von RUDOLPH (1979) genannt werden. Dabei wurde die Wirkung einer Samenbestrahlung über eine Periode von 10 Jahren verfolgt und festgestellt, daß die LD_{50} für die Überlebensrate von 160 Gy bei der Keimung nach 6 Monaten auf 126 Gy und nach 10 Jahren auf 113 gesunken war.

Nachdem die Abhängikeit der Strahlenempfindlichkeit von artspezifischen karyomorphologischen Merkmalen so eindeutig demonstriert werden konnte, wurde nach derartigen Gesetzmäßigkeiten auch bei den einzelnen Sorten einer Art gesucht, da Sortenunterschiede in der Strahlenempfindlichkeit zahlreich gefunden worden sind. So selektierte WALTHER (1966) nach der Bestrahlung trockener Samen extrem sensible und resistente Sorten von 45 deutschen Winterweizensorten heraus. Versuche mit Sommergerstesorten ergaben ähnliche Resultate (WALTHER, 1969). Die strahlenempfindlichen Sorten zeigten nach zytologischen Untersuchungen eine erhöhte chromosomale Aberrationsrate, während hinsichtlich Zellteilungsrate keine Unterschiede zwischen sensiblen und resistenten

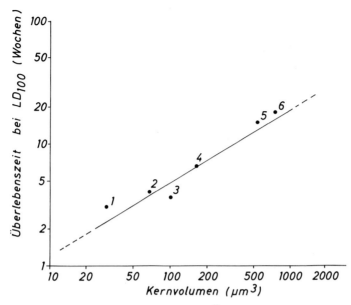

Abb. 57: Zusammenhang zwischen mittlerer Überlebenszeit und Kernvolumen nach Bestrahlung von 6 Pflanzenarten (nach SPARROW et al., 1973)

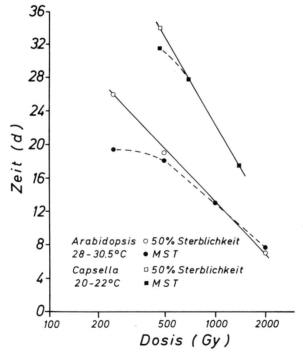

Abb. 58: Abhängigkeit der Strahlenwirkung von der applizierten Dosis bei *Arabidopsis thaliana* und *Capsella bursa-pastoris (nach* SPARROW et al., 1973)

Sorten festgestellt werden konnten (WALLTHER, 1969). Auch nach der Bestrahlung im Einblattstadium wurden erhebliche Unterschiede zwischen Sommerweizensorten gefunden. Die Abweichungen waren nach einer Dosis von 10 Gy am größten, wie Abb. 59 dies verdeutlicht. Während die Sorte »Claudius« nur noch 40% Trockenmasse erbringt, liefert »NOS Nordgau« noch 95% (NIEMANN et al.,1978, BORS et al., 1979).

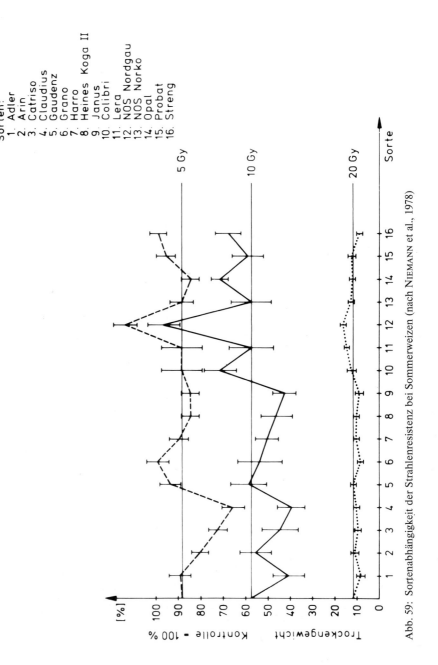

Abb. 59: Sortenabhängigkeit der Strahlenresistenz bei Sommerweizen (nach NIEMANN et al., 1978)

SREITBERG (1966) bestrahlte 15–20 cm lange Reiser von 42 Rosensorten mit Röntgen-strahlen und stellte drei Empfindlichkeitsklassen auf. Auch LATA (1980) fand in 8 Edelsor-ten nach ^{60}Co-Bestrahlung erhebliche Unterschiede im Wachstum, Überlebensrate und genetischer Variabilität. Die gefundenen LD_{50}-Werte waren bei den weiß- und hellviolett-farbigen Sorten niedriger als bei den rot-, rosa- und gelbfarbigen Sorten. Da die Rosensor-ten sich meistens auf verschiedenen Arten zurückführen lassen, sind die relativ großen Unterschiede in ihrer Strahlenempfindlichkeit in diesem Falle nicht weiter verwunderlich. Nach MONTI a. DONINI (1968) wiesen die 24 Genotypen von Erbsen nach einer chronischen Bestrahlung mit Dosen zwischen 0,05 und 2 Gy pro Tag hinsichtlich Wachstum und Fertilität unterschiedliche Reaktionen auf. In den Untersuchungen von SILVY (1975) rea-gierten die beiden Sommergerstensorten »Piroline« und »Himalaya« nicht nur untereinan-der verschieden, sondern es wurden auch innerhalb der Population der einzelnen Sorten je 3 Gruppen mit unterschiedlicher Strahlenreaktion ermittelt. SHAMA RAO a. KADA (1974) fanden bei 8 erzeugten Reismutanten gleicher Abstammung um das zweifach höhere Resistenzunterschiede gegenüber Gammastrahlen. Gibberellinsäure verursachte bei den resistenten Formen eine Hemmung und bei den empfindlichen eine Stimulation des Wachstums. Auch zwischen der sortenspezifischen Alterung und Strahlenempfindlichkeit besteht offenbar ein Zusammenhang. So waren Reissorten mit niedriger Keimfähigkeit und geringerem Längenwachstum nach 12 Jahren Lagerung der Samen bedeutend strah-lenempfindlicher als Sorten, deren Samen eine längere Lagerung ohne Keimfähigkeitsver-lust überstanden. Die vier Testsorten wurden aus 51 Varietäten der Typen »japonica« und »indica« als besonders sensibel bzw. resistent herausselektiert (BAGGCHI, 1974). Auch AKBAR et al. (1976) fanden, daß Reissorten des Typus »japonica« doppelt so empfindlich waren als die Formen von »indica«. Weitere Sortenunterschiede in der Strahlenempfind-lichkeit wurden bei Erdnuß von PADOVA a. ASHRI (1977), bei Linsen (Lens esculenta) von CHAGTAI et al. (1978), bei Weizen und Hirse von IQBAL (1980), und IQBAL a. AZIZ (1981) je nach ontogenetischem Stadium der Bestrahlung und noch in der Folgegeneration fest-stellbar, ermittelt. In den Versuchen von AL-RUBEAI (1981) erwiesen sich Wildtypen von *Phaseolus vulgaris* und *P. aboriginens* bedeutend resistenter als die Kulturformen der gleichen Arten und der Art *P. coccineus*. In einer weitergehenden Untersuchung fanden AL-RUBEAI a. GODWARD (1980), daß Sorten mit weißer Samenfarbe im allgemeinen emp-findlicher waren als solche mit pigmentierten Samen und schlossen dabei auf ein Zusam-menwirken von Samenfarbe und Strahlenempfindlichkeit kontrollierenden Genen. Analy-sen der Kreuzungen in der F_1- und F_2-Generation ergaben Hinweise auf die quantitative Vererbung der Strahlenempfindlichkeit.

Zur Frage nach Ursachen der oben beschriebenen sortenspezifischen Unterschiede in der Strahlenempfindlichkeit liegen keine eindeutigen Erklärungen vor. So konnten von WANGENHEIM a. WALTHER (1968) in den extrem strahlenlempfindlichen (»Walthari«) und extrem resistenten (»Bayro«) Sorten von Winterweizen, ähnlich wie AVANZI et al. (1966) bei Hartweizen, nur sehr geringe, nicht signifikante Unterschiede in den Kernvolumina (Abb. 60) und DNA-Gehalt feststellen. Die Strahlenempfindlichkeit der genannten Sorten korrelierte nicht mit dem Aminosäuregehalt (FAEHNRICH, 1975), wohl aber mit dem Phos-phorgehalt der Samen, wie dies die Untersuchungen von CONRAD (1975) bestätigten. CONGER (1976) stellte Untersuchungen mit ähnlicher Fragestellung mit Inzuchtstämmen, Einfach- und Doppelkreuzungen von Mais an und fand ebenfalls keine Korrelation zwi-schen Strahlenempfindlichkeit und Kernvolumen, wie dies aus Tabelle 18 zu entnehmen ist.

Im Gegensatz zu diesen Autoren haben AHMAD a. GODWARD (1981, 1981) bei 2 Sorten von *Cicer arietinum* (Kichererbse) mit unterschiedlicher Strahlenempfindlichkeit Abwei-chungen im DNA-Gehalt und in der Länge der Chromosomen festgestellt. So zeigte die Sorte »F10« mit höherem DNA-Gehalt und längeren Chromosomen eine reduzierte

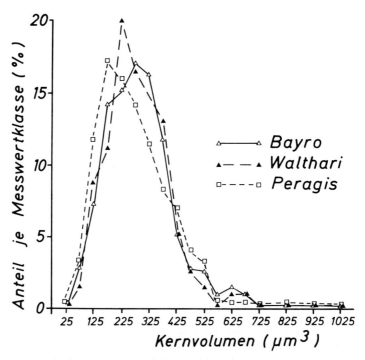

Abb. 60: Häufigkeitsverteilung des Kernvolumens bei 3 Winterweizensorten (nach WANGENHEIM v. und WALTHER, 1968)

Tab. 18: LD$_{50}$-Werte in Abhängigkeit vom Kernvolumen nach Bestrahlung von Jungpflanzen der Inzucht- und Hybridstämme der Maissorte »Tennessee« mit Spaltneutronen und ^{60}CO-Gammastrahlen (nach CONGER, 1976)

Sorte	Kernvolumen [µm^3]	LD$_{50}$ (N$_f$) [Gy]	LD$_{50}$ (γ) [Gy]
T232	462,3	7,9	138
T220	376	10,4	370
T222	370	10,7	350
T224	415,4	15,0	400
T220 × T222	401	15,9	402
T224 × T232	469	16,5	416
T232 × T224	471	16,2	386
(T220 × T222) × (T224 × T232)	470	17,9	410

Überlebensrate und Kornertrag, eine erhöhte Aberrationsrate während der Mitose und Meiose und bedeutend höhere Raten an Farbmutationen gegenüber der Vergleichssorte »CSIMF« (Tab. 19). Diese Daten legen die Folgerung nahe, daß für die sortenspezifischen Unterschiede in der Strahlenresistenz neben anderen Faktoren doch Differenzen im chromosomalen Bereich (DNA-Gehalt) verantwortlich sein müssen. Einen weiteren Hinweis zu dieser Frage lieferten die Untersuchungen von INOUE et al. (1980) mit 18 unterschiedlich resistenten japanischen Gerstensorten. Innerhalb der untersuchten Sorten wur-

Tab. 19: Strahlenempfindlichkeit zwei verschiedener Sorten von *Cicer arietinum* (nach AHMAD u. GODWARD, 1981)

Untersuchte Parameter	Sorte	
	»F10«	»CSIMF«
DNA-Menge	1,23	1
Chromosomenlänge	1,04	1
Überlebensrate bei 11 KGy	0,76	1
Samenertrag bei 11 KGy	0,84	1
Aberration		
Mitosen in der Wurzelspitze		
11 KGy	1,09	1
7,5 KGy	1,09	1
3,5 KGy	1,13	1
Meiosis		
7,5 KGy	1,26	1
6,0 KGy	1,95	1
3,5 KGy	2,02	1
Mutationen		
(Rote Farbe)		
11 KGy	3,95	1
3,5 KGy	5,52	1

den vierfache Resistenzunterschiede gefunden und eine je nach Strahlenempfindlichkeit dreifache Gruppierung aufgestellt. Mit Hilfe von Coffein als Reparaturbloker wurde ein Zusammenhang zwischen der Fähigkeit zur Reparatur von Strahlenschäden und der Strahlenempfindlichkeit der Sorten entdeckt. Es zeigte sich deutlich, daß resistente Sorten ein größeres Reparaturvermögen besitzen als die sensiblen Sorten, was wohl auf die genetische Komposition zurückzuführen ist.

Als ein weiteres Beispiel für einen Modifikationsfaktor biologischer Natur verdient die Heterozygotie Erwähnung. YAMAGATA et al. (1975) konnten in Versuchen mit Mais bestätigen, daß Einfach- und Doppelkreuzungen bedeutend resistenter waren als ihre Kreuzungseltern (Abb. 61). Die gleiche Tendenz ist auch aus den Daten der Tabelle 18 zu entnehmen, wo Kreuzungseltern und Hybride zwar annähernd die gleiche NV zeigen, jedoch sind die Eltern im Durchschnitt strahlenempfindlicher.

Da die hinreichend dokumentierten karyomorphologischen Einflußfaktoren wie NV, ICV und DNA-Gehalt vom Ploidiegrad einer Spezies selbst verändert werden, widmete man auch diesem Fragenkomplex relativ viel Aufmerksamkeit. Trotz einer kaum noch zu überschaubaren Anzahl von Untersuchungen konnte jedoch kaum eine generelle Beziehung zwischen Ploidie und Strahlenempfindlichkeit aufgestellt werden. Es wurde zunächst angenommen, und viele Befunde haben dies tatsächlich bestätigt, daß eine erhöhte Ploidiestufe durch das in mehreren Sätzen vorliegende genetische Informationsmaterial und das damit verbundene niedrigere ICV als Target eine erhöhte Schutzwirkung mit sich bringt. Durch widersprüchliche Resultate jedoch mußten diese Annahmen stark eingeschränkt werden.

Eine höhere Empfindlichkeit von diploiden gegenüber tetra- und hexaploiden Weizenarten haben MATSUMURA a. FUJII (1963) nach akuter Bestrahlung im Jugendstadium und nach einer chronischen Bestrahlung ermittelt. Während NATARAJAN et al. (1958) sowie BHASKARAN a. SWAMINATHAN (1961) praktisch keine Differenzen zwischen tetra- und hexaploiden Formen fanden, stellten MATSUMURA et al. (1957), PALENZONA (1960) und MOHAMED

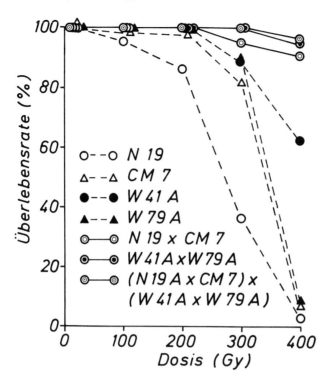

Abb. 61: Strahlenempfind-
lichkeit von Reissorten und
ihren Einfach- u. Doppel-
kreuzungen (nach YAMAGA-
TA et al., 1975)

(1962) eine höhere Strahlenresistenz bei den tetraploiden Formen fest. In einer sehr
eingehenden Untersuchung von 8 Weizenarten mit unterschiedlicher Ploidie konnte von
GOTTSCHALK u. IMAN (1965) keine Korrelation zwischen Strahlenempfindlichkeit und
Ploidiegrad festgestellt werden. Dagegen zeigten in den Versuchen von SEMERDJIAN a.
NOR-AREVIAN (1975) tetra- und hexaploide *Triticum*-Arten und *Triticale* (2n = 56) hinsicht-
lich Wachstumshemmung eine doppelte Strahlenresistenz gegenüber der diploiden Art
Triticum monococcum. Auch hinsichtlich der Aberrationsrate war *Triticum monococcum* am
empfindlichsten, wie Tabelle 20 zeigt.

Zur Ploidie-Frage führten YAMAGATA et al. (1969) Bestrahlungsversuche mit 22 *Solanum*-
Arten (2x, 4x, 6x) durch und haben mit zunehmender Ploidie abnehmende ICV-Werte
gemessen. Während sich nach chronischer Bestrahlung kein Zusammenhang zwischen

Tab. 20: Strahlenempfindlichkeit trockener Samen von polyploiden Weizenarten sowie die Gesamt-
konzentration der SH-Gruppen in ihren Embryonen (nach SEMERDJIAN u. NOR-AREVIAN, 1975)

Polyplodide Form	Dosis für die 50%ige Wachstumshemmung [Gy]	Prozent der Zell- aberrationen bei 100 Gy	Gehalt an -SH-Gruppen in den Embryonen von unbestrahlten Samen $[10^{-6}$ mol/100 mg]
Tr. monococcum 2n=14	90	63,2	3,983
Tr. melanopus 2n=28	160	53,4	4,199
Tr. speltiforme 2n=42	180	51,2	4,367
Triticale 61/13 2n=56	190	42,8	4,699

Ploidiegrad und Strahlenempfindlichkeit aufstellen ließ,waren nach akuter Bestrahlung die
Arten mit höherer Ploidie resistenter. Allerdings traten auch interspezifische Differenzen
in der Sensibilität selbst bei gleichem Ploidiegrad und unabhängig von der Art der Bestrahlung auf. MILLER (1970) berichtet, daß von den 3 untersuchten di- und tetraploiden
Zierpflanzenarten *Tagetes*, *Zinnia* und *Petunia* lediglich *Zinnia* einen wesentlichen, ploidie-
abhängigen Unterschied in der Strahlenempfindlichkeit aufweist (Tab. 21). Es ist außerdem
deutlich, daß die sehr empfindliche diploide Art von *Zinnia* eine erhöhte ICV und die
Hälfte der Energieabsorbtion pro Chromosom bei LD_{50} gegenüber der tetraploiden Art
besitzt.

Tab. 21: Kern- und Interphasechromosomenvolumen, LD_{50}, LD_{100} und absorbierte Energie bei drei
Paaren diploider und tetraploider Arten (nach MILLER, 1970)

Pflanzenart	Anzahl der Chromosomen	ICV [μm^3]	Letaldosis [Gy] LD_{50}	LD_{100}	Absorbierte Energie (eV $\times$ 10^6) pro Chromosom bei LD_{50}	LD_{100}
Tagetes erecta (2n)	24	2,9	73	120	1,3	21
T. patula (4n)	48	2,9	64	140	1,1	24
Zinnia elegans (2n)	24	5,1	22	30	0,7	09
Z. elegans (4n)	48	3,2	72	150	1,4	29
Petunia sp. (2n)	14	87	35	90	1,8	47
Petunia sp. (4n)	28	84	40	100	2,0	51

Durch die Untersuchung von diploider und autotetraploider Gerste und Nachtkerze
(Oenothera hookeri) kam von WANGENHEIM (1975) zu dem Ergebnis, daß bei höheren
Ploidiestufen die Strahlenempfindlichkeit hinsichtlich Überlebensrate dann abnimmt, wenn
mitotisch inaktives Gewebe bestrahlt wird. Bei Verzögerung der mitotischen Aktivität
wurden keine ploidiebedingten Unterschiede gefunden. Auch in Kalluskulturen von
Nicotiana, *Tradescantia* und *Paeonia* war die höhere Ploidie nicht immer mit höherer
Strahlenresistenz verbunden, allerdings zeigten die tetraploiden Zellen eine bessere Fähig-
keit zur Reparatur von Strahlenschäden (SAITO et al., 1975). Eine Abhängigkeit von der
Ploidie zeigten die Schulterbreiten der Dosiseffektkurven (Überlebensrate) von haploiden
und diploiden *Nicotiana sylvestris* und *N.tabacum* nach Bestrahlung der Seitenknospen
(MOUSSEAU et al., 1977).

Wie aus dem bisher Gesagten deutlich wird, konnte auf die Ploidie-Frage keine generelle
Antwort gegeben werden. Deshalb wurde von CONGER et al. (1982) aufgrund diesbezügli-
cher Untersuchungen aus dem Brookhaven National Laboratory, Upton, N.Y. und entsprechenden Literaturangaben der Versuch unternommen, mögliche Gesetzmäßigkeiten
zusammenfassend darzustellen und zu diskutieren. Es kamen dabei 12 Gattungen und
117 Pflanzenarten mit Chromosomenansätze bis zu 22x, sowie Bestrahlungen jeweils im
aktiven Stadium zur Berücksichtigung. Die Autoren stellten fest, daß das NV bei allen
12 Gattungen mit erhöhtem Ploidiegrad ansteigt, wobei der Anstieg zwischen den Stufen 2x
bis 4x nicht ganz so steil ist, wie bei den darüberliegenden Ploidiegraden, wo die Beziehung
der beiden Parameter vollkommen linear ist. Generell ist die akute Letaldosis ($LD_{x\%}$) bei
den Pflanzen mit haploiden Chromosomensatz etwa die Hälfte der $LD_{x\%}$ der diploiden
Arten. Die entsprechenden Werte bleiben bei den Arten mit den Ploidiegraden zwischen
2x bis 10x konstant und nehmen bei noch höheren Ploidiestufen wieder ab. Beim Vergleich der pro Chromosom absorbierten Letaldosen (Chromosom-Dosis $LD_{x\%} = LD_{x\%} \cdot ICV$)
konnte eine bessere Übereinstimmung der Gattungen und der Arten gefunden wer-

den. So ist das Chromosom der haploiden Zelle im allgemeinen doppelt so empfindlich wie das einer diploiden Art. Wiederum bleibt die chromosomale Empfindlichkeit zwischen den Stufen 2x bis 10x konstant und auf dem Niveau des diploiden Chromosoms, von Ploidie 10x aufwärts werden die Chromosomen drei- bis viermal empfindlicher als die Chromosomen der diploiden Pflanzen. Bei den zum Vergleich herangezogenen polyploiden Hefen *(Saccharomyces cerevisiae)* wurde die gleiche Tendenz im Anstieg der chromosomalen Empfindlichkeit bei höherer Ploidie registriert, und zwar hier bereits oberhalb der diploiden Form und weit ausgeprägter als bei den höheren Pflanzen. Es scheint, daß bei Ploidiegraden zwischen 2x und 10x die das größere Target bedingte Empfindlichkeit gerade noch durch die in entsprechend größerer Zahl vorliegenden Informationen kompensiert wird, so daß hier von einer konstanten Empfindlichkeit gesprochen werden kann. Bei höheren Ploidiestufen als 10x, die ja phylogenetisch später entstanden sind, konnten sich die Genome offenbar nicht so gut an den neuen, räumlich schon problematischen Ploidie-Verhältnissen adaptieren. In ähnliche Richtung weisen auch die Befunde bei Hefen hin, bei denen die höheren Ploidiestufen auch in der letzten Zeit künstlich erzeugt wurden.

Ganz allgemein sei zu den cytogentischen Einflußfaktoren festgestellt, daß zur Beurteilung und Vorhersage der Strahlenempfindlichkeit der Pflanzen, das ICV als prinzipielle Determinant sehr gut geeignet ist. Neben dem ICV spielen noch weitere genotypische, quantitativ nicht ohne weiteres erfaßbare Unterschiede eine Rolle. Die Frage des Einflusses der Ploidie konnte trotz umfangreicher Untersuchungen nicht mit letzter Konsequenz aufgeklärt werden. Zahlreiche Autoren bleiben bei dem Konzept des erhöhten Schutzes durch die in mehreren Sätzen vorhandenen genetischen Informationen, was allerdings für höhere Ploidiestufen keineswegs zutrifft. Zahlreiche Gattungen und Arten von Pflanzen sind noch nicht untersucht. Die vorliegenden Befunde lassen keine eindeutige Interpretation zu.

7 Wirkung äußerer Bestrahlung auf ganze Pflanzen und Samen

In dem letzten Kapitel soll das umfangreiche Material über die Strahlenwirkung auf einzelne Pflanzenarten in einer überschaubaren Form zusammengefasst werden, damit sich der Leser ausführlich über die Strahlenempfindlichkeit informieren kann. Die genannten Strahlendosen stellen Beispielswerte dar und lassen keine allgemeingültigen Schlußfolgerungen für weitere Mitglieder einer Pflanzenart zu. Der besseren und schnelleren Übersicht wegen, wurde die Tabellenform für die Darstellung der Ergebnisse gewählt, um so dem Leser die größtmögliche Information über das umfangreiche, zu diesem Thema vorliegende Schriftenmaterial zu ermöglichen. Selbstverständlich lassen sich daraus jederzeit graphische Darstellungen erstellen.

Für einen schnellen Vergleich der Strahlenwirkung bei Pflanzen werden bestimmte, charakteristische Dosen angegeben. LD_{10}, LD_{50} und LD_{90} sind Bezeichnungen für die Dosiswerte, die unter den gegebenen Bedingungen für 10, 50 oder 90% der bestrahlten Population letal wirken, d.h. innerhalb einer bestimmten Zeit zum Absterben führen. Bei den häufig angegebenen LD_{100}-Werten kann sich manchmal ein falsches Bild ergeben, da die Pflanzen vom biologischen Standpunkt betrachtet noch nicht abgestorben, jedoch aus der Sicht des Anbauers nicht mehr lebensfähig sind.

Ähnlich sind die Ertragsdosen definiert: ED_{10}, ED_{50} und ED_{90} geben die Dosen an, die den Ertrag oder eine bestimmte Ertragskomponente um 10, 50 oder 90% reduzieren.

Als Vergleichsparameter für die Strahlensensibilität der verschiedenen Pflanzenarten wurde, so weit wie möglich, der Kornertrag gewählt, da dieser sich als empfindlichstes Merkmal erwiesen hat. Auf die Einbeziehung weiterer Parameter wurde aus redaktionellen Gründen verzichtet. Es soll vielmehr am Beispiel des Sommerweizens gezeigt werden, wie sich eine bestimmte Strahlendosis auf die verschiedenen Ertragskomponenten auswirkt (Abb. 62). Die hier erhaltenen Ergebnisse können auf andere Pflanzen übertragen werden. Wie aus Abb. 62 hervorgeht, wird der Kornertrag im Vergleich zu den anderen Ertragskomponenten, am meisten geschädigt. Charakteristisch ist ferner die relativ geringe Beeinträchtigung der Qualitätsmerkmale, wie in diesem Falle das Tausendkorngewicht.

Die Strahlenreaktion der Pflanzen wird – wie in Kap. 5 ausführlich gezeigt – von zahlreichen Faktoren beeinflußt. SPARROW et al. (1971) diskutierten in einem ausführlichen Übersichtsartikel die Wirkung der äußeren Gammastrahlung aus dem Fallout auf Pflanzen und kamen zu dem Schluß, daß eine große Zahl von Einflußgrößen zusammenwirken, die letztenendes die Strahlensensibilität der einzelnen Pflanze bestimmen (Tab. 22). Die

Tab. 22: Hauptfaktoren, die die Strahlenempfindlichkeit der Pflanzen bestimmen oder modifizieren (nach SPARROW et al., 1971)

Faktor	Variationsbreite	Maximale kumulative Wechselwirkung
1) Interphasechromosomenvolumen	100	100
2) Entwicklungsstadium und Alter	50	5.000
3) Umgebungseinflüsse	5	25.000
4) Dosisleistung	4	100.000
5) Beta-Gamma Wechselwirkung	2	200.000
6) R B W	20	4.000.000

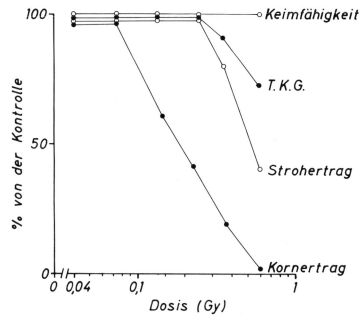

Abb. 62: Einfluß einer Bestrahlung auf die verschiedenen Ertragskomponenten von Sommerweizen *Triticum aestivum L.*

Variationsbreite der einzelnen Einflußfaktoren ist hier mit großer Sorgfalt abgeschätzt worden und wird von vielen anderen Autoren bestätigt. Es erscheint jedoch fraglich, ob die maximale kumulative Wechselwirkung, die hier durch Multiplikation aller Variationsfaktoren auf 4 Millionen abgeschätzt wurde, in dieser Form zum Ausdruck kommen kann, da sich eine Reihe der Faktoren gegenseitig beeinflußt und auch limitiert.

Im Hinblick auf die Strahlenwirkung besteht ein beträchtlicher Unterschied zwischen einer chronischen und einer akuten Bestrahlung. Pflanzen können wesentlich höhere Dosen an chronischer als akuter Bestrahlung vertragen. Die Tendenz ist allerdings gleich; zeigt eine Pflanze große Empfindlichkeit gegenüber chronischer Bestrahlung, ist sie im gleichen Maße sensibel gegenüber einer akuten Bestrahlung. Der ontogenetische Zustand der Pflanzen zum Zeitpunkt der Bestrahlung muß genau angegeben werden, da die Pflanzen in den verschiedenen Entwicklungsstadien eine unterschiedliche Strahlenempfindlichkeit zeigen. Deshalb können die erhaltenen Ergebnisse verschiedener Autoren nur dann miteinander verglichen werden, wenn die Bestrahlung jeweils genau in dem gleichen Entwicklungsstadium erfolgte. So können z.B. zwischen dem Halmschossen und Ährenschieben gelegentlich nur 1–2 Tage liegen und es kann zu unerwarteten Ergebnissen kommen, wenn die Bestrahlung nicht im »richtigen« Stadium erfolgte, da die Pflanzen in der generativen Phase wesentlich empfindlicher sind als in der vegetativen.

Schließlich muß auch noch auf die Samenbestrahlung eingegangen werden, da hier wesentlich höhere Dosen verabreicht werden müssen als bei Bestrahlung von wachsenden Pflanzen um den gleichen Schädigungsgrad zu erreichen. Die entsprechenden Dosiswerte können je nach Pflanzenart um ein mehrfaches – bis zum Faktor 10 betragen. Der wichtigste beeinflussende Faktor in praktischer Hinsicht ist bei Samen ihr Wassergehalt, der vom normalen abweichend den Bestrahlungseffekt modifiziert.

7.1 Getreide

7.1.1 Winterweizen *Triticum aestivum*

Obwohl die Winter-Anbauform bei den Untersuchungen über Strahlenschäden geringere Aufmerksamkeit erfuhr, kann diese Getreideart als genügend gut untersucht bezeichnet werden. Eine akute Bestrahlung ruhender Samen der Sorte »Bayro« (Tab. 23) mit Dosen von 350 Gy hat eine 50%ige Reduktion der Überlebensrate der Pflanzen zur Folge (WALTHER, 1966). Es soll daran erinnert werden, daß bei dieser relativ resistenten Sorte der LD_{50}-Wert durch eine 20stündige Vorquellung der Samen vor der Bestrahlung auf 20 Gy herabsinkt; die Ursache wird bereits in Abschnitt 5.1 ausführlich behandelt (REUTHER, 1969).

Tab. 23: Wirkung ionisierender Strahlen auf Winterweizen *Triticum aestivum*

Sorte	Stadium bei Bestrahlung	Strahlenart und Dosisleistung	Parameter	Reduktion zur Kontrolle ED od. LD			Literatur
				10	50 [Gy]	90	
»Bayro«	Samen	Gamma	Pflanzen-länge	–	350	–	WALTHER (1966)
»Capelle«	Ährenschieben	18 Gy/h	Kornertrag	1,5	8,6	28	DAVIES
	Blüte			3,2	15,6	50	(1968)
»Seneca«	Winterruhe	12 Gy/h	Kornertrag	–	13	–	KILLION a.
	n. Winterr.			3	12	–	CONSTANTIN
	Meiose			4	7	15	(1971)
	Gametogenese			3	7	8	
	Blüte			4	16	–	
»Jubilar«	Zweiblatt	300kV-Rö.	Kornertrag	34	50	–	NIEMANN
	Vierblatt	0,5–50Gy/h		31	50	–	et al.
	Halmschoßen			6	14	60	(1978)
	Ährenschieben			1	3	8	
	Blüte			20	67	–	
	chronisch	0,3–0,8 Gy/d		22	42	85	
»Jubilar«	Zweiblatt	^{90}Y-Beta	Kornertrag	–	200	–	BORS
	Bestockung			–	250	–	et al.
	Halmschoßen			–	120	–	(1979)
	Ähren schieben			–	6	50	

– bedeutet: nicht ermittelt

In den Topfversuchen von DAVIES (1968) wurde die Sorte »Capelle« in vier verschiedenen Entwicklungsstadien (Zweiblatt-, Vierblattstadium, Ährenschieben, Blüte) mit Dosen von 10 und 20 Gy Gammastrahlen behandelt. Bei Heranziehung des Kornertrages als Kriterium der Strahlenwirkung, erwies sich die Bestrahlung während des Ährenschiebens als am effektivsten (ED_{50} = 8,6 Gy) Wurde dagegen die Überlebensrate als Kriterium berücksichtigt, überlebten keine Pflanzen eine Bestrahlung mit 20 Gy in den ersten beiden Entwicklungsphasen (Zwei- und Vierblatt). Eine Bestrahlung mit 10 Gy in diesen Stadien beeinflußte weder die Überlebensrate noch den Kornertrag. Während der Blüte waren die Pflanzen hinsichtlich des Kriteriums Kornertrag etwa zweimal resistenter (ED_{50} = 15,6 Gy) als nach Bestrahlung im Stadium des Ährenschiebens.

Ähnliche Ergebnisse erzielten KILLION und CONSTANTIN (1971): Die Bestrahlungen waren in den reproduktiven Entwicklungsstadien (Meiose und Gametenbildung) am effektivsten. Bestrahlungen während der Winterruhe bzw. während der Blüte verursachten eine viel geringere Reduktion des Kornertrages. Die ED_{50}-Werte zeigen, daß physiologisch aktive Pflanzen empfindlicher sind als solche, die im vergleichbaren Stadium während der Winterruhe bestrahlt werden.

Bestrahlungsversuche unter feldmäßigen Anbaubedingungen (NIEMANN et al., 1978) bestätigen im wesentlichen die Resultate der vorherigen Experimente. Die in der Tab. 23 aufgeführten ED-Werte zeigen deutlich, daß die Pflanzen in den Stadien des Ährenschiebens und Halmschossens die höchste Sensibilität aufweisen. Mit einer ED_{50}-Dosis von 3 Gy (Ährenschieben) kann Winterweizen generell als empfindlich angesehen werden. Junge Pflanzen tolerieren erheblich höhere Dosen. Eine chronische Bestrahlung (s. Tab. 23) während der ganzen Vegetationsperiode mit einer akkumulierten Gesamtdosis von 42 Gy vermindert den Kornertrag um 50% gegenüber der Kontrolle. Andere, ebenfalls untersuchte Merkmale, wie Pflanzenlänge, Strohertrag, Tausendkorngewicht, Proteingehalt und Keimfähigkeit der Samen waren in viel geringerem Umfang beeinflußt, unabhängig davon, ob die Pflanzen akut oder chronisch bestrahlt werden.

In einem Freilandversuch in Töpfen (BORS et al., 1979) wurden die Sorten »Jubilar«, »Diplomat«, »Caribo«, »Fema« und »Ferto« im Stadium des Halmschoßens mit Dosen zwischen 1 und 10 Gy bestrahlt, um eine sortenbedingte Strahlenresistenz zu untersuchen. Aufgrund der erhaltenen Daten konnten keine großen Resistenzunterschiede zwischen den Sorten festgestellt werden.

Die Wirkung der Betakomponente des Fallout wurde bei Winterweizen »Jubilar« in 4 Entwicklungsstadien (Zweiblatt, Bestockung, Halmschoßen, Ährenschieben) untersucht. Neben ^{90}Y-Betastrahlen wurden auch 30 kV-Röntgenstrahlen verwendet, da diese mit den ^{90}Y-Betastrahlen eine vergleichbare Energie und Eindringtiefe besitzen. In der Tab. 23 wurden die für die 50%ige Kornertragsreduktion erforderlichen Strahlendosen zusammengestellt. In den ersten 3 Entwicklungsstadien wurden die Pflanzen nicht wesentlich beeinflußt; die Wirkung der ^{90}Y-Betastrahlen war dabei bedeutend geringer als die der 30 kV-Röntgenstrahlen. Dies ist wohl auf den Abstand zwischen den Blattachseln, wo die metallischen ^{90}Y-Plättchen zur Falloutsimulation befestigt waren und dem empfindlichen Meristem zurückzuführen. Dagegen stieg die Empfindlichkeit der Pflanzen im Stadium des Ährenschiebens sprunghaft an. In dieser Entwicklungsphase ist die Wirkung der Betakomponente durchaus vergleichbar mit der der Röntgenstrahlen. Hier lagen die ^{90}Y-Plättchen unmittelbar über den von Blättern eingeschlossenen Ähren. Eine Dosis von 6 Gy ^{90}Y-Betabzw. 30 kV-Röntgenstrahlen ist dabei ausreichend, um den Kornertrag auf 50% der Kontrolle zu reduzieren. Eine nennenswerte Schädigung im Strohertrag konnte nur im Stadium des Ährenschiebens bei Behandlung mit 30 kV-Röntgenstrahlen (17 Gy) registriert werden.

7.1.2 Sommerweizen *Triticum aestivum*

Über die Strahlenempfindlichkeit von Sommerweizen informieren eine große Zahl von Untersuchungen verschiedener Autoren. Man kann generell feststellen, daß die Bestrahlung von trockenen Samen mit höheren Dosen als 400 Gy in den meisten Fällen zum Absterben der Pflanzen führt (ANANTHASWAMY et al., 1971).

Daten zur Strahlenempfindlichkeit von Sommerweizen im Wachstum stellten SPARROW et al. (1971) zusammen. Die Arbeiten mit der Sorte »Kloka« wurden von DAVIES (1968) als Topfversuch im Gewächshaus durchgeführt, und die Angaben zu »Indus« stammen aus Experimenten von BOTTINO und SPARROW (1971). Es zeigte sich deutlich, daß die Pflanzen im Stadium des Ährenschiebens am empfindlichsten waren. Dosen von 9 Gy führten bereits zur Ertragsreduktion von 50%. Untersuchungen von DAVIES (1968) haben außerdem ergeben, daß die Bestrahlung mit 20 Gy im Zwei- bzw. Vierblattstadium zum Absterben der Pflanzen vor der Reife führt. Dies gilt nicht für Pflanzen, die in späteren Stadien bestrahlt wurden, bei ihnen erfolgte sogar noch eine Kornbildung. Dosen von 5 Gy und weniger, appliziert im 2- bzw. 4-Blattstadium, verursachen keine nennenswerte Effekte, der Kornertrag wird nur geringfügig reduziert (ED_{10} = 5,4 Gy).

In Topfversuchen, die IQBAL (1980), mit drei unterschiedlichen Sorten (»Yecora«, »Chenab-70«, »Pari«) durchführte, wurde neben dem Effekt des Entwicklungsstadiums auf die Strahlenempfindlichkeit auch der Sorteneinfluß untersucht. Pflanzen der Sorten »Yecora« und »Pari« starben nach einer Bestrahlung im Einblattstadium mit Dosen von 25 Gy und darüber ab (Tab. 24), während Pflanzen der Sorte »Chenab« noch Dosen von 40 Gy überlebten. Auch in den späteren Entwicklungsstadien zeigten sie die höchste Resistenz. Die niedrigsten ED_{50}-Werte wurden nach Bestrahlung während der Blüte ermittelt, auch die Sorte »Pari« war in diesem Stadium am empfindlichsten. Die ED_{10}-Werte scheinen diese Tendenz zu bestätigen. ED_{90}-Werte konnten nicht aufgestellt werden, weil entweder die Pflanzen vor der Reife abstarben (Behandlung im 1-Blattstadium) oder die verabreichten Dosen (max. 40 Gy) keine so großen Schäden verursachten.

Feldversuche mit der Sorte »Opal« zeigten deutlich, daß die Bestrahlung während des Halmschossens und Ährenschiebens zur höchsten Ertragsreduktion führt (Tab. 24). Hier

Tab. 24: Wirkung einer akuten Bestrahlung in verschiedenen Wachstumsstadien und nach chronischer Bestrahlung während der ganzen Vegetationsperiode auf den Kornertrag von Sommerweizen *Triticum aestivum*

Sorte	Stadium bei Bestrahlung	Strahlenart u. Dosisleistung	Reduktion zur Kontrolle ED			Literatur
			10	50 [Gy]	90	
»Kloka«	2–4-Blatt	Gamma	5,4	14,1	38,0	DAVIES
	Ährenschieben		2,4	9,0	27,3	(1968)
	Blüte		4,0	17,8	55,8	
»Indus«	Sämling	Gamma	16,4	20,6	32,3	SPARROW et al. (1971)
»Yecora«	1-Blatt	Gamma	+	+	+	IQBAL (1980)
	Ährenschieben		8	20	–	
	Blüte		7	20	–	
»Chenab«	1-Blatt	Gamma	30	40	–	
	Ährenschieben		15	25	–	
	Blüte		8	20	–	
»Pari«	1-Blatt	Gamma	+	+	+	
	Ährenschieben		10	13	–	
	Blüte		7	11	–	
»Opal«	Zweiblatt	300 kV-Röntgen	15	50	–	BORS
	Vierblatt		9	50	–	et al.
	Halmschossen		4	14	–	(1979)
	Ährenschieben		6	17	–	
	Blüte		17,5	30	–	
	chronisch	Gamma (0,08 Gy/d bzw. 0,4 Gy/d)	8	40		

+ = Pflanzen starben vor der Reife   – = nicht ermittelt

reichen bereits Dosen von 14 bzw. 17 Gy für eine 50%ige Ertragsreduktion aus. Wird im
2- bzw. 4-Blattstadium oder während der Blüte bestrahlt, reagiert Sommerweizen der Sorte
»Opal« bedeutend unempfindlicher. Hier wurden ED $_{50}$-Werte von 30 und 50 Gy ermittelt.
Bei chronischer Bestrahlung (0,4 Gy/d) wurde nach einer akkumulierten Dosis von 40 Gy
der Kornertrag auf 50% gegenüber der Kontrolle reduziert: Der Effekt ist vergleichbar mit
der Wirkung von akuten Röntgenstrahlen nach Applikation in den unempfindlichen Stadien. Bei den genannten Topfversuchen (DAVIES, 1968; IQBAL, 1980) erwiesen sich die
Sorten »Kloka« und »Pari« in den Topfversuchen als etwas empfindlicher als »Opal« im
Feldversuch. Die abweichenden Resultate der hier verglichenen Versuche könnten auf
Sorten- und/oder Standortunterschiede, sowie auf Unterschiede in der Dosisleistung und
in der Bestrahlungsgeometrie zurückzuführen sein.

Vergleichbare Ergebnisse lieferten Versuche nach chronischer Bestrahlung (DONINI et al.
1964). Die Sorten »Brescia«, »Terminillo« und »Turano« wurdem vom 3-Blattstadium an
bis zur Reife (ca. 11 Wochen) 20 h pro Tag im Gammafeld bestrahlt. Nach einer Dosisleistung von 0,72 Gy/d waren die Ährchen der bestrahlten Pflanzen infertil, nach 0,52 Gy/d
wurde ihre Fertilität auf annähernd 10% der Kontrolle reduziert. Die ED$_{50}$Werte liegen
dicht beieinander, sie sind vergleichbar mit dem ED$_{50}$-Wert, der bei der Sorte »Opal« nach
einer Dosisleistung von 0,4 Gy/d von BORS et al. (1979) ermittelt wurde. Zu diesen
Resultaten nach chronischer Bestrahlung sei noch hinzugefügt, daß auch bei Winterweizen
der Sorte »Jubilar« die ED$_{50}$-Werte bei der gleichen Dosisleistung (0,4 Gy/d und Gesamtdosen von 40 Gy) registriert wurden.

Die Versuchsergebnisse nach akuten und chronischen Bestrahlungen lassen erkennen,
daß andere Ertragsmerkmale, wie Strohertrag, Pflanzenlänge, Tausendkorngewicht, Proteingehalt und Keimfähigkeit der geernteten Körner im Vergleich zum Kornertrag nur
unwesentlich beeinträchtigt wurden. Beim Strohertrag und Proteingehalt wurde sogar eine
Stimulation bei mittlerer Dosis bzw. Dosisleistung beobachtet.

Die Sortenunterschiede bei der Strahlenempfindlichkeit von Sommerweizen wurden
bereits im Abschnitt 6.2 (Abb. 59) ausführlich erörtert.

Besondere Beachtung gilt noch der Frage, inwieweit sich die Bestrahlung während der
Vegetationsperiode auf die Tochtergeneration auswirkt (DAVIES a. MACKAY, 1973; BORS et
al. 1979 und IQBAL a. AZIZ, 1981). Zusammenfassend läßt sich nach den vorliegenden
Untersuchungsergebnissen an verschiedenen Getreidearten sagen, daß eine Bestrahlung
in der reproduktiven Entwicklungsphase (Ährenschieben, Blüte) die zweite Generation
stärker schädigt als eine Bestrahlung der Elternpflanzen in früheren Stadien (1 bis
2-Blattstadium). Als Beispiel soll auf die Ergebnisse eines Feldversuchs mit Nachbau der
Samen von Sommerweizen aus der bestrahlten Generation von NIEMANN et al. (1978)
(Abb. 63) verwiesen werden. Mittlere Strahlendosen, die bei den Elternpflanzen im Stadium
des Ährenschiebens den Kornertrag um ca. 70% der Kontrolle reduzieren, bewirken im
Nachbau einen weiteren Verlust von 50%.

Um die Wirkung der Betakomponente des radioaktiven Fallouts zu ermitteln, behandelte SCHULZ (1971) Weizenpflanzen mit ^{90}Y-Betastrahlen, wobei das Isotop in Sandkör-
ner eingebrannt auf den Pflanzen verteilt wurde, sobald diese eine Länge von 33 cm erreicht
hatten. Aufgrund dieser Behandlung mit 264 MBq bzw. 27 Gy wurde der Kornertrag auf
42% gegenüber der Kontrolle herabgesetzt. Die Pflanzenlänge und das Trockengewicht
wurden geringfügig beeinflußt, eine Chlorose der Blätter war ebenfalls zu beobachten.
Ähnliche Resultate wurden erzielt, wenn junge Pflanzen von der Sorte »Ramona 50« in
^{90}Y-haltiger Lösung, die wegen der besseren Benetzung Tween 20 enthielt, eingetaucht
waren (SCHULZ u. BALDAR, 1972). Die Experimente, die von BORS et al. (1979) mit der Sorte
»Kolibri« durchgeführt wurden, erwiesen sich ^{90}Y-Betastrahlen generell als effektiver.
Hinsichtlich des Kornertrages wurden ED$_{50}$-Werte nach 8 Gy mit ^{90}Y-Betastrahlen und
6,5 Gy mit 30-kV-Röntgenstrahlen erzielt; letztere wurden wegen ihrer ähnlichen Eindring-

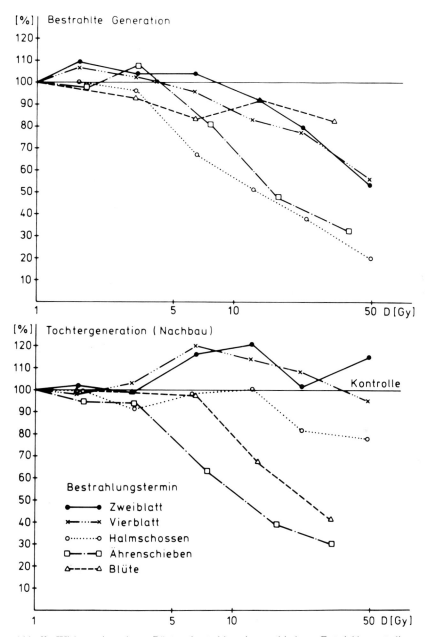

Abb. 63: Wirkung einer akuten Röntgenbestrahlung in verschiedenen Entwicklungsstadien auf den Kornertrag von Sommerweizen *Triticum aestivum* (nach NIEMANN et al., 1978)

tiefe als Vergleich eingesetzt. Die Körneranzahl pro Ähre nahm bei den Betastrahlen im gleichen Maße ab, wie das Korngewicht pro Ähre, während die Röntgenstrahlen eine etwas stärkere Abnahme der Kornzahl verursachten.

7.1.3 Hartweizen *Triticum durum*

Über die Strahlenempfindlichkeit von tetraploidem Hartweizen liegt eine Arbeit von
DONINI et al. (1964) vor, in welcher der Einfluß der Dosisleistung auf die Ährenfertilität
untersucht wird. Eine chronische Bestrahlung mit ^{60}Co-Gammastrahlen wurde vom
3-Blattstadium bis zur Reife der Pflanzen durchgeführt. Abbildung 64 zeigt den Verlauf der
Schädigung bezogen auf die Ährenfertilität der Sorten »Aziziah«, »Capelli« und »Grifoni«.
Es kann offensichtlich ein Unterschied in der Empfindlichkeit einzelnen Sorten beobachtet werden, insbesondere bei einer Dosisleistung von 0,2 Gy/d (34 Gy Gesamtdosis) betragen. Mit Dosen von 0,3 Gy/d verschwinden die Unterschiede; dabei wird die Fertilität
der Ähren auf weniger als 30% der Kontrolle herabgesetzt. Höhere Dosisraten verhin-
dern völlig einen Samenansatz. Im Vergleich zum hexaploiden Sommerweizen im gleichen Experiment erwiesen sich die Hartweizensorten im allgemeinen als empfindlicher
(vergl. auch Kap. 6.2).

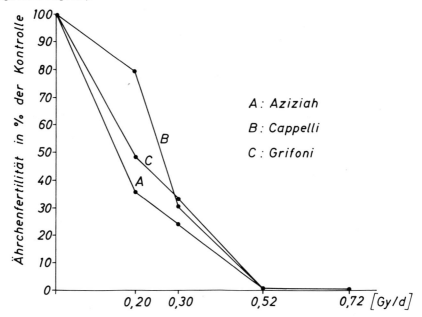

Abb. 64: Wirkung einer chronischen Bestrahlung auf die Fertilität von Hartweizensorten
(nach DONINI et al., 1964)

7.1.4 Triticale *Triticum aestivum* x *Secale sereale*

Bei winterhartem hexaploiden Triticale (»GTA–131«) wurde nach akuter (23 Gy/h) Samenbestrahlung (13% Wasergehalt) mit 465 Gy Gammastrahlen bzw. 15,2 Gy Spaltneutronen
die Überlebensrate nach 3 Wochen Kultur um 50% reduziert (SAPRA a. CONSTANTIN, 1978).
Die hohen Dosiswerte hängen mit der sehr kurzen Versuchsdauer von 3 Wochen zusammen. Erfahrungsgemäß ergeben sich wesentlich niedrigere LD-Werte, wenn die Versuche
bis zum Ende der Vegetationsperiode andauern.

7.1.5 Hirse *Sorghum vulgare*

Von den Getreidearten scheint Hirse die größte Strahlenresistenz zu besitzen. Von
SPARROW et al. (1971) wird ihr LD_{50}-Wert nach der Bestrahlung von ruhenden Samen mit
400 Gy und höher angegeben (Tab. 25). In Untersuchungen, die WOODSTOCK u. JUSTICE
(1967) an Samen mit einem Wassergehalt von 10,5% durchführten, wurde nach Behandlung
mit 800 Gy ^{60}Co-Gammastrahlen die Pflanzenlänge auf 30% und das Frischgewicht der Sämlinge nach 4 Tage Keimung auf 72% der Kontrolle reduziert. Es ist nicht ausgeschlossen,
daß eine längere Versuchsdauer die Strahlenwirkung modifiziert hätte. In einer früheren
Arbeit von NIRULA (1963) wird die LD_{50} von *Sorghum vulgare*-Samen mit 651 Gy nach einer
^{60}Co-Gammabestrahlung, sowie mit 637 Gy nach einer Bestrahlung mit 50 kV Röntgenstrahlen angegeben.

Tab. 25: Wirkung ionisierender Strahlen auf Hirse *Sorghum vulgare*

Sorte	Stadium bei Bestrahlung	Strahlenart	Paramter	Reduktion zur Kontrolle ED_{10} ED_{50} [Gy]		Literatur
»IS 2251«	ruhende Samen	Gamma ^{60}Co-Gamma 50kV-Röntgen	Über lebens- rate	– – –	>400 651 637	SPARROW et al. (1971) NIRULA (1963)
»Pq 7«	Einblatt Ähren- schieben Blüte	Gamma	Kornertrag	50 20 25	130 100 75	IQBAL (1980)
»Ks 12«	Einblatt Ähren schieben Blüte	Gamma	Kornertrag	30 20 15	120 100 80	
»Ts 100«	Einblatt Ähren schieben Blüte	Gamma	Kornertrag	50 30 25	120 120 100	

– bedeutet: nicht ermittelt

Auch nach einer Bestrahlung während der Vegetationszeit (Einblattstadium, Ährenschieben) weisen Hirsepflanzen eine relative Unempfindlichkeit auf, wie dies aus der
Tabelle 25 hervorgeht. Die Blütezeit dagegen kann als empfindlichstes Stadium angesehen
werden, obwohl auch hier Dosen von 75 bis 100 Gy für eine Reduktion des Kornertrages um
50% erforderlich sind.

Von den 3 untersuchten Sorten (»Pq7«, »Ks12«. »Ts100«) scheint der niedrig wachs-
ende Typ »Pq7« am empfindlichsten zu sein, jedoch sind die Unterschiede zwischen den
3 Sorten als nicht wesentlich zu bezeichnen. Außer den in der Tabelle 25 aufgeführten
Werten ergaben sich noch weitere bemerkenswerte Resultate: Niedrige Dosen (10–30 Gy)
verursachten je nach Wuchsform und Entwicklungsstadium der Pflanzen eine Stimulation
der Halmlänge, während Dosen von 50 und 100 Gy unabhängig von Wuchsform und
Stadium eine Reduktion der Halmlänge bewirkten. Eine erhöhte Anzahl Halme wurden bei
den niedrigen und mittleren Formen mit niedrigen Dosen in den ersten beiden Entwicklungsstadien beobachtet. Ein erhöhter Kornertrag war hauptsächlich in solchen Fällen zu
beobachten, in denen auch die Bestockung erhöht wurde (IQBAL, 1980).

7.1.6 Sommergerste *Hordeum vulgare*

Die Sommergerste gehört zu den am besten erforschten Pflanzenarten. Schon vor mehr als 30 Jahren wurden grundlegende strahlenbiologische Untersuchungen an Gerste durchgeführt, um die Auswirkung der einzelnen Strahlenarten und die Modifikation der Strahlenwirkung durch Umgebungsfaktoren zu ermitteln (CALDECOTT 1955, 1958; EHRENBERG 1955; NILAN et al., 1961; BIEBL u. MOSTAFA, 1965; WOLF u. SICARD, 1961; CONGER et al., 1966, 1968, 1973). Besonders häufig wurde die Sommergerste auch zur Mutationszüchtung herangezogen. Die Publikationen auf diesem Gebiet haben inzwischen einen enormen Umfang angenommen, so daß hier nur auf einige der einschlägigen Spezialabhandlungen und Sammelwerke hingewiesen werden soll. (GUSTAFSSON u. v. WETTSTEIN (1958), GUSTAFSSON et al. (1965); GAUL (1964), CONGER et al. (1966), IAEA (International Atomic Energy Agency (1965), CONGER (1973)).

HERMELIN (1959) untersuchte den Einfluß der verschiedenen ontogenetischen Stadien auf die Strahlenwirkung in Bezug auf die Fertilität. Die Sorten »Bonus« und »Erectoides« wurden in einem Topfversuch vor der Meiose, während der Meiose und danach bis zur Kornbildung bestrahlt. Die höchste Sensibilität konnte im prämeiotischen Stadium beobachtet werden. Dosen von weniger als 10 Gy verursachten eine merkliche Reduktion. Auch die Rolle der Dosisleistung wurde dabei untersucht. Dosen, die akut in kurzer Zeit (3 h) verabreicht wurden, waren wirksamer als eine längere Applizierung (48 h). Untersuchungen mit der Sorte »Foma« (Tab. 26) ergaben eine stärkere Schädigung, wenn die Pflanzen in der generativen Phase bestrahlt wurden (HERMELIN, 1970). Dosen von ca. 10 Gy in der Meiose verabreicht, verursachten eine Reduktion der Fertilität von 50%, sogar noch in der zweiten Generation.

Tab. 26: Wirkung ionisierender Strahlen auf den Kornertrag von Sommergerste *Hordeum vulgare*

Sorte	Stadium bei Bestrahlung	Strahlenart u. Dosisleistung	Reduktion zur Kontrolle ED			Literatur
			10	50 [Gy]	90	
»Foma«	Bestockung	Gamma	–	>50	–	HERMELIN
	Meiose		1	10	20	(1970)
	Ährenschieben		–	35	40	
»Maris Badger«	2-4-Blatt	Gamma	3,1	4,7	8,9	DAVIES
	Ährenschieben		1,3	6,2	19,5	(1970)
	Blüte		4,0	60	100	
»Mari«	Sämling	Gamma	9,6	13,7	25,0	SPARROW et al. (1971)
»Breuns wisa«	Zweiblatt	300 kV-Röntgen	16	40	–	BORS et al.
	Vierblatt		18	55	–	(1979)
	Halmschoßen		6	13	30	
	Ährenschieben		10	22	70	
	Blüte		24	100	–	
	chronisch	Gamma	10	30 (0,4 Gy/d)	65	
»Carina«	Bestockung	300 kV-Röntgen	9	35	–	BORS
	Ährenschieben		3	5,5	8	et al. (1979)

– bedeutet: nicht ermittelt

Nach den Versuchsergebnissen von DAVIS (1970) waren Pflanzen der Sorte »Maris Badger« nach Dosen von 20 Gy, sogar zum Teil schon nach 10 Gy noch vor dem Reifestadium abgestorben, wenn die Bestrahlung im Zwei- u. Vierblattstadium erfolgte (Tab. 26). In späteren Stadien bestrahlte Pflanzen überlebten zwar diese Dosen, waren jedoch hinsichtlich ihres Ertrages in starkem Maße geschädigt. Die höchste Sensibilität konnte auch hier in der Phase des Ährenschiebens festgestellt werden (ED_{50} = 6,2 Gy). Die starke Ertragsreduktion lag vermutlich an der verringerten Ährenzahl und in der Abnahme des Einzelkorngewichtes. Auch die Nachbaugeneration wurde geschädigt; die in der Blüte und danach bestrahlten Pflanzen zeigten erhebliche Ertragseinbußen (DAVIS 1973). Niedrigere Dosen hatten auf den Kornertrag keinen Effekt, obwohl eine stark erhöhte Halmzahl gegenüber der Kontrolle – insbesondere bei den im 2- und 4-Blattstadium und während des Ährenschiebens bestrahlten Pflanzen – zu beobachten war. Im allgemeinen kann die Sorte »Maris Badger« gegenüber »Mari« u.a. als besonders strahlenempfindlich bezeichnet werden.

Akute Bestrahlungen im Freiland mit den Sorten »Breuns Wisa« und »Carina« in verschiedenen Entwicklungsstadien, verursachten die größten Schädigungen, wenn die Dosen in der reproduktiven Phase appliziert wurden (BORS et al., 1979). »Breuns Wisa« wurde durch die Bestrahlung während des Halmschoßens am meisten geschädigt (LD_{50} = 13 Gy). In früheren und späteren Stadien applizierte Dosen erwiesen sich als weniger wirksam, da die Pflanzen in diesen Entwicklungsphasen offenbar resistenter sind.

Nach einer chronischen Bestrahlung (0,4 Gy/d Dosisleistung, 30 Gy Gesamtdosis) wurde der Kornertrag von »Breuns Wisa« auf 50% gegenüber der Kontrolle herabgesetzt. Der Wert der Dosisleistung (0,4 Gy/d) läßt sich mit den anderen Getreidearten in Feldversuchen erzielten Resultaten vergleichen. Der etwas niedrigere ED_{50}-Wert von 30 Gy akkumulierter Dosis kommt durch die kürzere Vegetationszeit der Sommer-Anbauform dieser Getreideart zustande. YAMAKAWA a. SPARROW (1965) berichten über die Reduktion des Samenansatzes bei der japanischen Sorte »Chikurin« auf 50% gegenüber der Kontrolle nach einer Bestrahlung (20h/d) mit 0,25 Gy/d.

Bei der Sorte »Carina« waren die Pflanzen während des Ährenschiebens sehr empfindlich (BORS et al., 1979). Die ermittelten Werte der ED_{50} mit 5,5 Gy liegen nicht weit entfernt von den ED_{50}-Werten (6,2 Gy) der Sorte »Maris Badger« in diesem Stadium.

Erwähnenswert sind noch die Versuche von CAMPELL (1966) mit der Sorte »Hannchen«, in denen die Pflanzen in vier spezifischen Stadien der Embryogenese (frühes und spätes Proembryo bzw. frühe und späte Differenzierung) mit 4 Gy bestrahlt wurden. Allgemein wurde das frühe Proembryostadium als am empfindlichsten und das späte Proembryostadium als am resistentesten eingestuft.

7.1.7 **Winterroggen** *Secale cereale*

Von SPARROW und Mitarbeiter (1971) angegebene LD_{50}-Werte für Getreidearten deuten darauf hin, daß Winterroggen mit 80–160 Gy behandelt (Bestrahlung von trockenen Samen) zu den strahlenempfindlichsten Arten gehört.

Auch gegenüber akuter Bestrahlung von Pflanzen der Sorte »Petkuser Kurzstroh« in verschiedenen Entwicklungsstadien zeichnet sich diese Art mit einer relativ hohen Sensibilität aus (BORS et al. 1979) (Tab. 27). Die Stadien des Halmschoßens und Ährenschiebens können als die empfindlichsten angesehen werden. Hierbei wurde der Kornertrag mit Dosen von 5 bzw. 4 Gy auf die Hälfte reduziert. Für die gleichen Schädigungen sind im frühen Zweiblatt- und Vierblattstadium oder im späteren Blüte-Stadium erheblich höhere Dosen erforderlich.

Fünf weitere Sorten wurden in einem Topfversuch miteinander verglichen. Die in 3 verschiedenen Entwicklungsstadien (s. Tab. 27) bestrahlten Pflanzen weisen eine außerordentlich starke Strahlenempfindlichkeit auf. Bei den Sorten »Kustro« und »Carstens«

Tab. 27: Wirkung ionisierender Strahlen auf den Kornertrag von Winterroggen *Secale sereale*

Sorte	Stadium	Strahlenart u. Dosisleistung	Reduktion zur Kontrolle ED			Literatur
			10	50 [Gy]	90	
»Petkuser	Zweiblatt	300 kV-Röntgen	11	35	–	Bors
Kurzstroh«	Vierblatt		3	30	50	et al.
	Halmschoßen		3	5	16	(1979)
	Ährenschieben		2	4	25	
	Blüte		5	20	35	
	chronisch	Gamma 0,12–0,3 Gy/d	7	23	70	
»Kustro«	I	300 kV-Röntgen	1	5	10	Bors
	II		>1	0,9	4,6	et al.
	III		>1	5	13	(1979)
»Carstens«	I	300 kV-Röntgen	2,2	8	16	
	II		>1	0,9	9	
	III		3,2	9	22	
»Nomaro«	I	300 kV-Röntgen	1,6	5,5	11	
	II		>1	1,2	10	
	III		1,6	6	16	
»Karlshulder«	I	300 kV-Röntgen	2,7	6	14	
	II		>1	1,5	10	
	III		1,4	7	25	
»Tero«	I	300 kV-Röntgen	4	7	12	
	II		>1	1,4	1,6	
	III		>1	3	9,5	

I = kurz vor Halmschoßen;   II = zwischen Halmschoßen u. Ährenschieben;   III = nach Ährenschieben

führten vor dem Ährenschieben verabreichte Dosen von weniger als 1 Gy zu einer 50%igen Reduktion des Ertrages. Etwas resistenter erwiesen sich die Sorten »Karlshulder« und »Tero«. Es ist auffallend, daß der Tetraroggen (»Tero«) im Gegensatz zu den anderen Sorten gerade im I. Stadium am resistentesten war, in den zwei späteren Stadien (II u. III) bestrahlt eine hohe Empfindlichkeit aufwies. Relativ resistent war noch die Sorte »Carstens« im I. und III. Stadium.

Auch eine chronische Bestrahlung ist bei Winterroggen hinsichtlich Ertragsreduktion relativ wirkungsvoll. Bereits die Dosisleistung von 0,12 Gy/d mit einer Gesamtdosis von 23 Gy reicht aus, um den Kornertrag auf 50% der Kontrolle herabzusetzen. Bei der akkumulierten Dosis von 23 Gy als ED_{50} muß die lange Vegetationsperiode von Winterroggen – Bestrahlung auch während der Winterruhe – berücksichtigt werden. Dadurch wird die relative Strahlenempfindlichkeit dieser Getreideart noch zusätzlich hervorgehoben.

Nach chronischer Bestrahlung einer Roggen-Unkraut-Vegetation stellten Holt und Bottino (1972) fest, daß zur Reduktion des Kornertrags die Dosen wesentlich geringer sind (etwa um die Hälfte) als zur Reduktion der Überlebensrate. Eine Dosisleistung von 0,1 Gy/d bei Gesamtdosen von ca. 10 Gy schränkte die Samenproduktion stark ein und nahm mit erhöhter Dosisleistung exponentiell ab. In diesem Versuch wurde vom Frühjahr bis zur Reife bestrahlt.

7.1.8 Sommerroggen *Secale cereale*

Bors et al.(1979) bestrahlten Sommerroggen sowohl akut in verschiedenen Wachstumsstadien als auch chronisch (während der ganzen Wachstumsperiode), um die Strahlenwirkung auf den Ertrag zu untersuchen (Tab. 28). Wie aus den ermittelten Werten hervorgeht, ist Sommerroggen in den Stadien des Halmschoßens ($ED_{50} = 4$ Gy) sehr strahlenempfindlich, ähnlich der Winterform, insbesondere in der akuten Bestrahlung (s. Farbtafel). Nach chronischer Bestrahlung waren etwas höhere Gesamtdosen (35 Gy) (Dosisleistung 0,18 Gy/d) für die 50%ige Ertragsreduktion erforderlich.

Tab. 28: Wirkung ionisierender Strahlen auf den Kornertrag von Sommerroggen *Secale cereale*

Sorte	Stadium bei Bestrahlung	Strahlenart u. Dosisleistung	Reduktion zur Kontrolle ED in Gy			Literatur
			10	50	90	
»Petkuser«	Zweiblatt	300 kV-Röntgen	3	35	–	Bors
	Vierblatt		3	20	40	et al.
	Halmschoßen		1,3	4	30	(1979)
	Ährenschieben		1,7	7	45	
	Blüte		6	30	–	
	chronisch	Gamma	10	35	45	
				(0,18 Gy/d)		

– bedeutet: nicht ermittelt

7.1.9 Hafer *Avena sativa*

Sparrow et al. (1971) ermittelten für trockene Samen die 50%ige Überlebensrate nach Dosen von 170–270 Gy (^{60}Co-Gammastrahlen). Werden die Samen dagegen 1 bis 2 Tage nach der Aussaat bestrahlt, reichen bereits Dosen von 10 Gy aus, um den gleichen Effekt zu erreichen, da sich die Samen durch den Quellungszustand in einer empfindlichen Phase befinden. Koo (1962) bestrahlte die diploide *Avena strigosa* Sorte »Saia« und die hexaploide *A. sativa* Sorte »Minhafer« mit Röntgenstrahlen und thermischen Neutronen. Die Überlebensrate war bei der diploiden Art stärker reduziert (um 91% bei »Saia« und um 31% bei »Minhafer« zur Kontrolle bei 150 Gy), ebenso war die Anzahl der Mutationen auch bedeutend höher (57 bei »Saia« bzw. 27 bei »Minhafer«). Über die Strahlenempfindlichkeit von Hafer während verschiedener Wachstumsphasen haben Sparrow et al. (1971) Daten zusammengestellt (Tabelle 29). Die Angaben zur Sorte »Condor« stammen von Davies (1970). Wie die Tabelle verdeutlicht, zeigt die Strahlenwirkung in den einzelnen Dosisbereichen einen unterschiedlichen Verlauf. So reagierten die Pflanzen bei Bestrahlung mit niedrigeren Dosen während der Blüte ($LD_{10} = 4,2$ Gy) und des Ährenschiebens ($LD_{10} = 4,9$ Gy) empfindlicher als im Zwei-oder Vierblattstadium ($LD_{10} = 6,6$ Gy), bei höheren Strahlendosen (LD_{50} und LD_{90}) wurden bereits im Jugendstadium größere Schäden verursacht als zur Zeit der Blüte bzw. Ährenschiebens. Bemerkenswert ist, daß die Pflanzen während der Blüte noch genauso empfindlich reagieren, wie während des Ährenschiebens. Damit zeigt Hafter eine von den anderen Getreidearten deutlich abweichende Reaktion.

Tab. 29: Wirkung einer akuten Bestrahlung in verschiedenen Entwicklungsstadien auf Hafer, *Avena sativa*

Sorte	Stadium bei Bestrahlung	Strahlenart und Dosis-leistung	Parameter	Reduktion zur Kontrolle ED od. LD			Literatur
				10	50 [Gy]	90	
»Condor«	2-4-Blatt	Gamma	Kornertrag	6,6	9,2	16,2	SPARROW et al., (1971)
	Ähren-schieben	18 Gy/h	Kornertrag	4,9	22,1	69,2	
	Blüte			4,2	22,1	70,9	
»Orbit«	Sämling	simulierter Fallout	Kornertrag	17,9	19,5	23,8	
	trockene Samen	Gamma	Überlebens-rate		170–270		
	1–2 Tage n. Aussaat				10		

7.1.10 Mais *Zea mays*

NOTANI und GAUR (1962) ermittelten die Überlebensraten von Mais 20 Tage nach der Bestrahlung von Samen mit verschiedenen Wassergehalten. 50% der Pflanzen starben nach einer Dosis von 540 Gy bei einem Wassergehalt von 10,6%, bei einem Wassergehalt von 1,9% lag die LD_{50} bei 100 Gy. Wassergehalte weit unter dem normalen können die Strahlen-empfindlichkeit ebenso erhöhen wie höhere, wie bereits im Kap. 5.7 erörtert wurde.

Die Wirkung einer akuten Bestrahlung im Sämlingsstadium auf die Überlebensrate bei der Sorte »Golden Bantam« untersuchten SPARROW und PUGLIELLI (1969). Die Sämlinge wurden in einem Alter von 23 Wochen nach Aussaat mit simulierter Falloutstrahlung (abnehmende Dosisleistung) einer ^{137}Cs-Quelle behandelt. Mit der gleichen Methode wurden 12 Tage alte Pflanzen der Hybridsorte »B 37 RF x B 14 RF« von SPARROW et al. (1970) bestrahlt, wobei neben Überlebensrate auch der Kornertrag ermittelt wurde. Die wichtigsten Resultate dieser beiden Arbeiten sind in Tabelle 30 zusammengefaßt. Es

Tab. 30: Wirkung einer akuten Bestrahlung im Sämlingsstadium auf Überlebensrate und Kornertrag von Mais *Zea mays*

Sorte	Stadium bei Bestrahlung	Parameter	Reduktion zur Kontrolle ED od. LD			Literatur
			10	50 [Gy]	90	
»Golden Bantam«	Sämling	Überl.rate	29,6	37,6	45,6	SPARROW a. PUGLIELLI (1969)
B 37 RF × B14 RF	Sämling	Kornertrag	12	37,0	60,0	SPARROW et al. (1970)
B 37 RF × B14 RF	Sämling	Überl.rate	40,6	49,9	59,2	

zeigt sich, daß durch niedrige Dosen der Kornertrag stärker reduziert wird als die Überlebensrate, bei höheren Dosen hingegen werden Kornertrag und Überlebensrate gleichermaßen reduziert. Insgesamt betrachtet war »Golden Bantam« etwas empfindlicher, als die Einfachkreuzung »B 37 RF x B 14 RF«.

In genauer definierten ontogenetischen Stadien führten KILLION und CONSTANTIN (1972) akute Bestrahlungen bei der Sorte »Golden Bantam« und der Hybride »WF 9 x 38 – 11« durch. Die Bestrahlungen mit einer ^{60}Co-Quelle wurden im Einblatt- und Vierblattstadium, sowie im Stadium der Ausbildung der Primordien für Rispen und Kolben (generative Entwicklungsphase, 28 Tage nach Aussaat) appliziert. Untersucht wurden Überlebensrate, Pflanzenhöhe und Kornertrag. Die Strahlendosen, die zu einer 50%-igen Reduktion in dieser Kriterien führten, sind in Tab. 31 zusammengestellt. Wie aus den ED_{50}- bzw. LD_{50}-Werten hervorgeht, war der Kornertrag das empfindlichste Kriterium. Im allgemeinen war die Sorte »Golden Bantam« strahlensensibler als die Hybridsorte »WF 9 x 38 – 11«. Das geht aus folgenden Vergleichen hervor. Während unter den vorgegebenen Bedingungen (höchste Dosis 50 Gy) die Überlebensrate der aus der Kreuzung hervorgegangenen Pflanzen überhaupt nicht reduziert wurde, betrugen die LD_{50}-Dosen der Sorte »Golden Bantam« nach Bestrahlung im Einblattstadium 17 Gy, im Vierblattstadium 13 Gy. Es ist bemerkenswert, daß hinsichtlich der Pflanzenhöhe die Hybridsorte nach Bestrahlung in der generativen Phase stärker beeinträchtigt wurde als nach Bestrahlung im Einblattstadium. Für die 50%-ige Reduzierung des Kornertrags genügten Dosen von 5 bzw. 3 Gy im Jugendstadium von »Golden Bantam«. Der gleiche Effekt wurde bei der Hybridsorte erst mit doppelter Dosis erreicht. Im generativen Stadium betrug die ED_{50} bei der Hybridsorte 15 Gy. Die Prüfung des Zusammenhanges zwischen der unterschiedlichen Strahlenreaktion und dem ICV der beiden Sorten ergab: Das ICV von »Golden Bantam« beträgt 15,0 µm^3 und von »WF 9 x 38 – 11« 12,7µm^3.

Tab. 31: Wirkung einer akuten Bestrahlung (0,32 Gy/m) in verschiedenen Entwicklungsstadien auf zwei Sorten von Mais *Zea mays*

Sorte	Stadium bei Bestrahlung	Reduktion zur Kontrolle LD_{50} od. ED_{50} [Gy]			Literatur
		Überl.rate	Pflanzen-höhe	Korn-ertrag	
Golden Batam	Einblatt	17	20	5	KILLION
WF 9 × 38 – 11		*	40	10	und
					CONSTANTIN
					(1972)
Golden Bantam	Vierblatt	13	20	3	
WF 9 × 38 – 11		*	23	7	
WF 9 × 38 – 11	Generativ	*	20	15	

* = nicht beeinträchtigt bei Dosen bis 50 Gy

Mit der genannten Hybridsorte wurden auch Nachbauversuche angestellt, die ergaben, daß eine Bestrahlung während der generativen Entwicklungsphase auf die Tochtergeneration einen erheblich negativen Einfluß hat. Die Bestrahlungen in früheren Stadien haben kaum eine Auswirkung auf die Nachkommenschaft (SIEMER et al., 1971).

Abb. I:
Kräuselung und Deformation der jungen Blätter von *Vicia faba* 4 Wochen nach akuter Bestrahlung (2 Gy) im Zweiblattstadium. Links unbestrahlte Kontrolle

Abb. II:
Wachstumsdepression bei Winterraps nach Bestrahlung im Vierblattstadium (oben) und während der Rosettenbildung (unten) (50 und 100 Gy)

Abb. III:
Wirkung akuter Bestrahlung auf Weißkohl:
100 Gy: Pflanze am Absterben, Herzblätter braun, charakteristische Risse an den Blattstielen.
40 Gy: deformiertes Wachstum, Blattkräuselung, Chlorophylldefekte

Abb. IV:
Lockerer Weißkohlkopf infolge akuter Bestrahlung (20 Gy) bei Beginn der Kopfbildung

Abb. V:
Wachstumsdepression, Vergilben und Deformation der Blätter von Rotklee 50 Tage nach akuter Bestrahlung mit 80 Gy

Abb. VI:
Blattdeformation bei Rotklee infolge akuter Bestrahlung mit 80 Gy. Rechts unbestrahlte Kontrolle

Abb. VII:
Wachstumsdepression bei Kalanchoë nach akuter Bestrahlung mit verschiedenen Strahlendosen

Abb. VIII:
Beeinträchtigung der Ährenbildung bei Sommerroggen nach akuter Bestrahlung im Vierblattstadium.
Dosen von links: 35, 24, 18 u. 12 Gy u. Kontrolle

7.1.11 Reis *Oryza sativa*

Die LD_{50}-Werte für Reis nach Bestrahlung von trockenen Samen wurden mit Dosen von 150 – 420 Gy angegeben (SPARROW et al., 1971). Ein genaueres Bild vermitteln die Werte in Tabelle 32, die nach Bestrahlung von Samen mit unterschiedlichem Wassergehalt ermittelt wurden. Bei einem Wassergehalt von 12,4% waren sehr hohe Dosen (879 Gy) für die 50%ige Reduktion der Überlebensrate erforderlich (CONSTANTIN et al., 1970). Die Strahlenempfindlichkeit nahm zu bei niedrigem Wassergehalt (LD_{50} bei 3,6% = 153 Gy, bei 6,3% = 276 Gy) und bei höherem (LD_{50} bei 17% = 275 Gy).

Tab. 32: LD_{50}-Werte von Reis *Oryza sativa* nach Bestrahlung der Samen mit unterschiedlichem Wassergehalt (CONSTANTIN et al., 1970)

Wassergehalt der Samen [%]	LD_{50} [Gy]
3,6	153
6,3	276
10,0	581
12,4	879
17,0	267

Bestrahlungen in verschiedenen Entwicklungsstadien (Bestockung, Meiose, Ährprimordienstadium, Ährenschieben) der Sorte »Norin« ergaben, daß hinsichtlich Kornertragsreduktion die Pflanzen während der Meiose am empfindlichsten waren (KAWAI u. INOSHITA, 1965), wie dies Tab. 33 verdeutlicht. Die Ergebnisse zeigen auch, daß Reispflanzen im Vergleich zu anderen Pflanzen relativ strahlenresistent sind. Die Fertilität wird im empfindlichen Stadium mit Dosen von ca. 100 Gy auf 50% der Kontrolle reduziert. Dazu muß allerdings bemerkt werden, daß die Bestrahlung bei sehr niedriger Dosisleistung (semi-

Tab. 33: Wirkung einer **akuten** Gammabestrahlung auf den Kornertrag von Reis, *Oryza sativa*

Sorte	Stadium bei Bestrahlung	Strahlenart u. Dosisleistung	Reduktion zur Kontrolle ED_{10}	ED_{50} [Gy]	Literatur
»Norin«	Bestockung	Gamma	–	200	KAWAI a.
	Ährprimordien-bildung		–	150	INOSHITA
					(1965)
	Meiose		–	100	
	Ährenschieben		–	180	
»IR-8«	4-Blatt	Gamma	60	–	IQBAL a.
	Ährprimordien-bildung		40	100	ZAHUR
					(1975)
	Meiose		20	75	
	Ährenschieben		22	75	
»CI-8970-8«	Einblatt	Gamma	50	80	SIEMER
	31 Tage	(30 Gy/h)	40	70	et al.
	Ährenschieben		70	150	(1971)

– bedeutet: nicht ermittelt

chronisch) erfolgte. Auch IQBAL u. ZAHUR (1975) bestätigen anhand ihrer Versuche, daß Reis zu den strahlenresistenten Getreidearten gehört. Der Kornertrag wurde durch die Bestrahlung während der Meiose und des Ährenschiebens mit Dosen von 20 bzw. 22 Gy um 10% und mit Dosen von 75 Gy um 50% der Kontrolle reduziert. Im Vergleich zu Untersuchungen an anderen Getreidearten ist auch bei Reis der Kornertrag das strahlenempfindlichste Kriterium. Niedrige Dosen führen allerdings zu keiner Beeinträchtigung; sie können andere Merkmale, wie z.B. Bestockung u. Halmlänge sogar stimulieren.

Eine nennenswerte Abnahme der Halmzahl pro Pflanze war nur nach Bestrahlung während der Bildung der Ährenanlagen bei hohen Dosen zu verzeichnen. Ähnliche Resultate ergaben die Versuche von SIEMER et al. (1971). Sie bestätigen, daß der Kornertrag während der reproduktiven Phase (von der Rispenbildung bis zur Blüte) am stärksten geschädigt wird. Allerdings überlebten in einem der Experimente junge Pflanzen (2 Tage nach der Keimung) Dosen von 150 Gy nicht. Die Bestrahlung mit 50 Gy verursachte eine zwar geringe, jedoch signifikante Ertragsreduktion. Die ED_{50} nach chronischer Bestrahlung wird mit 2,5 Gy/d und einer Gesamtdosis von 250 Gy angegeben (YAMAKAWA u. SPARROW, 1965). Fassen wir die Ergebnisse zusammen, scheint Reis etwa zehnmal resistenter zu sein als beispielsweise Sommergerste (vergl. Abschn. 7.1.6).

7.2 Hülsenfrüchte

7.2.1 Speisehülsenfrüchte

Die Strahlenresistenz von Speisehülsenfrüchten wurde von SPARROW et al. (1971) und DAVIS (1973) sowie KEPPEL (1974) eingehend untersucht. SPARROW ermittelte die Strahlenempfindlichkeit der Speiseerbse *Pisum sativum* »Alaska« in Topfversuchen, wobei die Sämlinge bestrahlt wurden. Ertragsbeeinträchtigung und Überlebensrate sind in Tab. 34 aufgelistet. DAVIES (1973) bestrahlte die Pflanzen in zwei verschiedenen Wachstumsstadien; und zwar einmal in der vegetativen und ein anderes Mal in der generativen (Blüte) Phase. Generell kann man feststellen, daß während der Blüte (Tab. 34) die Pflanzen empfindlicher sind als im vegetativen Stadium. Auch KEPPEL (1974) bestrahlte in verschiedenen Wachstumsstadien die Erbsen der Sorte »Lancet« und zwar sowohl in der vegetativen als auch in der generativen Phase. Die für diese Pflanzenart ziemlich hoch angesetzten Strahlendosen von 33 bzw. 70 Gy verursachten bei Applikation während der Blüte auch hier die größte Schädigung. Die jeweils aus den zwei Dosiswerten durch Interpolation ermittelten ED_{50}-Werte betragen nach Bestrahlung in der vegetativen Phase 45 Gy, nach Bestrahlung während der Blüte 10 Gy. Die LD-Werte lassen sich nicht ermitteln, da 70 Gy in den meisten Fällen zum Absterben der Pflanzen führte. Man kann zusammenfassend sagen, daß Speiseerbsen zu den sehr strahlenempfindlichen Nutzpflanzenarten gehören. Die Pflanzen sind während der Blüte ($ED_{50} = 2,5$ Gy) weit empfindlicher als im Jugendstadium ($ED_{50} = 3,9$–$22,4$ Gy).

Die Speisebohne, *Phaseolus vulgaris* »Favorit« wurde von KEPPEL (1974) mit 33 bzw. 80 Gy bestrahlt. Die Applikation in der vegetativen Wachstumsphase führte zu hoher Ertragsreduktion, bei einem Teil der Pflanzen sogar zum Absterben. Nach Behandlung mit 80 Gy lassen sich keine ED_{50}- oder LD_{50}-Werte ermitteln, da keine der Pflanzen diese überlebte; bei 33 Gy betrug die Ertragsreduktion ca. 11 bzw. 21% gegenüber der Kontrolle. In deutlichem Gegensatz zu diesen Ergebnissen wurden die von SPARROW u. Mitarbeitern (1971) untersuchten Speisebohnen in die Kategorie eingeordnet, deren ED_{50}-Werte zwischen 40 und 60 Gy, also relativ hoch liegen. Dabei wurde allerdings der Einfluß der Wachstumsstadien während der Bestrahlung nicht in Betracht gezogen.

Tab. 34: Wirkung ionisierender Strahlen auf den Ertrag und Überlebensrate verschiedener Hülsenfrüchte

Pflanzenart und Sorte	Stadium bei Bestrahlung	Strahlenart und Dosisleistung	Parameter	Reduktion zur Kontrolle ED od. LD [Gy]			Literatur
				10	50	90	
Pisum sativum »Alaska«	Sämling	F.D.S.	Überlebensrate	10,6	22,4	34,3	SPARROW et al., (1971)
	Sämling	F.D.S.	Erbsenertrag	8,0	10,1	15,7	
	Sämling	F.D.S.	Gesamtpflanze	9,2	11,1	16,3	
»Meteor«	vegetativ	akut	Erbsenertrag	–	3,9	10,6	DAVIES,
	Blüte	0,3Gy/min		–	2,5	6,0	(1973)
»Lancet«	vegetativ	akut	Erbsenertrag	14*	45	–	KEPPEL,
	Blüte			9	10	70	(1974)
Phaseolus vulgaris »Favorit«	vegetativ	akut	Bohnenertrag	+	+	33	KEPPEL,
	Blüte			+	+	> 33	(1974)
Phaseolus limensis »Fordhook 242«	Sämling	F.D.S.	Überlebensrate	54,5	62,1	69,8	BOTTINO et al., (1971)
	Sämling	F.D.S.	Bohnenertrag	20,0	23,9	34,8	
	Blütenknospe	16h chronisch		–	4,2	20,2	
	Knospe u. Hülse			6,7	14,6	48,2	
	Hülse			43,5	63,4	117,9	
	Sämling		Ges.Pfl.	34,2	41,9	62,8	
	Sämling		Bohnenertrag	1,5	9,2	30,2	
Vicia faba »Sutton«	vegetativ	akut	Bohnenertrag	1,7	2,2	3,5	DAVIES,
	Blüte	0,3Gy/min		0,5	1,1	2,8	(1973)
»Herz Freya«	Zweiblatt	Röntgen akut	Bohnenertrag	–	3,0	6,5	BORS et al,
	Fünf-Sechsblatt			–	3,5	7,9	(1979)
	Knospen			–	2,0	1,2	
	Blüte			–	1,8	7,3	
Glycine max »Merille v. Hill«	Sämling	Gamma akut	Bohnenertrag	–	25	50	CONSTANTIN et al., (1971)
	Sämling			–	30	–	
	spät.1-Bl.	Gamma akut		–	20 bzw. 15	48	KILLION et al., (1974)
	spät.1-Bl.	Beta		–	25 bzw. 15	–	
	Einblatt	Gamma akut	Bohnenertrag	–	21	40	KILLION
	Vierblatt			–	13	40	et al.,
	Gametogenese			–	17	40	(1971)
	Frühe Embryogenese			–	21	–	
	Frühe Blüte		Bohnenertrag	5,5	9,6	20,7	CONSTANTIN
	Späte Blüte	50 R/min		11,6	19,4	40,1	et al., (1971)

* = von den Autoren errechnete Werte   – = nicht ermittelt   k.Sch. = keine Schädigung

In Experimenten von GORANOV a. ANGELOV (1972), setzte die Wachstumsschädigung bei 20 Gy ein, im Gegensatz zu Versuchsergebnissen von ABOUL-SAOD (1975), der erst bei 300 Gy eine deutliche Abnahme der Pflanzenhöhe kurz nach der Bestrahlung feststellte.

7.2.2 Futterhülsenfrüchte

Über Strahlenempfindlichkeit von *Vicia faba* liegen umfangreiche Untersuchungen von DAVIES (1973) und BORS et al. (1978) vor. In Tabelle 34 sind die wesentlichsten Daten dieser wohl strahlenempfindlichsten Pflanzenart wiedergegeben (siehe Farbteil). Die von BORS et al. (1979) ermittelten ED_{50}-Werte liegen geringfügig über den Ergebnissen von DAVIES (1973). In beiden Fällen sind die Pflanzen in der generativen Phase am empfindlichsten. Hier bewirken Dosen von ca. 1–2 Gy bereits eine 50%ige Ertragsreduktion. Um die Übersichtlichkeit nicht zu beeinträchtigen, wurden in der Tabelle andere Ertragsmerkmale, wie Strohertrag und Tausendkorngewicht nicht aufgeführt, zumal die Resultate in den meisten Fällen in gutem Einklang mit den Kornertragswerten stehen.

Über die Strahlenresistenz von *Glycine max L.* geben zahlreiche Untersuchungen von CONSTANTIN et al. (1971 u. 1972) sowie von KILLION (1971 u. 1974) wesentliche Resultate. Sie untersuchten die Wirkung von Strahlendosen, die in verschiedenen Entwicklungsstadien verabreicht wurden und erwartungsgemäß zu differenzierten Resultaten führten (Tab. 34). Sämlinge sowie Pflanzen im Einblattstadium sind weniger empfindlich als solche im 4-Blattstadium oder in der Gametogenese.

Der Unterschied in der Ertragsreduktion durch Gamma- bzw. Betastrahlung ist nahezu unwesentlich; die Gammabestrahlung war lediglich etwa 1,2 mal effektiver als die Betabestrahlung, sowohl hinsichtlich des Kornertrag als auch der Pflanzenmasse (Tab. 34). Die Versuchsergebnisse, die DARE et al. (1970) ermittelten, können mit den obigen Daten nicht ohne weiteres verglichen werden, da die mit Beta- und Gammastrahlen behandelten Sämlinge bereits nach 35 Tagen geerntet wurden und lediglich die Pflanzenmasse als Versuchsparameter herangezogen wurde. Die ED_{50}-Werte von 25 Gy für Gamma- und 19 Gy für Betabestrahlung korrespondieren recht gut mit den Werten in der Tabelle 34, wobei hier gerade die Betastrahlen effektiver waren als die Gammastrahlen.

Werden diese Resultate mit denen anderer Hülsenfrüchten verglichen, erweist sich *Vicia faba* als die weitaus sensibelste Art, wie auch zahlreiche andere strahlenbiologischen Untersuchungen bestätigen. Bei derartigen Untersuchungen ist *Vicia faba* nach wie vor ein beliebtes Versuchsobjekt. Ergänzt sei hier nur, daß auch Speiseerbsen, insbesondere die Sorte »Meteor« zu den empfindlichen Arten gehören, während Limabohnen relativ resistent gegenüber ionisierenden Strahlen sind.

7.3 Hackfrüchte

7.3.1 Kartoffel *Solanum tuberosum*

Akute Röntgenstrahlung mit Dosen von 25, 33, 56 bzw. 85 Gy wurde der Sorte »Hansa« in vier Terminen verabreicht (KEPPEL, 1974). Lediglich z. Zt. der Blüte applizierte Dosen (25 bzw. 80 Gy) führten zu einer Ertragsreduktion von 15 bzw. 20%. Darüberhinaus wurde eine Größenabnahme der Knollen mit steigender Dosis registriert. Bei semichronischer Bestrahlung, bei der die Dosis auf 20 Tage verteilt verabreicht wurde, trat eine Ertragsminderung nur bei Kartoffeln auf, die während der Keimung bestrahlt wurden (Tab. 35). Mit einer Dosis von 50 Gy wurde der Knollenertrag um die Hälfte gegenüber der Kontrolle reduziert.

Tab. 35: Wirkung ionisierender Strahlen auf den Ertrag von Kartoffeln *Solanum tuberosum* und Zuckerrübe *Beta vulgaris*

Pflanzenart	Stadium	Strahlenart und Dosisleistung	Parameter	Reduktion zur Kontrolle ED od. LD			Literatur
				10	50	90	
Solanum tuberosum »Majestic«	Sichtbar- werden d. Triebes	Gamma akut	Knollen- gewicht	4,2	16,6	50,5	DAVIES (1973)
	Stengel- bildung			10,8	22,4	54,2	SPARROW et al.
	Knollen bildung			9,7	9,3	322,0	(1971)
»Hansa«	Keimung	semi chronisch (Ges.Dosis i.20 Tagen)	Knollen- gewicht	5–10	50		KEPPEL (1974)
	Blüh- beginn		Knollen- gewicht	k.Sch.	k.Sch.	k.Sch.	
Beta vulgaris »Sharpes Klein E«	Anf. d. Dicken- wachstums d.Hypokotyls	Gamma	Rüben- gewicht	k.Sch.	18,5	84	DAVIES (1973)
			Zucker- gehalt	1,4	14	48,5	SPARROW et al. (1971)
»Dilna«	3 Wo. n. Ansatz	Gamma	Rüben- gewicht	34*	–	–	
			Zucker- gehalt	55*	–	–	
Zuckerrübe	Jung- pflanzen	Gamma	Über- lebens- rate	–	80	–	NIEMANN et al. (1978)

* = von den Autoren errechnete Werte   k.Sch. = keine Schädigung   – = nicht ermittelt

Aufgrund der Experimente von DAVIS (1973) stellte SPARROW (1971) Ertragsreduktions-dosen (ED) zusammen, die in der Tab. 35 aufgeführt sind. Wie die Werte zeigen, reagiert die Kartoffel auf Bestrahlung in den frühen Wachstumsstadien recht empfindlich (ED_{50} = 16 Gy). Nach Einsetzen der Knollenbildung liegen die zur 50%igen Ertragsreduktion erforderlichen Dosen ziemlich hoch (ED_{50} = 93 Gy). Generell ermittelte DAVIS (1973) für die untersuchte Kartoffelsorte »Majestic« eine höhere Empfindlichkeit, was aber auch in den unterschiedlichen experimentellen Bedingungen seine Ursache haben kann.

Eine sehr viel höhere Resistenz fanden ABRAMOVA et al. (1966) ber der Sorte nach 660 MeV Protonen oder Gammabestrahlung zwischen 5 und 500 Gy, wobei Protonen einen stärkeren Effekt hatten. Die 100%ige letale Dosis wurde für Protonen mit 300 Gy, für Gammastrahlen mit 500 Gy bestimmt. Während Dosen bis 100 Gy sogar einen positiven Effekt auf die Knollenbildung hatten, wurde nach Dosen über 100 Gy eine Reduktion beobachtet.

7.3.2 Zuckerrübe *Beta vulgaris*

Die Ergebnisse von DAVIS (1973) zeigen deutlich, daß auch bei Zuckerrüben das Entwick-lungsstadium der Pflanzen ihre Strahlensensibilität beeinflußt. Von den zwei Stadien – Beginn des Dickenwachstums des Hypokotyls und halbe Hypokotyldicke des Endzustands sensibler als das zweite, ist das erstere bei dem die jeweils applizierten Dosen von 2,4 bzw. 8 Gy weitestgehend unwirksam blieben (Tab. 35). Deshalb werden für das zweite Stadium keine ED-Werte in der Tabelle aufgeführt. Eine ähnliche Tendenz weisen auch die Experimente von KEPPEL (1974) auf (Tab. 35); auch hier war die Schädigung lediglich bei den Pflanzen ermittelbar, die im frühen Entwicklungsstadium bestrahlt wurden. Allerdings setzte KEPPEL dazu höhere Dosen ein. Akut applizierte Strahlendosen von 44, 65 bzw. 127 Gy bewirken mit steigenden Dosen eine deutliche Ertragsreduktion. An den darauf folgenden Bestrahlungsterminen war mit fortgeschrittenen Entwicklungsstadien keine signifikante Dosisabhängigkeit feststellbar. Die geringe Wirksamkeit könnte daran liegen, daß die unterirdischen Pflanzenteile zu weit entwickelt und damit nicht mehr so empfindlich waren wie die Jungpflanzen. In einem Gewächshausversuch hatten die mit ^{60}Co-Gammastrahlen bestrahlten Jungpflanzen nach 80 Gy eine 50%ige Überlebensrate (NIEMANN et al. (1978).

7.4 Ölfrüchte und Industriepflanzen

7.4.1 Raps *Brassica napus L. var. napus*

Raps, wie auch alle anderen *Cruciferen*, gehört zu den strahlenresistenten Pflanzenarten; dies wird auf das artspezifische, kleine Interphasechromosomenvolumen (ICV) zurückzuführen sein (vergl. Kap. 6.2). SNAIDER (1971) definierte Dosen von 2000 bis 2200 Gy nach akuter Bestrahlung von trockenen Samen als bereits schädigend, Dosen von 3000 Gy als letal. Auch nach Pflanzenbestrahlung zeichnet sich Raps als besonders unempfindlich aus (BORS et al., 1979) (Tab. 36). So mußten bei Bestrahlung der beiden Sorten »Lesira« und »Diamant« hohe Dosen von 100 Gy bzw. 90 Gy appliziert werden, um die 50%-Reduktionen zu erzielen. Bei chronischer Bestrahlung der Sorte »Lesira« mußten für eine 50%ige Reduktion des Kornertrags mehr als 600 Gy verabreicht werden. Andere Ertragsmerkmale, wie z.B. Strohertrag, Tausendkorngewicht, Ölgehalt und Keimfähigkeit der geernteten Samen wurden im Gegensatz zum Kornertrag nur unwesentlich beeinträchtigt. Aus den experimentellen Daten läßt sich aber auch erkennen, daß die Strahlenwirkung durch das Entwicklungsstadium der Pflanzen zur Zeit der Bestrahlung beeinflußt wird (s. Farbteil). So ist die Sorte »Lesira« im Rosettenstadium am empfindlichsten, die Sorte »Diamant« dagegen im Vierblattstadium.

Bei einer Sämlingsbestrahlung liegen die LD$_{50}$-Werte etwas höher (SPARROW et al. 1971) als bei einer Pflanzenbestrahlung (BORS et al. 1979). Untersuchungen von BORS et al. (1979) mit der Beta-Komponente des Fallouts auf »Lesira« haben ergeben, daß durch die Behandlung im Vierblatt-Stadium mit erheblichen Ertragseinbußen gerechnet werden muß (Tab. 36). In dieser Wachstumsphase verursachten bereits Strahlendosen von 12 Gy einen 50%igen Ertragsverlust. Zur Erzielung des gleichen Effektes mußten im Feldversuch weitaus höhere Röntgenstrahlendosen akut verabreicht werden (70 Gy). Bei älteren Stadien sind die ermittelten ED$_{50}$-Werte erheblich höher; im Rosettenstadium 45 Gy, z.Zt. der Knospenbildung 60 Gy und während der Blüte 100 Gy.

Eine akute Bestrahlung verschiedener Sommer- und Winterrapssorten während der Rosettenbildung zeigte deutliche Unterschiede zwischen den beiden Anbauformen (Tab. 36). Während Sommerraps selbst noch bei 100 Gy nahezu 50% des Kornertrages (»Erglu«) erbringt, ist der Ertrag bei Winterraps – oberhalb von 50 Gy – praktisch auf Null reduziert. Von den untersuchten Winterrapssorten können »Expander«, »Primor« und »Rapora« als resistenter gegenüber »Erra« und »Quinta« angesehen werden. Unter den Sommerrapssorten ist »Erglu« am resistentesten, gefolgt von »Zollerngold« und »Kosa«. Für den erheblichen Unterschied in der Strahlenempfindlichkeit können auch cytogenetische Faktoren

Tab. 36: Wirkung ionisierender Strahlen auf Raps *Brassica napus* L. var. *napus*

Sorte	Stadium bei Bestrahlung	Strahlenart u. Dosisleistung	Reduktion zur Kontrolle ED			Literatur
			10	50 [Gy]	90	
Winterraps						
»Lesira«	Vierblatt	300 kV-Röntgen	20	70	–	BORS
	Sechsblatt		20	50	90	et al.
	Rosette		12	25	60	(1979)
	Knospen		28	60	120	
	Blüte		70	100	–	
	chronisch	Gamma (0,6 Gy/d bzw. 2,1 Gy/d)	120	600	–	
»Lesira«	Vierblatt	Beta	–	12	90	BORS
	Rosette		–	50	–	et al.
	Knospen		20	–	–	(1979)
	Blüte		30	–	–	
»Diamant«	Vierblatt	300 kV-Röntgen	12	50	80	BORS
	Sechsblatt		20	70	–	et al.
	Rosette		25	75	–	(1979)
	Knospen		25	75	130	
	Blüte		30	90	150	
	Sämling	Gamma	90	130	–	SPARROW et al., (1971)
»Lesira«	Vierblatt	Beta	–	12	90	BORS et al.
	Rosette		–	45	–	(1979)
	Knospen		20	60	–	
	Blüte		30	100	–	
Winterraps						
Erra	Rosette	300 kV-Röntgen	–	15	56	BORS
Expander			22	34	74	et al.
Primor			18	36	77	(1979)
Quinta			–	19	70	
Rapora			22	37	72	
Sommerraps	Rosette	300 kV-Röntgen	75	98	–	
Erglu			25	60	–	
Kosa			54	87	–	
Zollerngold						

– bedeutet: nicht ermittelt

eine Rolle spielen, zumal die Interphasechromosomenvolumina der Sproßspitzenmeristeme von Winterraps im Durchschnitt größer sind als die der Sommersorten (2,38 μm³ bzw. 1,96 μm³).

Eine akute Bestrahlung der Elterpflanzen kann auch bei Raps auf die Tochtergeneration Auswirkungen haben. Die Schädigung des Nachbaus ist umso größer, je später die Bestrahlung der Elterpflanzen erfolgt. Der Kornertrag wurde bei einer Bestrahlung mit 100 Gy während der Knospenbildung um ca. 30 %, während der Blüte um 36 % reduziert (BORS et al. 1979). Nach einer Bestrahlung mit 69 Gy in den ersten drei Entwicklungsstadien war nur im Sechsblattstadium eine geringe Folgeschädigung zu beobachten.

7.4.2 Sonnenblume *Helianthus annuus*

RAJPUT und KHAN (1971) berichten über akute Bestrahlungen von trockenen Samen der Sorten »Thatta«, »Peredoric« und »HO-1«. Die LD_{50}-Werte für die drei Sorten haben mit 80, 130 und 180 Gy recht unterschiedliche Höhen. SAVIN und STEPANENKO (1969) stellen nach akuter Bestrahlung von 27 Tage alten Pflanzen bereits bei 30 Gy erhebliche Schädigungen fest. 50–80 Gy erwiesen sich als letale Dosis. SKOK (1957) sowie WIECEK und SKOK (1968) berichten über eine Wachstumsreduktion der Keimlinge 36 Tage nach einer akuten Röntgenbestrahlung mit 10 Gy und zwar um etwa ein Drittel gegenüber der Kontrolle. 20 Gy und höhere Dosen führten zum Absterben der Pflanzen. Daraus läßt sich folgern, daß Sonnenblumen zu den relativ strahlenempfindlichen Pflanzenarten gehören. Beträchtliche Wachstumsschäden sind nach SPARROW et al. (1961) bereits bei einer chronischen Gamma-Dosis von etwa 200 Gy zu erwarten.

7.4.3 Ricinus *Ricinus communis*

HAARING et al. (1964) fanden große Unterschiede in der Strahlenempfindlichkeit von *Ricinus*-Samen unterschiedlichen Wassergehaltes. Die LD_{50}-Werte betrugen bei 4,6% Wassergehalt 1000 Gy, bei 1,5% 200 Gy. Nach Einquellen der Samen vor der Bestrahlung (hoher Wassergehalt) wurde ein LD_{50}-Wert von weniger als 200 Gy ermittelt. Nach SPARROW et al. (1971) liegen die aufgrund von ICV-Messungen berechneten ED_{50}-Werte in der Größenordnung von 80–120 Gy, sofern eine akute Bestrahlung im Jugendstadium der Pflanzen erfolgt. Berücksichtigt man, daß eine Samenbestrahlung weniger effizient ist als eine Pflanzenbestrahlung, liegen die experimentell ermittelten Werte im Trend mit den errechneten LD_{50}-Werten. *Ricinus* gehört damit zu den strahlenresistenten Pflanzenarten.

7.4.4 Flachs *Linum usitatissimum*

Nach BEARD (1970) erreichen Flachspflanzen nach einer akuten Röntgenbestrahlung von trockenen Samen mit sehr hohen Dosen von 1000 bis 1200 Gy noch den Reifezustand. Auf eine ähnlich hohe Strahlenresistenz deuten die Letaldosisangaben von SHARKOWSKI a. MILLER (1968): 1000 Gy nach Gammabestrahlung bzw. 100 Gy nach Neutroneneinwirkung. SHAROV (1968) kommt sogar auf noch höhere Werte von 1800–2000 Gy nach ^{60}Co-Gammabestrahlung. BARI (1971) ermittelte nach akuter Gammabestrahlung von Samen der Sorte »Halian lino« LD_{50}-Werte nach etwa 1700 Gy, eine 50%ige Reduktion der Pflanzenlänge wurde nach Bestrahlung mit 1200 Gy erzielt, die ED_{50}-Werte lagen mit 400 Gy wesentlich niedriger.

Im gleichen Versuch wurden ED_{50}-Werte nach chronischer Bestrahlung von 4 Gy/d nach einer Gesamtdosis von 450 Gy erreicht. Somit gehört Flachs zu den resistentesten Pflanzenarten.

7.4.5 Hanf *Cannabis sativa*

Mit 300 Gy Gammastrahlen bzw. 30 Gy Neutronen als Letaldosis für trockene Samen kann Hanf als Pflanzenart mit mittlerer Strahlenempfindlichkeit eingestuft werden (SPARROW et al., 1968).

7.4.6 Tabak *Nicotiana sp.*

TAVDUMADZE und TODUA (1967) ermittelten in einem Feldversuch bei akuter Samenbestrahlung mehrerer Tabaksorten einen relativ hohen LD_{50}-Durchschnittswert von 390 Gy. Wachstumshemmungen traten bereits bei 200 Gy ein, während Dosen zwischen 25 und

100 Gy in keiner Weise die Entwicklung der Pflanzen beeinträchtigten, sondern vielmehr in einigen Fällen eine Stimulation des Wachstums anregten. Bei akuter Bestrahlung von Schößlingen lagen die Schädigungsdosen erwartungsgemäß niedriger: 20 Gy waren bereits letal. Die von Sparrow et al. (1971) aufgrund von ICV-Messungen errechneten ED_{50}-Werte von 60 und 80 Gy (Jungpflanzenbestrahlung) liegen über diesen Wert. Die Ursache dafür kann an den verschiedenen Sorten und ihrem ontogenetischem Zustand, aber auch einfach in statistischen Schwankungen der vorhergesagten Werte liegen.

Bei *N. rustica* verursachten 40 Gy akute und 0,45 Gy/d (ca. 90 Tage) chronische Strahlendosen erhebliche Wachstumsstörungen. Über einen Wachstumsstillstand von 8 Tage alten Keimlingen dieser Art unmittelbar nach einer akuten Bestrahlung mit Röntgenstrahlen oberhalb einer 25 Gy-Dosis berichten Koeppe et al. (1970). Bereits bei Dosen von 10 Gy können deutliche morphologische Veränderungen beobachtet werden. Bei *N. glauca* bewirkten Gammastrahlen von 0,1 Gy/d (bis zu 90 Tage) eine 50%ige Frischgewichtsabnahme und ca. 0,175 Gy/d reduzierten die Pflanzenlänge auf die Hälfte der Kontrolle. *N. bigelovii* erwies sich bedeutend resistenter als *N. glauca*, während das Hybrid der beiden Arten in der Strahlenempfindlichkeit darüber lag (Meiselman et al., 1961). Damit zählt Tabak zu den relativ strahlenempfindlichen Pflanzenarten.

7.4.7 Hopfen *Humulus lupulus*

Für Hopfen liegen keine experimentell ermittelten Daten für die Strahlenempfindlichkeit vor. So können für diese wichtige Pflanzenart lediglich die von Sparrow et al. (1971) aufgrund von ICV-Messungen errechneten ED_{50}-Werte von 40–60 Gy (Jungpflanzenbestrahlung) angegeben werden.

7.5 Grünland

7.5.1 Einzelarten

Gräser kommen fast ausschließlich als Bestandsbildner von Weiden und Wiesen mit zahlreichen anderen Pflanzenarten vergesellschaftet vor. Ihre Strahlenresistenz wurde jedoch vielfach als Einzelart untersucht und zwar mit dem Ziel, nach einer Bestrahlung Voraussagen auf eine mögliche Verschiebung der Bestandszusammensetzung machen zu können. Dabei wurden allerdings die Wechselbeziehungen unter den einzelnen Pflanzenarten nicht berücksichtigt, die letzten Endes die Strahleneffekte modifizierend beeinflussen (vergl. Kap. 5.9).

Tab. 37: Wirkung akut verabreichter ionisierender Strahlen auf verschiedene Grünfutterpflanzen

Pflanzen-name	Entwickl. Stadium	Strahlen-art	Parameter	Reduktion zur Kontrolle ED od. LD			Literatur
				10	50 [Gy]	90	
Lolium perenne	3 Wochen 7 Wochen	Gamma	Pflanzen-gewicht	– –	15,9 19,3	37,4 50,8	Davies (1973)
*Lolium perenne**	Sämling	Gamma	Pflanzen-gewicht	–	20–40	–	Sparrow et al. (1971)
Festuca pratensis	3 Wochen 7 Wochen	Gamma	Pflanzen-gewicht	30,3 15,0	37,1 24,8	55,7 51,5	Davies (1973)

* = aufgrund von ICV-Messungen vorausberechnete Werte   – = nicht ermittelt

Tab. 37: (Fortsetzung)

Pflanzen-name	Entwickl. Stadium	Strahlen-art	Parameter	Reduktion zur Kontrolle ED od. LD			Literatur
				10	50 [Gy]	90	
*Festuca elatior**	Sämling	Gamma	Pflanzen-gewicht	– –	20–40	–	SPARROW et al. (1971)
*Festuca ovina**					40–60		
Agropyron cristatum	Sämling	Gamma	Überlebens-rate	14,9	20,0	34,0	SPARROW et al. (1971)
*Agroypron repens**	Pflanze	Gamma	Überlebens-rate	–	20,0	–	SPARROW et al. (1971)
*Agropyron intermedium**	Sämling	Gamma	Pflanzen-gewicht	–	40–60	–	SPARROW et al. (1971)
*Agropyron trachy-caulum**	Sämling	Gamma	Pflanzen-gewicht	–	20–40	–	SPARROW et al. (1971)
*Bromus inermus**	Sämling	Gamma	Pflanzen-gewicht	–	40–60	–	SPARROW et al. (1971)
*Pennisetum glaucum**	Sämling	Gamma	Pflanzen-gewicht	–	40–60	–	SPARROW et al. (1971)
Dactylis glomerata	11 Wochen	300kV-Röntgen	Pflanzen-gewicht	20	60	130	BORS et al. (1979)
*Phleum pratense**	Sämling	Gamma	Pflanzen-gewicht	–	60–80	–	SPARROW et al. (1971)
Trifolium repens	3 Wochen	Gamma	Pflanzen-gewicht	68,3	114,0	240,0	DAVIES (1973)
	7 Wochen			64,5	234,0	699,0	
	11 Wochen	300kV-Röntgen	Pflanzen-gewicht	60,0	120,0	220,0	BORS et al. (1979)
Trifolium repens	Sämling	Gamma	Überlebens-rate	203,0	242,0	281,0	SPARROW et al. (1971)
Trifolium pratense	7 Wochen	300 kV Röntgen	Pflanzen-gewicht	40	70	130,0	BORS et al. (1979)
Medicago sativa							
»Neugaters lebener«	Samen	Gamma	Überlebens-rate	–	50	–	TOPCHIEVA u. GIORGIEV (1972)
»Ranger«				–	80	–	
»Vernal«				–	80	–	
»Du Puits«				–	80	–	
»Pleven«				–	90	–	
»Wairau«	Samen	Gamma	Kornertrag	11	50	90	FAUTRIER (1976)
M. falcata	Samen	Gamma	Überlebensr.		>100	–	TOPCHIEVA u. GIORGIEV (1972)
M. sativa	Keimlinge Jung-pflanzen	Gamma	Blatt-gewicht	– –	30 58	– –	MANIL u. DEMALSY (1965)

* = aufgrund von ICV-Messungen vorausberechnete Werte   – = nicht ermittelt

Lolium perenne scheint nach den Untersuchungen von DAVIES (1973) die empfindlichste Weidegrasart zu sein (Tab. 37). Die Grünernte wurde nach einer Bestrahlung mit 16 Gy bzw. 19 Gy um 50% reduziert. Ähnlich niedrige LD_{50}-Werte wurden auch von SPARROW et al. (1971) vorausberechnet. BORS et al.(1979) kommt auf einen wesentlich höheren LD_{50}-Wert von 60 Gy, der auf Sortenunterschiede zurückzuführen ist. Auch *Festuca* gehört zu den strahlenempfindlichen Weidegräsern. Bezogen auf die Pflanzengewichtsreduktion ermittelten sowohl DAVIES (1973) als auch BORS et al. (1979) ähnliche ED_{50}-Werte von 24,8 bis 45 Gy, die Schwankungen sind auf die verschiedenen Pflanzenstadien zur Zeit der Bestrahlung zurückzuführen. Die von SPARROW et al. (1971) vorausberechneten Werte für *F. elatior* ($LD_{50} = 20{-}40$ Gy) und für *F. ovina* ($LD_{50} = 40{-}60$ Gy) liegen in dieser Größenordnung. *Agropyron* muß ebenfalls in die Gruppe der empfindlichen Gräser eingestuft werden. Während *A. cristatum* mit einem experimentell ermittelten ED_{50}-Wert von 20 Gy weniger empfindlich ist, haben SPARROW et al. (1971) für die Arten *A. intermedium* und *A. trachycaulum* ED_{50}-Werte zwischen 20 und 60 Gy vorausberechnet. Obwohl diese Arten bei uns nicht vorkommen, können sie trotzdem hinsichtlich ihres Verhaltens nach einer Bestrahlung als Vergleichspflanzen für die bei uns häufig anzutreffende Quecke *(Agropyron repens)* herangezogen werden. *Festuca* und *Pennisetum* können aufgrund der Vorausberechnungen von SPARROW et al. (1971) noch zu den empfindlichen Arten gezählt werden, während *Phleum pratense* einen höheren LD_{50}-Wert (60–80 Gy) aufweist. In diesem Empfindlichkeitsbereich liegt auch *Dactylus glomerata* mit einem ED_{50}-Wert von 60 Gy (BORS et al., 1979).

Für *Trifolium repens* ermittelte SPARROW LD_{50}-Werte von 240 Gy nach einer Sämlingsbestrahlung und somit dürfte wohl diese Spezies als die strahlenresistenteste Weidepflanze eingestuft werden. Nach einer Bestrahlung 11 Wochen alter Pflanzen ermittelten BORS et al. (1979) eine Dosis von 120 Gy für eine 50%ige Ertragsreduktion. DAVIES (1973) erhielt einen ähnlichen ED_{50}-Wert von 113 Gy bei *Trifolium repens* nach Bestrahlung 3 Wochen alter Pflanzen und einen ED_{50}-Wert von 234 Gy nach Behandlung 7 Wochen alter Pflanzen. Im Vergleich zu den vorher zitierten Werten liegt dieser zuletzt genannte Wert zu hoch. Die Ursache dafür könnte auf das unterschiedliche Alter der Pflanzen z. Zt. der Bestrahlung zurückzuführen sein. Darüberhinaus war *Trifolium pratense* noch strahlenempfindlicher als *Trifolium repens* ($ED_{50} = 70$ Gy) (s. Farbtafel).

Medicago sativa erwies sich nach Samenbestrahlung verschiedener Sorten als weniger strahlenresistent (TOPCHIEVA u. GEORGIEV (1972). Wenn man berücksichtigt, daß mit den Samen der weniger empfindliche Pflanzenteil bestrahlt wurde, so ist diese Pflanzenart aufgrund ihrer LD_{50}-Werte von 50 Gy ((»Neugaterslebener«) und von 90 Gy (»Pleven«) nur unwesentlich strahlenresistenter als die genannten Gräser. Durch Untersuchungsergebnisse von FAUTRIER (1976) mit der Sorte »Wairan« wird diese Annahme noch erhärtet, zumal der Autor den Kornertrag als besonders strahlenempfindlichen Parameter mit einbezogen hat. Die Versuchsergebnisse von MANIL u. DEMALCSY (1965) können nicht ohne weiteres mit den oben beschriebenen Werten verglichen werden, da die Bestrahlung auf Agarplatten vorgezogener steriler Keimlinge und Jungpflanzen unter Laborbedingungen durchgeführt wurde. Die in Tabelle 37 aufgeführten Werte liegen jedoch in sehr gutem Einklang mit den anderen für *Medicago*-Arten vorliegenden Versuchsdaten. *M. falcata* ist etwas resistenter als *M. sativa*. Zusammenfassend kann festgestellt werden, daß die Leguminosen gegenüber anderen Weidepflanzen die resistentesten Bestandsbildner sind. Diese Aussage trifft allerdings nur dann zu, wenn die Strahlenempfindlichkeit einzelner Gräser und Leguminosen getrennt voneinander untersucht wird.

7.5.2 Dauerwiesen, Mähweiden

Eine 15 Jahre alte Weidepopulation wurde von Bors et al. (1979) zu unterschiedlichen Jahreszeiten bestrahlt. Die Weide wuchs auf einem allochtonen Marschboden (Leinemarsch) und ihre Vegetation gehörte zum Verband der Flutrasen *(Agropyro-Rumicion)*, der durch eine Reihe von Verbands-Kennarten wie *Agropyron repens, Agrostis stolonifera, Alopecurus geniculatus, Festuca arundinacea, Rumex obtusifolius* angezeigt wird. Die jeweilige Bewirtschaftungsform der Weide beeinflußt ihre Vegetationsform: Wird sie als Mähwiese genutzt, entwickelt sie sich zum Knaulgras-Rohrschwingelrasen *(Dactylo-Festucetum)*, dagegen dominiert Knickfuchsschwanzrasen *(Rumici-Alopecuretum geniculati)*, wenn sie hauptsächlich als Weidefläche Verwendung findet. Unter hoher N-Düngung schließlich setzt eine starke Wiesenfuchsschwanzausbildung der Glatthaferwiese *(Arrhenatheretum elatioris* Subass. v. *Alopecurus pratensis)* ein.

Akute Bestrahlungen wurden zu 6 Terminen (9.4.–1.10.) durchgeführt, und es wurden 3 Schnitte im Bestrahlungsjahr und zwei im Folgejahr ausgewertet. Die Ergebnisse sind in Tabelle 38 zusammengefasst. Generell fällt auf, daß die Weide als Pflanzenverband strahlenresistenter ist als die relativ hohe Strahlenempfindlichkeit der einzelnen Arten erwarten läßt (vergl. Tab. 37).

Tab. 38: Wirkung einer zu verschiedenen Jahreszeiten applizierten Röntgenbestrahlung auf die Trockengewichtserträge im Jahr der Bestrahlung und im Folgejahr von Weide

Bestrahlungs-stadium	Reduktion der Grünmasse ED_{50} [Gy]				
	Bestrahlungsjahr			Folgejahr	
	2.Schn. 21.5.	2. Schn. 4.7.	3. Schn. 20.8.	4. Schn. 25.5.	5.Schn. 25.7.
I. (9.4.)	32	60	55	100	100
II. (9.5.)	180	40	55	170	–
III. (10.6.)	–	35	45	100	160
IV. (21.6.)	–	400	30	65	300
V. (30.7.)	–	–	100	60	70
VI. (1.10.)	–	–	–	60	150

– bedeutet: nicht ermittelt

Die größte Schädigung wird entweder zum 1. Schnitt nach der I. Bestrahlung ($ED_{50} = 32$ Gy), zum 2. Schnitt nach der III. Bestrahlung ($ED_{50} = 35$ Gy) bzw. zum 2. Schnitt nach der II. Bestrahlung ($ED_{50} = 40$ Gy) und zum 3. Schnitt nach der IV. Bestrahlung ($ED_{50} = 30$ Gy) registriert. Dies deutet darauf hin, daß sich die Schädigung erst nach einer gewissen Wachstumszeit manifestiert (s. Kap. 2.10). Eine Bestrahlung zu späterer Jahreszeit (30.7.) verursacht die größte Schädigung erst im nächsten Frühjahr; beim 4. und 5. Schnitt nach dem V. Bestrahlungstermin beträgt die ED_{50} 60 bzw. 70 Gy. Eine sehr späte VI.Bestrahlung (1.10.) mit 60 Gy vermindert den Ertrag (Pflanzentrockengewicht) erst zum 1. Schnitt des Folgejahres um 50%. Es muß darauf hingewiesen werden, daß die vegetative Masse ohnehin weniger geschädigt wird als beispielsweise die Fertilität. An den ansteigenden ED_{50}-Werten wird – wohl zum Teil aufgrund der Vegetationsverschiebung – ein Erholungsprozess deutlich. Im folgenden wird noch näher darauf eingegangen werden.

Nach einer chronischen Bestrahlung über zweieinhalb Jahre (2Gy/d) führte die akkumulierte Dosis von 2000 Gy zu keiner Beeinträchtigung des Wachstums (Bors et al., 1979). Die Vegetationsveränderungen wurden hierbei nicht untersucht.

Über die strahlenbedingte Vegetationsveränderungen von akut bestrahltem Weideland gibt Tab. 39 eine summarische Übersicht. Daraus läßt sich der tendenzielle Rückgang von *Agropyron repens* und *Alopecurus pratensis* aus dem Bestand ablesen. Es zeigt sich aber auch, daß sich *Agropyron*, obwohl strahlenempfindlicher als andere Arten, relativ schnell wieder erholt, was vermutlich mit Hilfe unterirdischer, nicht abgetöteter Rhizome möglich ist. Eine abnehmende Tendenz im Bestand wiesen auch *Lolium perenne* und Wiesen-Rispengras *Poa pratensis* auf. Neu hinzugekommen dagegen sind die Gräser *Poa annua*, *Poa trivialis*, *Dactylis glomerata* und *Agrostis stolonifera*, letztere wohl mit Hilfe von Stolonen aus benachbarten ungeschädigten Bereichen.

Tab. 39: Populationsverschiebungen innerhalb eines Weidelandes 1 Jahr nach Bestrahlung (die Bestrahlung erfolgte in sechs verschiedenen Wachstumsstadien)

Pflanzename	Veränderungen 1 Jahr nach Bestrahlung Bestrahlungsstadium					
	I 9.4.	II 9.5.	III 10.6.	IV 21.6.	V 30.7.	VI 1.10.
Agropyron repens	-	-	0	0	=	-
Poa pratensis	0	0	0	=	0	0
Poa annua	++	++	0	0	++	+
Lolium perenne	=	=	+	-	=	
Alopecurus pratensis	0	=	-	0	=	=
Poa trivialis	++	++	0	++		
Dactylis glomerata	++	0	++	+	+	0
Agrostis stolonifera	+	+	=	+	0	0
Taraxacum officinale	++	++	++	++	++	++
Capsella bursa pastoris		=				
Stellaria media		++		++		0
Cirsium arvense						
Polygonum aviculare						++
Trifolium repens		++				
Cirsium vulgare					++	

++ = neu hinzugekommen   + = mehr geworden
0 = gleich geblieben   - = weniger geworden   = = verschwunden
Leere Stellen bedeuten, daß diese Art auf der betreffenden Parzelle nicht vertreten war

Der Platz der abgetöteten Gräser wurden vielfach von zweikeimblättrigen Pflanzenarten, insbesondere Löwenzahn und Vogel-Miere eingenommen (Tab. 39). Bei besonders hoher Strahlenschädigung der Gräser bevölkerten auch Moose und Flechten in größeren Mengen die geschädigten Stellen.

7.6 Freilandgemüse

7.6.1 Kohlarten *Brassica oleracea*

Experimentelle Ergebnisse über Bestrahlungsversuche mit zwei Weißkohlsorten »September« und »Marner Allfrüh« unter Freilandbedingungen liegen von Bors u. Fendrik (1983) vor (Tab. 40). Die Pflanzen wurden in verschiedenen Entwicklungsstadien mit verschiedenen Dosen bestrahlt (s. Farbteil). Eine Dosis von 100 Gy vernichtete in den ersten drei Bestrahlungsterminen (Vierblatt-, Achtblatt-und Anfang der Kopfbildung) den Ertrag an markfähigen Köpfen. Die in den ersten 2 Stadien bestrahlten Pflanzen der Sorte »September« wurden bei 100 Gy vollständig abgetötet. Auch für »Marner Allfrüh« waren 100 Gy im Achtblattstadium letal. Aber auch bei den Überlebenden, jedoch stark geschädigten Pflanzen waren die Köpfe lockerer als bei der Kontrolle (s. Farbteil). Weißkohl erwies sich aufgrund der ED_{50}-Werte (Tab. 40) wesentlich empfindlicher als nach aus Literaturangaben bekannten Überlebensraten zu erwarten war. Relativ niedrige Strahlendosen von 30–50 Gy – in den empfindlichen Stadien appliziert – führten zu einer 50%igen Reduktion. Nachdem die Kopfbildung eingesetzt hatte, wurden die Pflanzen resistenter. Von den beiden Sorten erwies sich »Marner Allfrüh« in den beiden gut miteinander vergleichbaren Bestrahlungsterminen als die resistentere. Die Bestrahlung im dritten Termin erfolgte bei dieser Sorte früher (vor der Kopfbildung) als bei »September«, womit die relativ hohe Empfindlichkeit plausibel erscheint.

Die von Keppel (1974) mit »Marner Allfrüh« und »Wiam« durchgeführten Versuche (Tab. 40) sind nicht ohne weiteres mit den oben beschriebenen Resultaten vergleichbar, da

Tab. 40: Wirkung ionisierender Strahlen auf verschiedene Freilandgemüsearten

Pflanzenart	Stadium bei Bestrahlung	Strahlenart und Dosisleistung	Parameter	Reduktion zur Kontrolle ED od. LD			Literatur
				10	50 [Gy]	90	
Brassica oleracea »September«	Vierblatt Achtblatt Anf.Kopfbildung Kopf ⌀ 5 cm Kopf ⌀ 10 cm	Röntgenstrahlen 300 KV	Kopfgewicht	8,8 5,5 6,3 4,2 –	34 24 70 >100 >100	+ + 100 >100 –	Niemann et al. (1978)
»Marner Allfrüh«	Vierblatt Achtblatt vor Kopfbildung	Röntgenstrahlen 300 KV	Kopfgewicht	k.Sch. k.Sch. 12	50 40 50	– – –	Bors et al. (1979)
»Marner Allfrüh«	Sechsblatt Achtblatt Kopf ⌀ 5 cm	⁹⁰Y-Beta	Kopfgewicht	k.Sch. 9 k.Sch.	40 22 k.Sch.	– – k.Sch.	Bors et al. (1979)
	Sechsblatt Achtblatt Kopf ⌀ 5 cm	Röntgen 30 KV akut	Kopfgewicht	k.Sch. 5 k.Sch.	k.Sch. 22 k.Sch.	k.Sch. – k.Sch.	
»Wiam«	Vierblatt Achtblatt v.Kopfbildung	akut Röntgen	Kopfgewicht	33 33 –	> 77 – –	– – –	Keppel (1974)
»Marner Allfrüh«	Vierblatt Achtblatt n. Kopfbildung	akut Röntgen	Kopfgewicht	k.Sch. – k.Sch.	50* 36 100*	72* – –	Keppel (1974)
»September«		chronisch Gammafeld [>3 Gy/d]	Kopfgewicht	15	180	–	Niemann et al. (1978)
»Ferrys Round Dutch«	Sämling	F.D.S.	Überlebensrate	85,5	112,3	139	Sparrow and Puglielli (1969)

– nicht ermittelt   + Pflanzen abgestorben   * interpolierte Werte   k.Sch. keine Schädigung

Tab. 40: (Fortsetzung)

Pflanzenart	Stadium bei Bestrahlung	Strahlen-art und Dosisleistung	Parameter	Reduktion zur Kontrolle ED od. LD			Literatur
				10	50 [Gy]	90	
Lactuca *sativa* »Summer Bibb«	Sämling Sämling	chronisch [137]Cs F.D.S.	Überlebens-rate Gesamtgew. Überlebens-rate Gesamtgew.	46 33 44 43	50 41 48 45	55 60 52 50	BOTTINO and SPARROW (1971)
Solanum *lycopersicum* »Rutgers«	Sämling Sämling	chronisch 16 h/d	Überlebens-rate Frucht-gewicht	112 101	133 121	176 153	BOTTINO and SPARROW (1971)
Spinacia *oleracea* »Old Dominion«	Sämling	F.D.S.	Überlebens-rate	84	118	151	SPARROW et al. (1971)
»Wire-mona«	16 Tage n.Aussaat 46 Tage n.Aussaat	akut	Blatt-gewicht	k.Sch. k.Sch.	50* 65*	67 > 67	KEPPEL (1974)
Allium *cepa* »Yellow sweet Spanish«	Sämling	F.D.S.	Überlebens-rate Zwiebel-gewicht	15 11	19 14	23 20	SPARROW et al. 1971
Allium *sativum*	Steck-zwiebel	akut	Überlebens-rate	9	11	17	SPARROW et al. (1971)
Raphanus *sativus* »Cherry Belle«	Sämling Sämling	F.D.S.	Überlebens-rate Knollen-gewicht	95 68	129 89	163 144	SPARROW et al. (1971)
Fragaria *ananassa* »Lihama«	Vierblatt Jungpfl.	Röntgen-strahlen 300 KV	Frucht-gewicht	35	72	–	FENDRIK und GLUBRECHT (1972)
»Takane«	Ausläufer	Röntgen-strahlen akut	Frucht-gewicht	13,3	65	–	MATSUMURA u. FUJU (1959)

– nicht ermittelt   + Pflanzen abgestorben   * interpolierte Werte   k.Sch. keine Schädigung

es sich hierbei um Topfversuche im Gewächshaus bzw. im Freiland handelte. Außerdem können die einzelnen ontogenetischen Phasen bei der Bestrahlung nach den vorliegenden Angaben nur annähernd vermutet werden. Es zeigte sich jedoch auch hier, daß die im Jugendstadium verabreichten Dosen zu den größeren Schädigungen führten. 40–70 Gy verursachten eine 50%ige Reduktion des Kopfertrages, während in späteren Wachstums-phasen die Bestrahlungen nahezu unwirksam zu betrachten sind.

Die chronische Gammabestrahlung der Sorte »September« ergab Kopfgewichtsverluste von 56% bei 288 Gy, von 34% bei 72 Gy und von 19% bei 29 Gy. Aufgrund dieser Schädigungsraten sind die ED-Werte in Tabelle 40 errechnet worden. Nicht aufgeführt wurden hier die anderen Ertragsmerkmale, wie z.B. Gesamtgewicht, da sie hier, wie auch bei akuter Bestrahlung, weniger beeinflußt wurden als der Kopfertrag.

SPARROW and PUGLIELLI (1969) ermittelten mit einer simulierten Falloutbestrahlung an Jungpflanzen von Weißkohl »Ferry Round Dutch« Dosen von 85,5 Gy für 10%ige, von 112 Gy für die 50%ige und 139 Gy für die 90%ige Reduktion der Überlebensrate (Tab. 40).

BORS et al. (1979) verglichen die 300 kV-Röntgenbestrahlung mit ^{90}Y-Betastrahlen und mit den niederenergetischen 30 kV-Röntgenstrahlen bei der Sorte »Marner Allfrüh«. Wie die ED-Werte zeigen (Tab. 40) muß durch den Beta-Anteil des Fallouts mit beachtlichen Effekten gerechnet werden. Die Strahlenempfindlichkeit ist bei den im Achtblattstadium bestrahlten Pflanzen größer (ED_{50}=22 Gy) als bei den im Vierblattstadium bestrahlten (ED_{50}=40Gy). Demnach kann die Wirksamkeit von Betastrahlen mit dem Effekt der Röntgen-bzw.Gammastrahlen annähernd gleichgesetzt werden. Im dritten Stadium wurde der größere Teil der niederenergetischen Strahlen von den über dem Vegetationskegel liegenden Kopfblättern absorbiert, wodurch sich dort relativ niedrige Meristemdosen ergaben und es nicht zu den erwarteten Schäden kam.

Für weitere *Brassica*-Arten liegen keine experimentell ermittelten LD- oder ED-Werte vor. Darum sollen hier für die wichtigsten Arten die von SPARROW et. al. (1971) aufgrund von ICV-Messungen ermittelten ED_{50}-Werte angeführt werden, um die Strahlenempfindlichkeit abschätzen zu können. Danach sind der Indische Senf und Rosenkohl die resistentesten, Grünkohl und Blumenkohl die sensitivsten Arten (Tab. 41).

Tab. 41: Aufgrund von ICV-Messungen vorausberechnete ED_{50} Werte für verschiedene *Brassica*-Arten

Pflanzenname	Deutscher Name	ED_{50} [Gy]
Br.campestris	(Stoppelrübe)	80 – 120
Br.hirta	(Weißer Senf)	80 – 120
Br.juncea	(Indischer Senf)	120 – 160
Br.napobrassica	(Kohlrübe)	80 – 120
Br.nigra	(Schwarzer Senf)	80 – 120
Br.oleracea var.acephala	(Grünkohl)	60 – 80
Br.oleracea var.botrytis	(Blumenkohl)	60 – 80
Br.oleracea var.gemmifera	(Rosenkohl)	120 – 160
Br.oleracea var.italica	(Brokkoli)	80 – 120
Br.pekinensis	(Chinakohl)	80 – 120
Br.rapa	(Speiserübe, Rübsen)	120 – 160

7.6.2 Kopfsalat *Lactuca sativa* L.

Die Strahlenempfindlichkeit von Kopfsalat *Lactuca sativa* »Summer Bibb« wurde von BOTTINO und SPARROW (1971) untersucht. SPARROW et. al. (1971) stellten die Dosiswerte aus diesem Versuch zusammen, bei denen Überlebensrate bzw. Pflanzenertrag bis 10, 50 bzw. 90% gegenüber den Kontrollpflanzen beeinträchtigt wurde (Tab. 40). Die 26 Tage nach der Aussaat verabreichten Strahlendosen verursachten bei 45 Gy eine 50%ige Reduktion des Pflanzengewichts, während bereits 48 Gy zur Abtötung der Hälfte der Pflanzen führte.

7.6.3 Tomate *Solanum lycopersicum*

SPARROW et al. (1970) stellten nach Bestrahlung von 50 Tage alten Tomatenpflanzen der Sorte »Rutgers« mit ^{137}Cs-Gammastrahlen (konstante Bestrahlungszeit für alle Dosen) fest, daß 7 Wochen nach der Exposition Dosen oberhalb von 50 Gy die Fruchtbildung verhinderten. Nach 10 Wochen war der ED_{50}-Wert ca. 30 Gy. Allerdings konnten im Verlauf des weiteren Wachstums (16 Wochen nach Bestrahlung) sogar bei 150 Gy noch Früchte geerntet werden. Diese widersprüchliche Reaktion resultiert wohl aus der Reifeverzögerung bzw. aus Reparaturprozessen während des weiteren Wachstums. Tab. 40 enthält die ermittelten ED- u. LD-Werte. Danach scheinen Tomatenpflanzen mit 121 Gy ED_{50}-Werten ziemlich resistent zu sein.

Zu den geschilderten Ergebnissen stehen die Untersuchungen von VASTI (1973) in gewissem Widerspruch, der junge Pflanzen im Drei- bis Vierblattstadium mit [60]C-Gammastrahlen behandelt hat. Er berichtet, daß bereits Dosen von 25 Gy die Pflanzenhöhe, von weniger als 2 Gy die Seitentriebe und unter 1 Gy die Anzahl der Blütentrauben auf 50% der Kontrolle reduziert haben (nicht in Tab. 40 aufgeführt).

7.6.4 Spinat *Spinacia oleracea*

Für eine etwa 50%ige Reduktion der überlebenden Pflanzenzahl nach einer Behandlung von Jungpflanzen der Sorte »Old Dominion« mit simulierter Falloutstrahlung geben SPARROW et al. (1971) Dosen von 118 Gy an. Die Dosen für LD_{10} und LD_{90} liegen bei 84 Gy bzw. 151 Gy (Tab. 40). Nach dem Gewächshausexperiment von KEPPEL (1974) wurden nach einer Bestrahlung im ersten Termin (2 Wochen nach Aussaat) mit 67 Gy der Blattertrag der Sorte »Wiremona« auf 10% und im zweiten Termin (6 Wochen nach Aussaat) auf 50% der Kontrolle reduziert (Tab. 40). In späteren Bestrahlungsstadien konnten bei den gleichen Dosen keine Schädigungen festgestellt werden. Ebenso blieben Dosen von 35 Gy in allen Bestrahlungsterminen unwirksam.

7.6.5 Zwiebelarten *Allium sp.*

Nach SPARROW und Mitarbeiter (1971) müssen die Zwiebeln als relativ empfindlich angesehen werden. Dementsprechend wurden die folgenden 4 Arten aufgrund von ICV-Messungen in die Kategorie der Pflanzen mit einem ED_{50}-Wert zwischen 10 und 20 Gy eingestuft:

Allium cepa	Zwiebel
Allium porrum	Porree
Allium sativum	Knoblauch
Allium schoenoprasum	Schnittlauch

Für die Zwiebel »Yellow Sweet Spanish« und für Knoblauch wurden diese Angaben auch experimentell bestätigt (Tab. 7.6.1).

7.6.6 Radies *Raphanus sativus*

Über die Strahlenempfindlichkeit von Radies »Cherry Belle« berichten SPARROW und PUGLIELLI (1969); SPARROW et al. (1971). Nach simulierter Falloutbestrahlung von 2–3 Wochen alten Pflanzen wurden die zu einer Reduktion der Überlebensrate um 10, 50 und 90% erforderlichen Dosen zu 95, 129 und 163 Gy ermittelt. Die entsprechenden Dosen für die Reduktion des Wurzelgewichtes wurden mit 68, 89 und 144 Gy angegeben. In der

Untersuchung von Sparrow et al. (1970), in dem Pflanzen 10 Tage nach der Aussaat bestrahlt wurden, fand man den ED_{50}-Wert von 118 Gy nach der simulierten Falloutbestrahlung. Es handelte sich in allen Fällen um Gewächshausversuche.

7.6.7 Möhren *Daucus carota*

Über die Strahlenresistenz von Möhren liegen keine experimentell gewonnenen Angaben vor. Bei dieser Art kann nach Messung des ICV ein ED_{50}-Wert zwischen 80 und 120 erwartet werden (Sparrow et al., 1971).

7.6.8 Erdbeeren *Fragaria ananassa*

Bei der Erdbeersorte »Takana« wurde von Matsumura und Fuji (1959) nach Bestrahlung der Ausläufer mit Röntgenstrahlen (0,17 Gy/min) eine Reduktion des Fruchtertrages um 10, 50 und 90% mit Dosen von 13, 65 und 208 Gy erreicht (Tab. 40). Nach Bestrahlung von Jungpflanzen im Vierblattstadium erhielten Fendrik und Glubrecht (1972) eine 10%ige Ertragsreduktion bei 35 Gy und eine 50%ige Abnahme bei 72 Gy.

7.7 Gehölzpflanzen

Die in den Tabellen 42 und 43 aufgeführten Werte stammen aus verschiedenen Forschungsstätten, geben jedoch einen recht guten Überblick über die Resistenzverhältnisse bei Gehölzen. Auffallend ist, daß im allgemeinen die Gymnospermen (Tab. 42) gegenüber den Angiospermen wesentlich strahlenempfindlicher sind (Tab. 43). Eine hohe Sensibilität weisen *Taxus media*, *Pseudotsuga duglasii* und *Pinus strobus* sowie *Pinus olliotti* mit einem LD_{50}-Wert von etwa 5 Gy auf, während die untersuchten Laubbäume eine etwa um den Faktor 10 niedrigere Empfindlichkeit besitzen. Unter den Nadelbäumen fällt *Pinus banksiana* durch eine hohe Resistenz auf, wobei die semichronische Bestrahlung weniger effektiv ist als die akute (Clark et al., 1967 u. 1968). Rudolf (1978) gibt sogar wesentlich höhere LD_{50}-Werte für die gleiche Art an. Bei dem Vergleich mit Krautpflanzen kann man bei Angiospermen feststellen, daß ihre Strahlenempfindlichkeit in der gleichen Größenordnung liegt.

Tab. 42: Wirkung ionisierender Strahlen auf Gymnospermen

Pflanzenart	Stadium bei Bestrahlung	Strahlenart und Dosisleistung	Parameter	Reduktion zur Kontrolle LD			Literatur
				10	50 [Gy]	90	
Abies balsamea	Pflanzen	akut ^{60}Co	Überleben	4,2	8,9	13,6	Sparrow et al. (1968)
Abies koreana	Samen		Überleben	25,0	48,0	–	Niemann et al. (1978)
Chamaecyparis lawsoniana	Samen		Überleben	4,8	10,0	–	Niemann et al. (1978)
Picea abies	Pflanzen	dto.	Überleben	9,1	11,0	12,9	Sparrow et al. (1968)
Picea abies	1-jähr. Pflanzen		Überleben	6,2	9,5	–	Niemann et al. (1978)

Tab. 42: (Fortsetzung)

Pflanzenart	Stadium bei Bestrahlung	Strahlenart und Dosis-leistung	Parameter	Reduktion zur Kontrolle LD [Gy]			Literatur
				10	50	90	
Picea sitchensis	Samen		Keimung	–	19,2	–	EL-LAKAWY u. SZIKLAI (1970)
Picea glauca	Samen		Keimung	–	11,1	–	CLARK et al. (1968)
Picea glauca	Samen		1 Jahr Überleben		5,8		
Picea glauca	Pflanzen	dto.	Über-leben	4,3	8,5	12,7	SPARROW et al. (1968)
Picea mariana	Samen	dto.	Keimung	–	55,0	–	CLARK et al. (1968)
			1 Jahr Überleben	–	12,0	–	
Picea glauca	Pflanzen	dto.	Über-leben	5,5	7,1	8,7	SPARROW et al. (1968)
Picea abies Karst.	Samen	dto.	Überlebens-rate	–	10,0	–	BOWEN (1962)
Picea rubens	Pflanzen	dto.	Überleben	7,7	10,3	12,9	
Juniperus conferta	1-jähr. bewurz. Stecklinge		aktiver Meristem	–	8,4	–	CLARK et al. (1968)
Pinus banksiana	Samen	akut ^{137}Cs	Keimung	–	160,0	–	RUDOLF (1978)
		60 Gy/h	Überl.n. 6 Mon.		126,0	–	
			Überl.n. 10 Jahren		113,0	–	
Pinus banksiana	Samen	akut ^{60}Co	Keimung	–	63,1	–	CLARK et al. (1968)
			Überl.	–	29,5		
Pinus banksiana	Samen	semi chronisch 96h exponentiell	Über-leben	–	48,9		CLARK et al. (1967)
Pinus elliotti	Sämlinge	akut ^{60}Co	Über-leben	–	4,2	–	CAPELLA u. CONGER (1967)
	aktiv in Ruhe			–	5,6	–	
Pinus resinosa	Pflanzen	dto.	Über-leben	6,0	7,8	9,7	SPARROW et al. (1968)
Pinus resionsa	Samen	dto.	Keimung	–	49,0	–	CLARK et al. (1968)
			1 Jahr Überl.	–	9,2		
Pinus strobus	Pflanzen	dto.	Überl.	2,7	4,7	6,8	SPARROW et al. (1968)
	aktiv in Ruhe		Überl.	3,2	6,4	9,6	

Tab. 42: (Fortsetzung)

Pflanzenart	Stadium bei Bestrahlung	Strahlenart und Dosis- leistung	Parameter	Reduktion zur Kontrolle LD			Literatur
				10	50 [Gy]	90	
Pinus ponderose Dough. x P. *montezumae*	Pflanzen	dto.	Überl.	6,2	8,2	10,1	
Pinus sylvestris	Samen	dto.	Keimung	–	10,0	–	BOWEN, (1962)
Pinus sylvestris	Samen	dto.	Keimung	–	9,4	–	CLARK et al. (1968)
			1 Jahr Überleb.	–	8,2	–	
	Samen	semi chron. 96h expon.	Überle.	–	12,6	–	CLARK et al. (1967)
Larix leptolepsis Gord.	Pflanzen	akut ^{60}Co	Über- leben	4,8	8,3	11,7	SPARROW, (1968)
Larix laricina (Duroi) K.Koch	Pflanzen	dto.	Über- leben	4,3	7,1	9,8	SPARROW et al. (1968)
Pseudotsuga duglasii Carr.	Pflanzen	dto.	Über- leben	0,8	4,6	11,7	SPARROW et al. (1968)
Pseudotsuga menziensii »Mirb« CDF	Samen	akut	Keimung	–	55,3	–	EL-LAKANY u. SZIKLAI (1970)
Podocarpus macrophyllus	Sämling	dto.	Über- leben	–	5,7	–	CAPELLA u. CONGER (1967)
	aktiv Ruhe			–	8,6	–	
Sequoiadendron giganteum Bucholz	Pflanzen	dto.	Über- leben	8,8	11,4	13,8	SPARROW et al. (1968)
Tsuga heterophylla (Rat.) Sarg	Samen	akut	Keimung	–	25,3	–	EL-LAKANY u. SZIKLAI (1970)
Taxus media Rehd. H.V. hatfieldii	Pflanzen	dto.	Über- leben	1,2	4,8	8,9	SPARROW et al. (1968)
Thuja occidentalis	Wurzel	dto.	Über- leben	4,5	9,7	14,9	
Zamia floridana	Sämlinge aktiv	dto.		–	6,1	–	

Da Bäume im Vergleich zu krautigen Pflanzen ein erheblich langsameres Wachstum besitzen, wirkt sich auch ein Strahlenschaden wesentlich später aus: Erst nach einer Beobachtungszeit von drei Jahren läßt sich Überleben oder Absterben eindeutig ermitteln und damit ein stabiler LD$_{50}$-Wert angeben (SPARROW et al. 1968). RUDOLF (1978) fand sogar bis zu 10 Jahren eine kontinuierliche LD_{50}-Abnahme bei *Pinus banksiana*. Ein deutlicher Unterschied in den LD_{50}-Werten ergibt sich auch zwischen einer Pflanzenbestrahlung im Ruhestadium und in der aktiven Phase.

Tab. 43: Wirkung ionisierender Strahlen auf Angiospermen

Pflanzenart	Stadium bei Bestrahlung	Strahlenart	Parameter	Reduktion zur Kontrolle LD			Literatur
				10	50 [Gy]	90	
Acer rubrum	Wurzeln	^{60}Co akut	Überleben	28,7	51,1	73,4	SPARROW et al. (1968)
Acer saccharum Marsch.	Pflanzen	dto.	dto.	34,1	47,2	60,3	dto.
Betula lutea Mich x.f	Wurzelteile	dto.	dto.	24,7	42,8	76,9	dto.
Buddleia alternifolia Maxim.	Pflanzen	dto.	dto.	33,9	70,5	107,2	dto.
Buddleia davidii Franch	Pflanzen	dto.	dto.	151,8	175,0	198,2	dto.
Citrus sinensis	Samen Knospen	dto. dto.	dto. dto.		80–100 >50	125,0 >75,5	SPIEGEL-ROY u. R. PADOVA (1973)
Fraxinus americana L.	Wurzeln	dto.	dto.	56,8	77,4	98,1	SPARROW et al. (1968)
Paeonia suffruticosa	Pflanzen	dto.	dto.	2,0	4,8	10,4	dto.
Clematis virginiana L.	Pflanzen	dto.	dto.	13,1	18,9	24,7	dto.
Populus nigra var. italica	Stecklinge	250kV Röntgen	Bewurzelung		40,0	80–100	SCANDALIOS, (1964)
Sambucus canadensis	Wurzeln	^{60}Co akut	Überleben	7,4	11,2	14,9	SPRARROW (1968)
Viburnum dilatatum Thumb.	Pflanzen	dto.	dto.	21,7	36,2	51,5	dto.

Bei den Laubgehölzen erweisen sich *Paeonia suffruticosa* und *Sambucus canadensis* als besonders empfindlich, während *Citrus* und *Buddleia* zu den resistentesten Arten gerechnet werden können. Ergänzt werden die Angaben in den Tabellen 42 und 43 durch mit Hilfe von ICV-Messungen vorausberechneten LD_{50}-Werten (Tab. 44) für Arten, die im Bestrahlungsversuch nicht untersucht worden sind, deren Gattungen aber eine wichtige Rolle in unserem Ökosystem spielen. Bei der Übernahme dieser Daten muß berücksichtigt werden, daß sie nicht unter feldmäßigen Bedingungen und auch nicht innerhalb des Ökosystems gewonnen wurden, weshalb sie lediglich als Näherungswerte für eine grobe Abschätzung der Strahlenempfindlichkeit zu betrachten sind. Die LD_{50}-Werte weisen eine ähnliche Tendenz auf wie in den Tabellen 42 und 43 aufgeführt. Auch hier sind die *Gymnospermen* wesentlich empfindlicher und z.B. *Taxus, Pinus* und *Larix* gehören zu den sensibelsten Arten.

Tab. 44: Aufgrund von ICV-Messungen vorausberechnete LD_{50}-Werte für einige Gehölzpflanzen (nach SPARROW et al., 1971)

Pflanzenart	LD_{50} [Gy]	Pflanzenart	LD_{50} [Gy]
G. *Abies concolor Hoopes*	8,1	A. *Prunus avium* L. »Windsor«	36,0
A. *Aesculus octandra* Marsh.	71,1	A. *Prunus* x *cerasus* L.	58,5
A. *Castanea dentata* (Marsh.) Borkh.	37,7	A. *Prunus domestica* L.	46,0
G. *Cedrus libani* loud.	8,4	A. *Prunus persica* (L.) Patsh	46,0
A. *Citrus limonia* Burm.	41,8	A. *Pyrus malus* L. »Northern Spy«	46,0
f. »Villa France«		A. *Quereus alba* L	29,3
A. *Fagus grandiflora*	64,1	A. *Robinia pseudoacacia*	31,5
A. *Juglans regia*	48,0	G. *Sequoia sempervirens* Endl.	14,6
A. *Juniperus communis* L.	14,9	G. *Taxodium distichum* (L.) Rich.	17,1
G. *Larix decidua*	7,7	G. *Taxus canadensis* Marsh.	9,9
G. *Pinus nigra* Arnold	6,1	A. *Tilia americana*	60,3
G. *Picea pungens* Engelm.	7,6	G. *Tsuga canadensis* (L.) Carr.	7,2
A. *Populus tremuloides*	48,0	A. *Vaccinium angustifolium* Ait.	58,5
A. *Prunus armeniaca* L. »Bleuheim«	30,0	A. *Vitis* sp. »Concord«	58,5
A. *Angiospermen*			
G. *Gymnospermen*			

7.8 Zierpflanzen

In der Literatur liegen wenige Angaben über die Strahlenempfindlichkeit von Zierpflanzen vor. Es gibt zwar eine große Anzahl von Experimenten, in denen Zierpflanzen mit dem Ziel der Mutationsauslösung bestrahlt wurden, es fehlen jedoch meist Angaben über die Höhe der Schädigungs- bzw. der Letaldosen. Eine Reihe von Autoren führten Untersuchungen zur Strahlenstimulation (Kap. 4.6) durch, bei denen jedoch die verwendeten Dosen in den häufigsten Fällen so niedrig waren, daß eine Schädigung erst gar nicht auftrat. Um sich ein Bild über die Strahlenempfindlichkeit einiger Zierpflanzen machen zu können, werden experimentell ermittelte Daten (Tabelle 45) und vorausberechnete LD_{50}-Werte für Knollengewächse (SPARROW et al. (1971) (Tab. 46) angegeben.

BORS und ZIMMER (1972) bestrahlten bewurzelte und unbewurzelte Stecklinge der Nelkensorte »William Sim« mit Dosen von 0,1-100 Gy. Bei allen Stecklingen, die vor der Bewurzelung bestrahlt wurden, trat eine 50%ige Reduktion der Trockenmasse mit Dosen von 38 Gy auf, nach der Bewurzelung hingegen wurde derselbe Effekt bereits mit Dosen von 30 Gy erzielt. In ähnlicher Weise beeinflußte die Bewurzelung die Strahlendosen, die zur Reduktion der Stiellänge führten. Die Ergebnisse lassen darauf schließen, daß bewurzelte Pflanzen infolge einer stärkeren physiologischen Aktivität empfindlicher auf die Bestrahlung reagieren, als unbewurzelte Pflanzen. Möglicherweise wird aber auch das Wurzelwachstum selbst so stark gehemmt, daß die Verminderung des vegetativen Wachstums mehr oder weniger eine Folge der verringerten Wurzelaktivität ist.

Azaleen scheinen eine ähnliche Strahlensensibilität wie Nelken zu haben. Die von STREITBERG (1966) untersuchten 49 Sorten zeigten erhebliche Unterschiede, so daß die LD_{50} mit Werten von 10 bis 55 Gy angegeben werden muß (Tab. 45). Die empfindlichen Sorten zeigten bereits ab 10 Gy Wachstumshemmungen, die mit steigenden Dosen kontinuierlich zunahmen. Der Bestrahlungstermin (Herbst oder Frühjahr) beeinflußte die Strahlensensibilität. Nach der Bestrahlung im Herbst war eine geringere Wachstumsdepression der überlebenden Pflanzen zu beobachten, als nach Bestrahlung im Frühling. Die jahreszeitlich bedingte Sensibilität der Pflanzen, kann von ihrem Wasserhaushalt abhängen, da dieser die Widerstandskraft der Zellen gegenüber ionisierenden Strahlen positiv beeinflußt.

Tab. 45: Wirkung ionisierender Strahlen auf verschiedene Zierpflanzenarten

Pflanzenart	Stadium bei Bestrahlung	Strahlenart u. Dosis leistung	Parameter	Reduktion zur Kontrolle Ed od. LD		Literatur
				50	90 [Gy]	
Dianthus L. »William Sim«	bewurzelte Stecklinge	^{60}Co-akut 3000 Gy/h	Trockengewicht	30	>100	Bors u. Zimmer (1972)
			nach 14 Wochen Überlebensrate	38	>100 >100	
Azalea 49 Sorten	bewurzelte Stecklinge u. 10 cm lange Reiser	Röntgen akut 84–96 Gy/h	Überlebensrate	10–55		Streitberg (1966)
Rosa Sp. 42 Sorten Empflindl. Mittl. Empf. Resistent	Augen und Reiser	Röntgen akut	Überlebensrate	5–10 10–30 15–60		Streitberg (1966)
Euphorbia pulcherrima Willd.	Stecklinge	Röntgen akut	Blatt masse	25		Pötsch (1966) Altan (1974)
Campanula Chrysanthemum medium	Sämlinge	Röntgen akut	Überlebensrate		26,5	Johnson (1936)
Salpiglossis sinuata	Sämlinge	Röntgen akut	Pflanzenhöhe	25		
Tagetes erecta (2n)	Keimlinge	Röntgen akut	Überlebensrate	73	88	Miller (1970)
Tagetes petula (4n)				64	120	
Zinnia elegans (2n)				22	28	
(4n)				72	120	
Petunia Juss. (2n)				35	84	
dto. (4n)				40	95	
Papaver rhoeas	Samen	^{60}Co akut	Überlebensrate	133		Bowen (1962)
Chrysanthemum segetum				262		

Tab. 45: (Fortsetzung)

Pflanzenart	Stadium bei Bestrahlung	Strahlenart u. Dosis leistung	Parameter	Reduktion zur Kontrolle Ed od. LD		Literatur
				50 [Gy]	90	
Viola arvensis Murr.				400		
Veronica polita				1047		
Veronica persica				*1295*		
Yucca brevi-folia	Samen	^{60}Co akut	Überlebens-rate	330	430	JOHNSTONE u. KLEPINGER (1967)
Iris L. var. Wedge-Wood	Knollen	^{60}Co akut	Knollen-gewicht	10–12		HALEVY u. SHOUB (1964)

Die Bestrahlung von Augen bzw. Reisern 42 verschiedener Rosensorten ergab, daß die einzelnen Sorten eine recht unterschiedliche Sensibilität gegenüber ionisierenden Strahlen aufweisen (STREITBERG 1966). Es lassen sich drei Gruppen unterscheiden (Tab. 45). Für die resistenten Sorten liegen die LD_{50}-Werte zwischen 15 und 60 Gy, für die weniger resistenten zwischen 10 und 30 Gy und für die sensiblen Sorten zwischen 5 und 10 Gy. Ein Vertreter der ersten Gruppe ist die Sorte »Baccara«, der zweiten Gruppe »Gloria Dei« und der dritten »Confidence«. Letztere kann hinsichtlich ihrer Strahlensensibilität mit der der Knollengewächse verglichen werden. Im übrigen handelt es sich bei den o.g. LD-Werten auch noch um die günstigsten Dosiswerte zur Mutationsauslösung. Die stark voneinander abweichenden LD-Werte bei der Strahlenempfindlichkeit von Rosen können auf ihre genetisch sehr unterschiedliche Herkunft zurückzuführen sein.

Tab. 46: Aufgrund von ICV-Messungen ermittelte LD_{50}-Werte für verschiedene Zierpflanzenarten (Knollengewächse), (nach SPARROW et al., 1971)

Pflanzenart	Vorausberechnete LD_{50} [Gy]	Pflanzenart	Vorausberechnete LD_{50} [Gy]
Anemone fulgens	20,4	*Lilium regale*	9,1
Amaryllis belladonna	10,5	*Convallaria majalis*	18,6
Scilla hispanica	10,8	*Calochortus sp.*	21,5
Crocus sp.	9,8	*Narcissus sp.*	15,0
Narcissus pseudo-narcissus	9,3	*Scilla sibirica*	7,2
Fritillaria meleagris	6.5	*Ornithogalum virens*	11,2
Gladiolus sp.	126,6	*Tigridia pavonia*	33,2
Chionodoxa luciliae	28,1	*Kniphofia uvaria*	8,4
Muscari sp.	39,4	*Tritonia crocata*	68,4
Hyacinthus sp.	10,6	*Tulipa sp.*	9,9
Lilium longiflorum	11,4	*Tulipa fosteriana*	10,7
Lilium formosanum	8,9	*Tulipa kaufmanniana*	18,3

Euphorbia, Campanula u. *Salpiglossis* (JOHNSON 1936) und die diploide Form von *Zinnia* (MILLER, 1970) gehören ebenfalls zu den besonders strahlenempfindlichen Zierpflanzen (Tab. 45). Die zu Schädigungen führenden ED- bzw. LD-Werte liegen bei Dosen von 22 bis 27 Gy. Zu dieser sensiblen Gruppe zählen auch die Zierpflanzen *Antirrhinum majus* und *Minnichens tigrinus*. Dosen von 25 bzw. 20 Gy führten nach Untersuchungen von JOHNSON (1936) zur Reduktion der Pflanzenhöhe.

MILLER (1970) untersuchte die Strahlenempfindlichkeit von 3 Gattungen: *Tagetes, Zinnia* und *Petunia*, und zwar sowohl von den diploiden als auch den tetraploiden Formen (Tab. 45). Erwartungsgemäß sind die tetraploiden Formen mit LD_{90}-Dosen von 120 und 95 Gy allgemein resistenter als die diploiden (88, 28 und 84 Gy). Auffallend groß ist der Unterschied zwischen den tetraploiden und diploiden Formen der Gattung *Zinnia* mit einer LD_{50} von 72 bzw. von 22 Gy. Bei den tetraploiden und diploiden Formen von *Tagetes* und *Petunia* war das Interphasechromosomenvolumen (ICV) ähnlich groß, bei den beiden *Zinnien*-Formen dagegen ist das der tetraploiden Formen größer. Damit lassen sich auch die ungewöhnlich großen Abweichungen der beiden *Zinnien*-Formen hinsichtlich der Strahlenempfindlichkeit erklären (s, Kap. 6.2). Besonders resistent erwies sich auch *Kalanchoö* mit einer LD_{50} von 120 Gy (s. Farbteil).

7.9 Ökosysteme

Bereits im Kap. 5.9 ist darauf hingewiesen worden, daß die Strahlenempfindlichkeit einzelner Arten nicht ohne weiteres auf das Verhalten der Pflanzengemeinschaft übertragbar ist.. Obwohl dieser Zusammenhang frühzeitig erkannt wurde, fanden wegen der großen experimentellen Schwierigkeiten und des personellen Aufwandes nur relativ wenige Untersuchungen dieser Art statt. Oft konnten lediglich Teilbereiche eines Ökosystems (Bäume, Sträucher, Krautschicht) berücksichtigt werden. Die meisten Versuchsdaten stammen aus Nordamerika (Vereinigte Staaten, Kanada) und nur einzelne aus dem europäischen Mittelmeergebiet. Wegen der spezifischen Reaktion jedes Ökosystems, können die mitgeteilten Resultate nur als Orientierungswerte angesehen und nicht ohne weiteres auf mitteleuropäische Systeme übertragen werden. Aufgrund ihrer wirtschaftlichen und globalökologischen Bedeutung werden die Waldökosysteme ausführlicher behandelt.

7.9.1 Waldökosysteme

Daten über die Strahlenempfindlichkeit von 6 Charakterarten einer Eichen-Kiefer-Gemeinschaft (USA/N.Y.) nach neunmonatiger chronischer Bestrahlung mit ^{137}Cs-Gammastrahlen gibt Tab. 47 an. Ermittelt wurden Letaldosen, die als solche definiert werden, wenn die Bäume im Sommer nach dem Bestrahlungsjahr nicht mehr austrieben (WOODWELL und SPARROW, 1963). Als empfindlichste Art wurde *Pinus rigida* mit einer LD_{50} von 0,04 Gy/d (11 Gy Gesamtdosis) und einer LD_{90} von 0,23 Gy/d (62 Gy Gesamtdosis) ermittelt. Übereinstimmende LD_{50}-Werte zeigten noch *Quercus coccinea* und *Q. ilicifolia*, allerdings werden die LD_{90}-Werte bei diesen Arten schon mit 1,1 Gy/d (297 Gy Gesamtdosis) und 0,9 Gy/d (243 Gy Gesamtdosis) erzielt. Auffallend ist die unterschiedliche Reaktion einzelner Arten auf die verschiedenen Dosisbereiche. *Q.alba* und *Q. coccinea* beispielsweise haben die gleichen LD_{90}-Werte (1,1 Gy/d, 297 Gy Gesamtdosis), es weichen jedoch ihre LD_{50}-Werte stark voneinander ab (0,04 Gy/d, 11 Gy Gesamtdosis für *Q. coccinea* bzw. 0,2 Gy/d, 54 Gy Gesamtdosis für *Q. alba*), so daß ein unterschiedlicher Verlauf der Dosiseffektkurven zu erwarten ist. Als unempfindlichste Art wurde, zumindest im LD_{50}-Dosisbereich (0,4 Gy/d, 110 Gy Gesamtdosis) *Gaylussacia baccata* ermittelt.

Tab. 47: Wirkung einer chronischen Gammabestrahlung auf die Leitarten einer Waldpflanzengesellschaft (nach WOODWELL u. SPARROW, 1963)

Pflanzenart	Reduktion zur Kontrolle			
	LD$_{50}$		LD$_{90}$	
	[Gy/d]	[Gy]	[Gy/d]	[Gy]
Bäume				
Quercus alba	0,2	54	1,1	297
Q. coccinea	0,04	11	1,1	297
Pinus rigida	0,04	11	0,23	62
Sträucher				
Q. ilicifolia	0,04	11	0,9	243
Vaccinium sp.	0,2	54	1,0	270
Gaylussacia baccata	0,4	110	0,7	189

An diesem Objekt führten FLACCUS et al. (1974) weitere Experimente durch: 12 Jahre lang behandelten sie die Eichen-Kieferngemeinschaft mit einer Dosisleistung von 0,14 bis 4,26 Gy/d (Gesamtdosen von 670 bis 20710 Gy). Sie beobachteten in diesem Zeitraum die Zusammensetzung der Krautschicht. Nach dem Absterben der Bäume fand die heimische Art *Carex pensylvania* eine starke Verbreitung, was neben ihrer höheren Strahlenresistenz auf eine Anpassung an die veränderten Standortverhältnisse (erhöhte Lichtintensität) zurückzuführen war. Auf der Beobachtungsfläche erhöhte sich die Anzahl der Individuen im Laufe der 12 Bestrahlungsjahre von 2448 auf 20 668. Einzelne Arten wie *Rubus sp.*, *Rumex acetosella, Erechtites hieracifolia, Solidago tenuifolia, S. odora* expandierten besonders stark, einige verschwanden völlig *(Hypericum gentianoides, Polygonum persicaria)* andere nur teilweise *(Bulbostylis capillaris, Helianthemum sp.).* Es wurden auch viele neu hinzugekommene Arten *(Aster sp., Cerastium sp., Hieracium floribundum, Solidago sp., Taraxacum officinale)* registriert.

Experimentelle Daten nach etwa einjähriger (375 Tage) chronischer Bestrahlung einer mediterranen Waldvegetation (Provence, Frankreich) mit ^{137}Cs-Gammastrahlen gibt Tab. 48 an. Ermittelt sind die Dosen (Gy/d bzw. Gy als Gesamtdosis), die zur 50%igen Schädigung der Blattmasse und zur Verhinderung der Knospenbildung führen. Es fällt auf, daß die Gehölze insgesamt strahlenempfindlicher sind als die Kräuter. Allerdings ist eine relativ große Variabilität der Strahlenempfindlichkeit bei den Gehölzen erkennbar. *Quercus ilex, Cornus mas* und *Ulmus campestris* können als besonders empfindlich, *Jasminum fruticans* als besonders resistent eingestuft werden. Bemerkenswert ist die unterschiedliche Strahlenempfindlichkeit der beiden *Quercus*-Arten *Q. ilex* (0,07 Gy/d, 27 Gy Gesamtdosis) und *Q. pubescens* (0,29 Gy/d, 108 Gy Gesamtdosis), die als Leitpflanzen dieser Vegetation gelten. Messungen der ICV ergaben einen übereinstimmenden Wert von 215 µm^3. Da beide Arten 2 n = 24 Chromosomen besitzen, wurde ihre unterschiedliche Strahlenempfindlichkeit nicht auf genetische Faktoren, sondern auf unterschiedliche Anpassung im Bestand zurückgeführt. Es wurde weiter beobachtet, daß Arten mit mediterranem Ursprung generell strahlenresistenter waren als eingewanderte Typen. Diese Annahme bedurfte natürlich einer weiteren eingehenden Prüfung.

Aus Tabelle 48 wird erkennbar, daß eine neue Knospenbildung nach einem Jahr chronischer Bestrahlung bei niedrigeren Dosen verhindert wird, als die ED$_{50}$-Werte für eine Reduzierung der Blattmasse. Eine Ausnahme bildet hierbei die sehr strahlenempfindliche Art *Q. ilex.*

Besonders umfangreiche radioökologische Untersuchungen wurden in einer nordamerikanischen Laubwald-Vegetation *(Populus tremuloides, Acer rubrum, Betula papyrifera)* im Bundesstaat Wisconsin (Enterprise Radiation Forest) während und nach einer fünfjährigen

Tab. 48: Wirkung einer einjährigen chronischen Bestrahlung auf eine mediterrane Pflanzengesellschaft (nach FABRIES et al., 1972)

Pflanzenart	Blattmasse ED_{50}		Blockierung d. Knospenbildung	
	[Gy/d]	[Gy]	[Gy/d]	[Gy]
Sommergrüne				
Cornus mas L.	0,17	63	0,07	27
Ulmus campestris L.	0,17	63	–	–
Ligustrum vulgare L.	0,24	90	0,19	72
Quercus pubescens Willd	0,29	108	0,10	38
Virbunum lantana L.	0,34	126	0,14	54
Rosa pimpinellifolia normale	0,34	126	–	–
Acer monspessulanum L.	0,43	162	0,14	54
Jasminum fruticans L.	0,75	281	0,50	189
Immergrüne				
Quercus ilex L.	0,07	27	0,11	40
Rosmarinus officinalis L.	0,34	126	0,24	90
Buxus sempervirens L.	0,34	126	0,19	72
Phillyrea angustifolia L.	0,36	135	0,24	90
Phillyrea media L.	0,91	336	–	–
Asparagus acutifolius	0,36	135	0,24	90
Kräuter				
Teucrium chamaedrys L.	0,96	360	–	–
Potentilla verna L.	1,15	432	–	–
Fragaria vesca L.	1,15	432	–	–
Poterium magnolii Spach	1,15	432	–	–
Ajuga chamaepitys Schreb	1,80	675	–	–
Teucrium polium L.	1,80	675	–	–

chronischen Bestrahlung durchgeführt. MURPHY et al. (1977) berichteten, daß die Leitbäume nach der Applikation von Gesamtdosen in Höhe von 580 Gy bereits nach 2 Jahren, nach Applikation von 110 Gy nach 3 Jahren absterben. Bei niedrigeren Dosen von 1,4 – 24 Gy Gesamtdosis nahm die Individuenzahl der Bäume pro Fläche stetig zu. Die Dosisleistungen wurden nicht angegeben.

In einer 1975 erschienenen Arbeit stellten bereits ZAVITKOVISKI und SALMONSON nach zehnjähriger chronischer Bestrahlung der krautigen Pflanzenarten dieser Waldgemeinschaft (Tab. 49) und einer darin gelegenen Kahlschlagfläche (Tab. 50) ED_{50} und ED_{90}-Dosen sowie ICV-Werte zusammen. Die ED_{50}-Werte bezogen auf die Biomasseproduktion, lagen zwischen 8 KGy (2 Gy/d Dosisleistung) und 67 KGy (17,5 Gy/d Dosisleistung) für die Waldgemeinschaft. Auch die ED_{90}-Werte variierten zwischen 18 KGy (4,7 Gy/d Dosisleistung) und 77 KGy (20 Gy/d Dosisleistung). Die extrem empfindlichen Arten waren *Trillium grandiflorum* und *Maianthemum canadense* und die resistenteste Art war *Luzula acuminata*. ED_{50}-Werte der Kahlschlagvetetation lagen zwischen 4 KGy (1 Gy/d Dosisleistung) und 67 KGy (17,5 Gy/d Dosisleistung), die ED_{90}-Werte zwischen 13 KGy (3,3 Gy/d Dosisleistung) und 78 KGy (20 Gy/d Dosisleistung). Als sehr empfindlich erwies sich *Chrysanthemum leucanthemum*, als extrem resistent *Cerastium vulgare, Potentilla norvegica, Veronica sp.* und *Juncus tenius*. Ein Vergleich der ED- und der ICV-Werte läßt erkennen (Tab. 50), daß Arten mit größeren Chromosomen generell strahlenempfindlicher waren und andererseits kleinere ICV-Werte bei den resistenten Arten gemessen wurden.

Im Südosten von Manitoba, Kanada, wurde eine boreale Mischwaldvegetation 7 Jahre lang mit ^{137}Cs-Gammastrahlen chronisch bestrahlt und jährlich ausgewertet (DUGLE und

Tab. 49: Wirkung einer zehnjährigen chronischen Bestrahlung auf die Biomasseproduktion einer Waldassoziation (nach ZAVITKOWSKI und SALMONSON, 1975)

| Pflanzenart | Reduktion zur Kontrolle | | | |
| | ED_{50} | | ED_{90} | |
	[Gy/d]	[KGy]	[Gy/d]	[KGy]
Aralia nudicaulis	7,4	28	9,0	35
Aster macrophyllus	9,0	35	11,5	46
Clintonia borealis	1,9	8	5,5	21
Cornus canadensis	5,5	21	15,0	58
Gaultheria procumbens	5,5	21	7,4	28
Maianthemum canadense	3,0	12	4,7	18
Trientalis borealis	11,5	46	15,0	58
Trillium grandiflorum	3,0	12	4,7	18
Viola pubescens	11,5	46	15,0	58
Carex pensylvanica	10,0	39	11,5	46
Luzula acuminata	17,5	67	20,0	77
Oryzopsis asperifolia	9,0	35	15,0	58
Lycopodium obscurum	5,5	21	9,0	35
Pteridium aquillinum	5,5	21	8,2	32
Diervilla lonicera	7,4	28	9,0	35
Mittel aller Arten	7,5	29	10,7	42
Gesamtbiomasse	11,5	46	15,0	58

Tab. 50: Wirkung einer zehnjährigen chronischen Bestrahlung auf die Biomasseproduktion der Kräuter eines Wald-Kahlschlages (nach ZAVITKOWSKI und SALMONSON, 1975)

| Pflanzenart | Reduktion zur Kontrolle | | | | |
| | ED_{50} | | ED_{90} | | ICV |
	[Gy/d]	[KGy]	[Gy/d]	[KGy]	[μm^3]
Achillea millefolium	6,0	23	10,0	39	4,59
Aster ciliolatus	7,5	29	10,0	39	3,31
A. umbellatus	2,5	10	6,0	23	6,11
Cerastium vulgatum	17,5	67	20,6	78	3,10
Chrysanthemum leucanthemum	1,6	6	3,3	13	6,25
Erigeron annuus	3,3	13	4.0	15	4,15
Fragaria virginiana	12,0	46	15,0	58	3,31
Hieracium aurantiacum	1,0	4	4,0	15	5,13
Plantago major	3,3	13	4,9	19	6,92
Potentilla norvegica	17,5	67	20,0	78	1,58
Prunella vulgaris	6,8	26	10,0	39	3,16
Solidago sp.	4,0	15	4,0	15	8,78
Taraxacum officinale	3,3	13	5,0	19	4,92
Trifolium repens	6,0	23	15,0	58	2,78
Veronica sp.	17,5	67	20,0	78	2,25
Viola incognita	10,0	39	12,0	46	3,91
Juncus tenuis	7,5	29	20,0	78	3,25
Agrostis sp.	7,5	29	12,0	46	–
Phleum pratense	3,3	13	6,0	23	4,65
Mittelwert aller Arten	7,3	28	11,0	42	4,34
Gesamtbiomasse	12,0	46	15,0	58	–

MAYOH (1984). Die Bestrahlungszeit betrug für die Jahre 1–7: 4039, 11043, 18032, 24995, 31888, 38777 und 45723 Stunden. Tabelle 51 zeigt die höchsten Dosisleistungswerte in mGy/h, bei welcher die Pflanzenarten trotz visuell erkennbarer morphologischer Schäden noch überlebten, sowie die LD_{50}-Werte ermittelt im 6. Jahr der Bestrahlung. Im 6. Jahr der Bestrahlung (Dosisleistung höher als 25 mGy/h) konnte in der vorliegenden Reihenfolge der Arten eine Abnahme der Resistenz festgestellt werden:

Rubus idaeus, Vaccinium myrtilloides, Ledum groenlandicum, Ribes hirtellum, R. triste, Salix bebbiana, Ribes glandulosum, Vaccinium angustifolium, Rosa spp., Salix discolor, Diervilla lonicera, Lonicera dioica, Amelanchier spp., Corylus cornuta, Symphoricarpos albus und *Prunus pensylvanica.* Empindliche Arten (LD_{50} kleiner als 4 mGy/h) waren: *Chimaphila umbellata, Lonicera villosa, Viburnum trilobum, Salix discolor, Linnaea borealis, Viburnum lentago* und *Gaultheria hispidula.* Tabelle 51 verdeutlicht, daß die Dosisleistung, die zur Auslösung einer Schädigung erforderlich ist, im Laufe der Bestrahlungsjahre stetig abnimmt. Bei der resistentesten Art *Rubus idaeus* wurde beobachtet, daß die Triebe jährlich stark geschädigt wurden, aber ständig eine Regeneration aus unterirdischen, somit abgeschirmten Pflanzenteilen erfolgte. Dies führte sogar im Bereich der höchsten Dosisleistung (62 mGy/h) zu einer Zunahme der Individuenzahl pro Fläche.

Tab. 51: Höchste Dosisleistungswerte in mGy/h für die Überlebensrate von 56 Sträucher nach mehreren Bestrahlungsjahren sowie LD_{50} nach dem 6. Bestrahlungsjahr (nach DUGLE und MAYOH, 1984)

Pflanzenart		Bestrahlungsjahre							LD_{50} [mGy/h]
		1	2	3	4	5	6	7	
Acer spicatum	M	59	49	49	33	22	22	20	8,7
Alnus rugosa	M	61	61	50	33	33	21	14	10,4
Amelanchier spp	M	61	30	30	30	30	30	30	4,4
Andromeda glaucophylla		0,75	0,75	0,75	0,75	0,75	0,75	0,75	–
Aralia hispida		2,6	2,6	2,6	2,6	2,6	2,6	2,6	–
Arctostaphylos uva-ursi		2,6	2,6	2,6	2,6	2,6	2,6	2,6	–
Betula glandulifera	M	0,68	0,68	0,68	0,68	0,68	0,68	ß,68	–
Betula × sandbergii	M	55	14	14	14	14	14	14	–
Betula × sandbergii x papyrifera	M	13	13	13	13	13	13	13	–
Chamaedaphne calyculata		0,93	0,93	0,93	0,93	0,93	0,93	0,93	–
Chimaphila umbellata	M	33	33	9,3	1,4	1,4	1,4	1,4	0,87
Cornus rugosa	M	54	54	54	33	30	24	24	10,4
Cornus stolonifera	M	58	50	41	33	29	25	25	10,4
Corylus cornuta	M	60	41	33	30	30	30	30	13,2
Diervilla lonicers	M	62	62	62	58	58	32	32	31
Gaultheria hispidula		62	62	62	62	10	10	10	3,9
Gaultheria procumbens		0,24	0,24	0,24	0,24	0,24	0,24	0,24	–
Juniperus communis		2,7	2,7	2,7	2,7	2,7	2,7	2,7	–
Kalmia polifolia		0,25	0,25	0,25	0,25	0,25	0,25	0,25	–
Ledum groenlandicum	M	61	61	61	47	47	47	43	6,7
Linnaea borealis	M	56	56	55	35	11	11	11	3,3
Lonicera dioica	M	60	60	44	44	31	31	25	7,0
Lonicera oblongifolia	M	0,85	0,85	0,85	0,85	0,85	0,85	0,85	–
Lonicera villosa	M	56	46	30	23	15	15	15	1,7
Prunus pensylvanica	M	32	32	32	32	32	27	27	23
Prunus virginiana	M	56	32	20	20	20	20	20	14,9
Rhammus alnifolia	M	24	24	24	24	24	24	24	11,8

M: morphologische Schäden

Tab. 51: (Fortsetzung)

Pflanzenart		1	2	3	4	5	6	7	LD$_{50}$ [mGy/h]
		\multicolumn{7}{c}{Bestrahlungsjahre}		
Rhus radicans		0,80	0,80	0,80	0,80	0,80	0,80	0,80	–
Ribes americanum	M	56	49	20	20	20	20	20	11,8
Ribes glandulosum	M	61	61	61	38	38	38	38	20
Ribes hirtellum	M	61	61	61	49	49	43	43	23
Ribes hudsonianum	M	58	49	18	18	18	18	18	11,8
Ribes lacustre	M	55	46	41	40	16	16	16	14,9
Ribes oxyacanthoides	M	10	10	10	10	10	10	10	–
Ribes triste	M	61	56	46	42	42	42	42	11,8
Rosa spp.	M	56	56	54	37	37	33	33	20
Rubus idaeus	M	60	60	60	60	60	60	60	62
Salix bebbiana	M	59	59	59	49	41	41	35	31
Salix candida		0,81	0,81	0,81	0,81	0,81	0,81	0,81	
Salix discolor	M	55	40	33	33	33	33	33	2,1
Salix maccalliana		30,7	–	–	–	–	–	–	–
Salix pedicellaris		0,53	0,53	0,53	0,53	0,53	0,53	0,53	
Salix petiolaris	M	8,6	8,6	8,6	8,6	8,6	8,6	8,6	–
Salix planifolia		0,01	0,01	0,01	0,01	0,01	0,01	0,01	–
Salix pyrifolia		0,11	0,11	0,11	0,11	0,11	0,11	0,11	–
Salix scouleriana	M	54	5,7	5,7	5,7	5,7	5,7	5,7	–
Sorbus decora	M	1,5	1,5	1,5	1,5	1,5	1,5	1,5	–
Symphoricarpos albus	M	55	42	38	28	28	28	28	11,.8
Symphoricarpos occidentalis	M	3,0	3,0	3,0	3,0	3,0	3,0	3,0	
Vaccinium angustifolium	M	50	45	45	45	45	35	35	12,6
Vaccinium myrtilloides	M	62	62	49	49	48	48	43	12,6
Vaccinium oxycoccus		9,5	9,5	9,5	9,5	9,5	9,5	9,5	–
Vaccinium vitis-idaea		9,5	9,5	9,5	9,5	9,5	9,5	9,5	–
Viburnum lentago	M	56	14	14	14	14	14	1,2	3,8
Viburnum rafinesquianum	M	4,2	4,2	4,2	4,2	4,2	4,2	4,2	–
Viburnum trilobum	M	44	32	4,1	4,1	4,1	4,1	4,1	2,0

M: morphologische Schäden

Zum Abschluß dieses Kapitels werden berechnete LD$_{50}$-Werte (akute Bestrahlung vorausgesetzt) für einige Waldgesellschaften und ihre Leitbaumarten nach SPARROW et al. (1971) aufgeführt (Tab. 52). Die Werte stammen zum Teil aus Bestrahlungsversuchen, zum Teil wurden sie aufgrund von ICV-Werten ermittelt. Auf einige Arten wurden bereits im Abschnitt 7.7 eingegangen. Die Daten verdeutlichen, daß akute Strahlendosen von 10 bis 20 Gy den Baumbestand der Nadelwälder vernichten würden. Laubwälder sind resistenter. Sie würden erst bei Dosen zwischen 50 und 70 Gy substantiell gefährdet.

Aus den bisherigen Ausführungen geht hervor, daß Ökosysteme generell resistenter sind als Monokulturen einzelner Arten. Von einem Waldökosystem weisen Bäume die größte Strahlenempfindlichkeit auf, gefolgt von Sträuchern und krautigen Pflanzenarten. Letztere sind aufgrund der Regenerationsfähigkeit ihrer unterirdischen Pflanzenteile besonders strahlenresistent.

Tschernobyl SHEVCHENKO (1989) berichtet über Strahleneffekte auf Pflanzen, die nach der Reaktorkatastrophe in einem Umkreis von 30 km beobachtet wurden. Da mit Abnahme der Radioaktivität somatische Effekte immer weniger in Erscheinung traten, wurden die an verschiedenen Stellen gesammelten Pflanzenproben auf genetische Schäden hin unter-

Tab. 52: Vorausberechnete LD$_{50}$-Werte für die bedeutendsten Waldökosysteme und ihren Hauptarten (nach SPARROW et al., 1971)

Hauptökosystem und Art der Vegetation	Hauptart	LD$_{50}$ [Gy]
Nadelwälder		
Boreal	*Abies balsamea*	8,9
	Picea glauca	8,5
Subalpin	*Abies lasiocarpa*	6,2
	Picea engelmanni	7,3
Hochgebirge	*Pinus ponderosa*	5,8
	Pseudotsuga douglasii	9,9
Wasserfälle	*Abies concolor*	8,1
	Pinus jeffreyi	6,7
	Pinus labertiana	4,1
	Pinus ponderosa	5,8
	Pseudotsuga douglasii	4,6
Pacifische Nadelwälder	*Abies grandis*	6,2
	Thuja plicata	17,0
	Tsuga heterophylla	8,0
Sommergrüne Wälder		
Mesophyter Mischwald	*Acer saccharum*	48,0
	Fagus grandifolia	64,1
	Liriodendron tulipifera	30,0
	Magnolia acuminata	37,1
	Querus alba	29,3
	Tilia americana	60,3
Buche – Ahorn	*Acer saccharum*	48,0
Buche – Linde	*Fagus grandifolia*	64,1
	Tilia americana	60,3
	Tsuga canadensis	7,2
Hemlock – Hartholz	*Acer saccharum*	47,2
	Betula lutea	42,8
	Pinus resinosa	7,8
	Pinus strobus	4,7
	Tsuga canadensis	7,0
Eiche – Kastanie	*Castanea dentata*	37,7
	Pinus rigida	6,7
	Quercus coccinea	46,0
	Quercus prinus	31,3
Eiche – Bitternuß	*Carya cordiformis*	76,9
	Carya laciniosa	41,0
	Carya ovata	60,3
	Carya tomentosa	76,9
	Pinus taeda	6,3
	Quercus alba	29,3
	Quercus borealis var. maxima	33,6
	Quercus marilandica	34,5
	Quercus stellata	39,6
	Quercus velutina	50,2

sucht. In die Untersuchungen wurden Pflanzen der natürlichen Population als auch besonders strahlenempfindliche Testpflanzen mit einbezogen.

Die aus strahlenbiologischen Experimenten bekannte Spezies *Tradescantia* (Klon 02)
zeigte eine signifikante Erhöhung der Mutationsrate mit steigender Dosisleistung: In
Regionen mit Dosisraten von 0,05 mGy/h betrug die Mutationsrate 0,6%, während in
Bereichen mit 0,15 mGy/h 1,1% gegenüber der Kontrolle (0,23%) ermittelt wurden.

Sieben Arten mit unterschiedlicher Strahlenempfindlichkeit (*Achiellea millefolium* L.,
Hieracium umbellatum L., *Hypochoeris radiata* L., *Leontodon autumnalis* L., *Mycelis muralis*
(L.) Dumort, Plantago major L., *Succisa pratensis* Moench.) wurden auf Chromosomenaberrationen in ihren Wurzelspitzen untersucht. Im Dosisleistungsbereich von 0,03 mGy/h
stellten 30% Chromosomenaberrationen bei *Succisa pratensis* den höchsten Wert dar,
während es bei *Hypochoeris radiata* und *Achillea millefolium* nur jeweils 1% waren. *Plantago
major* erwies sich als besonders strahlenresistent und zeigte keinen Unterschied zur Kontrolle. Hier lag die Aberrationsrate weiter unter 1%.

Von besonderem Interesse ist, daß im zweiten Jahr nach dem Umfall die Chromosomenaberrationen 1,5 bis 3 mal höher waren als im ersten Jahr nach dem Unfall, obwohl die
Strahlenbelastung um das zwei- bis dreifache zurückgegangen war. Dieses Phänomen kann
auf die akkumulierte Gesamtdosis und den daraus resultierenden Späteffekten zurückgeführt werden.

Mit Wurzelspitzenpräparaten von *Crepis tectorum*, die 4 sehr gut differenzierte Chromo-
somenpaare enthält, wurden cytologische Untersuchungen durchgeführt. Bei Dosisraten
von maximal 0,2 mGy/h (vergl. Tab. 51) betrug die Aberrationsrate 1% und darunter.

Generell wurde festgestellt, daß Populationen, die einer Strahlenbelastung von 0,01 Gy/d
ausgesetzt waren, statistisch signifikante Gen-Effekte aufwiesen.

Morphologische Schäden und Veränderungen wurden erwartungsgemäß nur bei Nadelbäumen (vergl. Kap. 7.7) in der unmittelbaren Reaktornähe und lediglich im Unfalljahr
beobachtet. Hier führten höhere Dosen (keine genaue Dosisangabe) zur Verkrümmung der
Nadeln. BUBRYAK und GRODZINSKY (1989) stellten eine Verzögerung der DNA-Reparatur in
Birkenpollen aus Gebieten mit unterschiedlicher Bodenbelastung (bis zu $7{,}2 \cdot 10^{13}$ Bq/Km²,
Kontrolle: $5{,}6 \cdot 10^{9}$ Bq/Km²) fest. In Gebieten mit erhöhter radioaktiver Verseuchung wurde
bei Gerstenpollen eine Verdopplung der »waxy«-Mutanten beobachtet (0,05 bis 0,2 Gy)
(BUBRYAK et al 1990).

7.9.2 Steppenvegetation

Über die Wirkung einer chronischen Bestrahlung (^{137}Cs-Gammastrahlen) auf eine Trok-
kengrasvegetation in Zentral Colorado, USA berichten FRALEY JR. und WHICKER (1973).
Für die Ermittlung der Strahlenwirkung wurden die pflanzensoziologischen Parameter
»Gemeinschaftskoeffizient (K) und »Diversitätsindex« (D) herangezogen. K wurde nach der
Formel

$$K = 2\,C\,(A + B)^{-1}$$

errechnet, wobei A die Artenanzahl der Kontrollfläche, B in der Bestrahlungsfläche und C
die Anzahl der Arten in A und B ist. D drückt die Artenvielfalt aus und ist am höchsten,
wenn alle Individuen unterschiedlichen Arten angehören; bei D = 0 gehören alle Individuen einer Art an. Weitere Einzelheiten können hier nicht erörtert werden, es sei auf die
gesamte Originalarbeit und auf Speziallitieratur wie z.B. GREIG-SHMITH, 1964 verwiesen.

Aus den Daten der Tabelle 53 wird deutlich, daß der Bereich der vollkommen abgestorbe-
nen Pflanzendecke im Beobachtungszeitraum von 3 Jahren (Akkumulation der Dosis)
ständig an Größe zunimmt und die Schädigung der Grasvegetation im Laufe des Sommers
1969 mit der Entfernung von der Quelle (Verminderung der Dosisleistung) abnimmt

Tab. 53: Gemeinschaftskoeffizienten für verschiedene Auswertungszeiten nach chronischer Bestrahlung einer Steppengrasvegetation in Abhängigkeit von der Dosis (nach FRALEY JR. und WHICKER, 1973)

Dosisleistung [Gy/h]	Anfang der Bestrahlung 4.69	Zeitpunkt der Auswertung					
		6.69	9.69	4.70	6.70	6.71	6.72
6,50	0,48	0,0					
3,15	0,58	0,11					
1,85	0,58	0,14					
1,15	0,59	0,28	0,0	0,0	0,0	0,0	0,0
0,68	0,52	0,37	0,06	0,04	0,01	0,01	0,06
0,45	0,61	0,39	0,07	0,23	0,03	0,02	0,0
0,28	0,63	0,47	0,36	0,46	0,11	0,08	0,13
0,18	0,60	0,47	0,49	0,46	0,20	0,24	0,21
0,12	0,70	0,60	0,50	0,53	0,46	0,44	0,45
0,07	0,63	0,57	0,54	0,66	0,61	0,56	0,54
0,05	0,54	*	0,52	0,54	0,52	0,48	0,54
kein Effekt	0,60	0,57	0,61	0,59	0,59	0,59	0,63

* = Flächen ohne Strahlenwirkung

(Erhöhung der K-Werte). Nach 6 monatiger Bestrahlung starben alle Pflanzen ab, die einer Dosisleistung von 1,15 Gy/h und höher ausgesetzt waren. Bei einer niedrigeren Dosisleistung verliert die Schädigung im Laufe der Zeit an Intensität, und es kann eine gewisse Stabilisierung der Vegetation beobachtet werden. In Tabelle 54 sind Werte für die Dosisleistung (Gy/h) angegeben, durch die der Gemeinschaftskoeffizient um 10, 50 bzw. 90% nach einer chronischen Bestrahlung reduziert wird. Die Dosisleistungswerte, die zur 10%igen Reduktion der Gemeinschaftskoeffizienten führen, nehmen nicht in dem Maße ab wie die Werte zur 50 bzw. 90%igen Reduktion.

Tab. 54: Wirkung einer chronischen Bestrahlung auf den Gemeinschaftskoeffizienten einer Steppengrasvegetation (nach FRALEY JR. und WHICKER, 1973) Beginn der Bestrahlung: 4.69

Zeitpunkt der Auswertung	Gemeinschaftskoeffizient [Gy/h]		
	KD_{10}	KD_{50}	KD_{90}
6.69	0,18	0,96	5,24
9.69	0,07	0,24	0,85
4.70	0,10	0,32	1,00
6.70	0,06	0,17	0,52
6.71	0,05	0,16	0,52
6.72	0,04	0,15	0,54

Die Strahlenwirkung auf die Diversität (D) entsprach im wesentlichen der auf die Gemeinschaft, man erhielt jedoch kleinere Dosiswerte für D als für K, wie dies aus Tabelle 55 deutlich hervorgeht. Dies ist damit zu erklären, daß eine Art vollkommen aus dem Bestand verschwunden sein muß, um den Gemeinschaftskoeffizienten zu reduzieren, während für die Beeinträchtigung der Diversität eine Verminderung der Artenhäufigkeit ausreicht.

An der vorgenannten Steppengrasvegetation führten die Autoren (FRALEY JR. und WHICKER, 1973) auch sogenannte semichronische Bestrahlungen im Frühjahr, Sommer

Tab. 55: Wirkung einer chronischen Bestrahlung auf die Diversität einer Steppengrasvegetation (nach FRALEY JR. und WHICKER, 1973) Beginn der Bestrahlung: 4.69

Zeitpunkt der Auswertung	Diversität [Gy/h]		
	DD_{10}	DD_{50}	DD_{90}
6–69	0,08	0,48	3,03
9–69	0,1	0,30	0,91
4–70	0,08	0,27	0,85
6–70	0,03	0,11	0,46
9–70	0,03	0,15	0,69
6–71	0,05	0,17	0,62
6–72	0,05	0,16	0,56

und Herbst, jeweils 30tägig, durch. Die ermittelten Gemeinschaftskoeffizienten gibt Tabelle 56 an. Eine Bestrahlung im Frühjahr (Abnahme von K von 0,56 auf 0,21 bei 3,15 Gy/h) ist effektiver als im Sommer (Abnahme von K von 0,63 auf 0,37). Durch eine späte Bestrahlung (9–69) wird dieser Parameter noch stärker beeinträchtigt als durch die Frühjahrsbestrahlung (Abnahme von K von 0,54 auf 0,16). Hierbei muß allerdings die längere Zeitspanne (19 Monate) zwischen Bestrahlung im Herbst und Auswertung berücksichtigt werden. Eine Dosisleistung von 6,5 Gy/h (5170 Gy Gesamtdosis) führt zum Absterben aller Pflanzen.

Tab. 56: Gemeinschaftskoeffizienten einer Steppengrasvegetation vor und nach einer semichronischen Bestrahlung (30 Tage) zu verschiedenen Jahreszeiten (nach FRALEY JR. und WHICKER, 1973)

Dosis [Gy]	Dosisleistung [Gy/h]	Jahreszeit der Bestrahlung und Auswertung					
		Frühling		Sommer		Spätherbst	
		4.69*	6.69	6.69*	9.69	9.69*	6.70
5170	6,50	0,66	0,0	0,59	0,0	0,38	0,0
2510	3,15	0,56	0,21	0,63	0,37	0,54	0,16
1470	1,85	0,66	0,36	0,67	0,34	0,54	0,32
915	1,15	0,63	0,36	0,70	0,55	0,37	0,27
541	0,68	0,66	0,51	0,62	0,62	0,54	0,29
353	0,45	+	+	+	+	0,54	0,47
223	0,28	+	+	+	+	0,59	0,51
143	0,18	+	+	+	+	0,55	0,59
95	0,12	+	+	+	+	0,59	0,64

+ = Flächen ohne Strahlenwirkung
* = Die erste Spalte gibt die Werte vor der Bestrahlung (Kontrolle) wieder, die zweite nach der Bestrahlung

Der Diversitätsindex (D) der Steppengrasvegetation wurde nach semichronischer Bestrahlung ähnlich wie der Gemeinschaftskoeffizient verändert (Tab. 57). Bei Bestrahlung mit einer Dosisleistung von 3,15 Gy/h (2510 Gy Gesamtdosis) zeigen die Pflanzen große Schäden, unabhängig vom Bestrahlungszeitpunkt. Niedrige Dosisleistungen waren bei der Bestrahlung im Frühjahr und im Herbst wirksamer als im Sommer. Es ist noch zu erwähnen, daß die Werte der Diversität auch ohne Bestrahlung jahreszeitlichen Schwankungen unterworfen sind.

Tab. 57: Diversität einer Steppengrasvegetation vor und nach einer semichronischen Bestrahlung (30 Tage) zu verschiedenen Jahreszeiten (nach FRALEY JR. und WHICKER, 1973)

Dosis [Gy]	Dosis [Gy/h]	Frühling		Sommer		Spätherbst	
		4.69*	6.69	6.69*	9.69	9,69*	6.70
5170	6,50	1,81	0	6,03	0	3.63	0
2510	3,15	3,12	0,67	6,28	0,71	4,67	0,43
1470	1,85	6,02	1,13	5,89	1,90	7,14	1,25
915	1,15	2,83	1,06	5,72	4,51	3,18	1,98
541	0,68	4,82	2,16	4,45	4,91	6,09	1,28
358	0,45	5,61	4,05	5,20	7,03	5,99	3,89
223	0,27	+	+	+	+	3,97	2,85

* = die ersten Spalten enthalten die Werte vor der Bestrahlung (Kontrolle), die zweite nach der Bestrahlung
\+ = Flächen ohne Strahlenwirkung

Tabelle 58 gibt die akkumulierten Dosen an, bei denen der Gemeinschaftskoeffizient und der Diversitätsindex einer Steppenvegetation um 10, 50 bzw. 90% geschädigt werden. Die Werte zeigen, daß eine semichronische Bestrahlung im Frühjahr und im Herbst effektiver ist als im Sommer, wie dies bereits bei Betrachtung der Dosisleistungs-abhängigen Indexzahlen deutlich wurde: Je nach Jahreszeit liegen die Werte zur 50%igen Reduktion (KD_{50}-Werte) zwischen 1000 und 2000 Gy und die zur 50%igen Reduktion von D (DD_{50}-Werte) zwischen 580 und 1750 Gy.

Tab. 58: Wirkung einer semichronischen Bestrahlung (30 Tage) zu verschiedenen Jahreszeiten auf eine Steppenvegetation (nach FRALEY JR. und WHICKER, 1973)

Zeitpunkt der Bestrahlung	Reduktion zur Kontrolle [Gy]		
Gemeinschaftskoeffizient	KD_{10}	KD_{50}	KD_{90}
Frühjahr (4.69)	530	1550	4580
Sommer (7.69)	760	2000	5170
Spätherbst (12.69)	300	1000	4460
Diversität	KD_{10}	KD_{50}	KD_{90}
Frühjahr (4.69)	190	720	2790
Sommer (7.69)	920	1750	3380
Spätherbst (12.69)	110	580	3030

Eine Trockengrasvegetation der spanischen Sierra (Nähe Segovia) wurde akut (4,2 Gy/h) mit ^{60}Co-Gammastrahlen (12,5, 25, 50 und 100 Gy) behandelt (HERNANDES-BERMEJO, 1977). Die Strahlenempfindlichkeit einzelner Formen der Vegetation (Gräser, Leguminosen, nichtleguminose Kräuter und Moose) wurde anhand ihrer Biomasseproduktion (Pflanzentrockengewicht) einen Monat nach Bestrahlung ermittelt (Abb. 65). Die Gräser zeigen nach Bestrahlung mit 12,5 und 25 Gy eine starke Abnahme der Biomasseproduktion, bei höheren Dosen (50 und 100 Gy) bleiben diese Werte dann stabil. Die Leguminosen (verschiedene *Trifolium*-Arten) wurden nicht geschädigt, sondern bei Dosen von 12,5, 25 und 100 Gy sogar stimuliert. Die besonders hohe Strahlenreistenz der *Trifolium*-Arten wurde bereits im Abschnitt 7.5 erwähnt und wird durch diese Befunde bestätigt. Bei den Moosen wurde eine besonders starke Zunahme der Biomasse registriert. Diese Beobachtungen stimmen gut überein mit denen, die BORS et al. (1979) in einem Weideversuch machten (Abschnitt 7.5.2). Bei den nichtleguminosen Kräutern, die ohnehin nicht zahlreich vertreten waren, war nur eine geringfügige Reduktion der Biomasse bei höheren Dosen (50 und 100 Gy) zu beobachten.

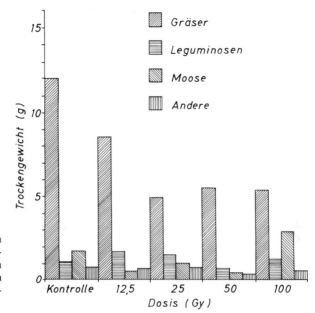

Abb. 65: Biomasseproduktion einzelner Gruppen einer Trokkengrasvegetation 1 Monat nach Bestrahlung mit verschiedenen Dosen (nach HERNANDEZ-BER-MEJO, 1977)

7.9.3 Annuellen

In diesem Abschnitt wird über Pflanzengesellschaften berichtet, bei denen einjährige Kräuter dominieren und die vegetationsungünstigen Perioden im embryonalen Zustand (Samen) überdauern.

Die Sommerannuellenflora einer Felsvegetation, bei der die dominierenden Arten in inselartigen Verbänden vorkommen, wurde von McCORMICK und PLATT (1962) in ein Gammafeld (^{60}Co) gebracht und mit einer Dosisleistung zwischen 0,05 bis 0,82 Gy/h 3 Jahre lang bestrahlt. Wie die Abundanz (Individuenzahl/Fläche) dominanter Arten im Laufe der Bestrahlungsperiode verändert wird, verdeutlicht Abb. 66. Während *Viguiera porteri* bei einer akkumulierten Dosis von 300 Gy (0,2 Gy/h) verschwindet, entwickelt sich *Bulbostylis capillaris* zur dominierende Art. Im Gesamt-Dosisbereich von 250 – 500 Gy (0,16 - 0,30 Gy/h) wurde die Art *Hypericum gentianoides* dominant, obwohl sie sonst nur selten in dem Bestand vorkommt. Dies ist auf die Bestrahlung mit 200 bis 750 Gy (0,13 - 0,45 Gy/h) der Elternpflanzen zurückzuführen, bei denen ebenfalls eine Zunahme im Bestand und erhöhte Samenproduktion zu beobachten war. Bei hohen Dosen kam als neue Gattung *Juncus* hinzu. Die LD$_{50}$-Werte für Pflanzenlänge, Anzahl der Triebe pro Pflanze und Stammdurchmesser können mit 340 – 400 Gy (0,2 - 0,24 Gy/h) angegeben werden.

Die Vegetation eines einjährigen (Tab. 59) und eines zweijährigen (Tab. 60) Brachlandes wurde anschließend einer jeweils einjährigen chronischen Gammabestrahlung (^{60}Co) von WOODWELL und OOSTING (1965) ausgesetzt. Im einjährigen, unbestrahlten Bestand dominierten *Trifolium* sp., *Panicum* und *Ambrosia*. Im Bestrahlungsjahr verschwand bei einer Dosisleistung von 0,5 Gy/d *Ambrosia*, bei 1,1 Gy/d *Panicum* aus dem Bestand. Die sehr

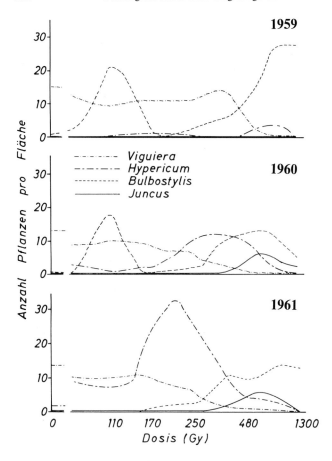

Abb. 66: Wirkung einer chronischen Bestrahlung (von März bis August 1969) auf die Bestandsdichte einer Sommerannuellenvegetation (nach McCORMICK u. PLATT, 1962)

resistente Art *Trifolium* wurde bei einer Dosisleistung von 0,5 Gy/d stark reduziert, zwischen 1,1 Gy/d und 23,5 Gy/d war kaum eine weitere Abnahme feststellbar, im höheren Dosisbereich von 32 Gy/d verschwand sie allerdings vollständig; höhere Pflanzenarten überleben oberhalb dieses Dosisbereiches überhaupt nicht mehr.

Tab. 59: Wirkung einer chronischen Bestrahlung auf die Individuenzahl/m² eines einjährigen Brachlandes (nach WOODWELL und OOSTING, 1965)

Pflanzenart	Kontrolle	Veränderung der Bestandsdichte Dosisleistung [Gy/d]									
		0,5	1,1	2,3	3,2	6,4	10,0	13,5	17,5	23,5	32,0
Cyperus esculentus	0,2	–	–	–	–	–	–	0,1	0,1	–	0,1
Capsella bursa-pastoris	–	–	–	0,1	0,6	–	0,7	–	1,0	2,1	–
Spergularia rubra	–	–	–	0,3	1,0	0,7	0,5	1,0	1,1	0,6	–
Digitaria spp.*	–	5%	–	50%	40%	25%	40%	30%	15%	5%	–
Mollugo verticillata	–	–	–	2,0	2,0	0,6	2,0	1,6	0,7	–	–
Trifolium spp.*	50%	5%	15%	–	5%	5%	5%	10%	>5%	–	–

* = Prozentualer Deckungsgrad

Tab. 59: (Fortsetzung)

Pflanzenart	Kon-trolle	Veränderung der Bestandsdichte Dosisleistung [Gy/d]									
		0,5	1,1	2,3	3,2	6,4	10,0	13,5	17,5	23,5	32,0
Portulaca oleracea	–	–	1,9	0,7	1,0	0,1	0,4	0,1	–	–	–
Echinochloa crusgalli	–	0,2	0,5	0,1	0,8	–	0,4	–	–	–	–
Senecio vulgaris	–	–	–	–	–	0,4	–	–	–	–	–
Panicum dichotomiflorum	–	5,6	7,8	0,6	0,3	–	–	–	–	–	–
Eragrostis cilianensis	–	–	0,5	0,3	–	–	–	–	–	–	–
Eragrostis pectinacea	–	–	1,9	0,5	–	–	–	–	–	–	–
Amaranthus retroflexus	0,3	2,0	8,3	0,3	–	–	–	–	–	–	–
Chenopodium album	15,2	57,0	22,9	3,4	2,3	–	–	–	–	–	–
Phleum pratense	–	–	1,2	–	–	–	–	–	–	–	–
Rumex crispus	–	–	0,2	–	–	–	–	–	–	–	–
Panicum capillare	56,7	1,0	0,3	–	–	–	–	–	–	–	–
Setaria spp.	0,6	1,0	1,0	–	–	–	–	–	–	–	–
Ambrosia artemisiifolia	14,3	–	–	–	–	–	–	–	–	–	–
Lepidium virginicum	0,1	–	–	–	–	–	–	–	–	–	–
Linaria vulgaris	0,1	–	–	–	–	–	–	–	–	–	–
Oxalis stricta	3,6	–	–	–	–	–	–	–	–	–	–
Petunia hybrida	0,1	–	–	–	–	–	–	–	–	–	–
Plantago major	4,2	–	–	–	–	–	–	–	–	–	–
Polygonum persicaria	0,8	–	–	–	–	–	–	–	–	–	–
Gesamtzahl	97,3	66,8	46,5	8,3	8,0	1,8	4,0	2,8	2,9	2,7	0,1

Im zweijährigen Brachland dominierten *Ambrosia, Trifolium* und *Erigeron*. Bei einer Dosisleistung von 10 Gy/d waren nur noch 3 Arten vorhanden. Sie bedeckten weniger als 10% der Fläche. Im niedrigsten Dosisleistungsbereich von 0,5 Gy/d (Schwellendosis) dagegen überlebten alle 18 Arten. Der Deckungsgrad von *Digitaria* nahm jedoch von 90% Bedeckung bei 0,5 Gy/d auf 5% Bedeckung bei 2,3 Gy/d ab, er stieg wieder etwas an bei den höheren Dosisleistungen. Im Gegensatz zu *Digitaria* nahm der Anteil von *Erigeron* besonders im Bereich mittlerer Dosisleistung (1,1 Gy/d bis 3,2 Gy/d) zu. Eine Dosisleistung höher als 10 Gy/d überlebten nur einzelne Individuen der höheren Pflanzen.

Schließlich sollen zur Orientierung die LD_{50}-Werte von 38 Ackerwildkräutern nach akuter Samenbestrahlung aufgeführt werden (Tab. 61) Zum Vergleich der Strahlenempfindlichkeit werden noch einmal die besonders empfindlichen Koniferen *Pinus* und *Picea* (LD_{50} jeweils 10 Gy) genannt, während dies bei den Wildkräutern *Polygonum* und *Fumaria* (LD_{50} = 50 Gy) sind. Als besonders strahlenresistent können die Kruziferen *Sinapis, Capsella, Brassica* (LD_{50} von 668 bis 1155 Gy) bezeichnet werden. Sehr resistent sind darüberhinaus *Medicago lupulina* (LD_{50} = 800 Gy) und *Veronica polita* (LD_{50} = 1047 Gy). Als resistenteste Art wurde *Veronica persica* (LD_{50} = 1295 Gy) ermittelt. Von den Gräsern findet man sowohl empfindliche Arten (*Phalaris*, LD_{50} = 75 Gy; *Bromus*, LD_{50} = 100 Gy) als auch relativ resistente (*Avena*, LD_{50} = 180 Gy; *Alopecurus*, LD_{50} = 200 Gy). In der Gattung *Polygonum* sind ebenfalls Arten mit sehr unterschiedlicher Strahlenempfindlichkeit anzutreffen (*P.persicaria*: LD_{50} = 50 Gy, *P. convolvulus* und *P.aviculare*: LD_{50} = 300 Gy).

Die aufgeführten Beispiele belegen es deutlich, daß aus der bei Laboratoriumversuchen gefundenen LD_{50}-Werten nicht auf die Strahlenreaktion von Gemeinschaften schließen kann.

Tab. 60: Wirkung einer chronischen Bestrahlung auf die Individuenzahl/m^2 eines zweijährigen Brachlandes (nach WOODWELL u. OOSTING, 1965)

Pflanzenart	Kontrolle	Veränderung der Bestandsdichte Dosisleistung [Gy/d]					
		0,5	1,1	2,3	3,2	6,4	10,0
Senecio vulgaris	–	–	–	0,6	0,7	–	1,0
Spergularia rubra	–	–	1,3	1,9	1,1	2,0	2,0
Digitaria spp. *	–	90%	40%	5%	>5%	10%	>10%
Portulaca oleracea	–	–	–	–	–	2,5	–
Amaranthus retroflexus	–	–	–	–	0,3	0,5	–
Mollugo verticillata	–	–	–	–	0,1	0,5	–
Trifolium spp.*	10%	5%	15%	5%	20%	5%	–
Erigeron canadensis	10,2	8,4	11,1	20,3	19,4	1,0–	
Eschscholtzia californica	–	–	–	0,4	0,4	–	–
Carex pensylvanica	–	2,2	1,5	1,0	0,6	–	–
Gnaphalium obtusifolium	–	5,4	2,0	0,6	0,1	–	–
Ambrosia artemisiifolia	19,0	–	–	–	0,3	–	–
Plantago spp.	2,7	0,8	0,3	–	0,4	–	–
Potentilla simplex*	>1%	>5%	20%	5%	10%	–	–
Polygonum persicaria	–	–	–	0,3	–	–	–
Polygonum convolvulus	–	–	–	0,9	–	–	–
Lepidium virginicum	3,0	7,4	2,3	1,0	–	–	–
Verbascum thapsus	0,1	2,0	1,5	0,7	–	–	–
Panicum dichotomiflorum	–	0,4	0,5	–	–	–	–
Setaria spp.	–	0,8	1,3	–	–	–	–
Taraxacum officinale	–	0,6	0,3	–	–	–	–
Linaria canadensis	–	23,6	25,0	–	–	–	–
Chenopodium album	1,3	27,6	10,8	–	–	–	–
Hieracium sp.	0,5	0,4	0,4	–	–	–	–
Oxalis stricta	0,1	–	0,9	–	–	–	–
Medicago lupulina*	–	>5%	–	–	–	–	–
Hypericum perforatum	–	0,4	–	–	–	–	–
Solidago sp.	0,1	0,4	–	–	–	–	–
Lychnis alba	0,1	–	–	–	–	–	–
Melilotus alba	0,4	–	–	–	–	–	–
Potentilla norvegica	0,2	–	–	–	–	–	–
Linaria vulgaris	0,5	–	–	–	–	–	–
Rumex crispus	0,1	–	–	–	–	–	–
Gesamtzahl	38,3	80,4	59,2	27,7	23,4	6,5	3,0

* = prozentualer Deckungsgrad

Tab. 61: Strahlenempfindlichkeit von 2 Koniferen und Ackerwildkräuter nach akuter Samenbestrahlung (nach Bowen, 1962)

Pflanzenart	LD$_{50}$ [Gy]	Pflanzenart	LD$_{50}$ [Gy]
Pinus sylvestris L.	10	*Papaver dubium* L.	200
Picea abies (L.) Karst.	10	*Alopecurus myosuroides* Huds.	200
Polygonum persicaria L.	50	*Raphanus raphanistrum* L.	200
Fumaria officinalis L.	50	*Chrysanthemum segetum* L.	260
Phalaris canariensis L.	75	*Polygonum convolvulus* L.	300
Tripleurospermum maritimum (L.) Koch.	75	*Polygonum aviculare* L.	300
Plantago major L.	75	*Sonchus asper* Hill	310
Solanum nigrum L.	91	*Spergula arvensis* L.	315
Bromus sterilis L.	100	*Urtica urens* L.	370
Atriplex patula L.	100	*Stellaria media* Vill.	380
Sonchus oleraceus L.	109	*Galium aparine* L.	400
Thlaspi arvense L.	115	*Viola arvensis* Murr.	400
Papaver rhoeas L.	133	*Euphorbia helioscopia* L.	420
Rumex obtusifolius L.	143	*Sinapis arvensis* L.	668
Senecio vulgaris L.	147	*Medicago lupulina* L.	800
Chenopodium album L.	151	*Capsella bursa-pastoris* (L.) Medic. ·	876
Rumex crispus L.	153	*Sinapis alba* L.	885
Euphorbia peplus L.	168	*Veronica polita* Fries.	1047
Avena ludoviciana Dur.	180	*Brassica nigra* Koch.	1155
Avena fatua L.	180	*Veronica persica* Por.	1295

8 Zusammenfassende Darstellungen

Baco, Z. M., und P. Alexander, 1958: Grundlagen der Strahlenbiologie, 2. Aufl., Stuttgart: Thieme.

Benson, D. W., and A. H. Sparrow, (Eds.), Survival of food crop and livestock in the event of nuclear war, U.S.A.E.C., TIC, Oak Ridge, Tennessee, 1971.

Bors, J., I. Fendrik und E. G. Niemann, 1979: Strahlenbelastung von Nutzpflanzen, Muenster-Hiltrup: Landwirtschaftsverlag.

Brookhaven National Laboratory, 1961: Fundamental Aspects of Radiosensitivity. Upton, N.Y.: U.S. Atomic Energy Commission.

Casarett, A. P., 1968: Radiation biology, Englewood Cliffs, N.J.: Prentice-hall, Inc.

Dertinger, H., und H. Jung, 1969: Molekulare Strahlenbiologie: Vorlesungen über die Wirkungen ionisierender Strahlen auf elementare biologische Objekte, Berlin, Heidelberg, New York: Springer-Verlag.

Errera, M., 1957: Effects biologiques des radiations. Protoplasmologia X. 3., Wien: Springer.

Errera, M., and A. Forssberg, 1961: Mechanism in radiobiology, Bd. 1 und 2, New York, London: Academic Press.

Evans, H. J., and A. H. Sparrow, 1961: Nuclear factors effecting radiosensitivity. II. Dependence on nuclear chromosome structure and organization, In: Fundamental Aspects of Radiosensitivity, Upton, N.Y.: Brookhaven Nat. Laboratory.

Franke, W., 1976: Nutzpflanzenkunde: Nutzbare Gewächse der gemäßigten Breiten, Subtropen und Tropen, Stuttgart: Georg Thieme Verlag.

Friedt, W., 1988: Strahlenschäden. In: Schadwirkungen auf Pflanzen, Mannheim, Wien, Zürich: Hrsg. B. Hock & E. F. Elstner. Wissenschaftsverlag.

Fritz-Niggli, H., 1959: Strahlenbiologie – Grundlagen und Ergebnisse, Stuttgart: Thieme.

Glubrecht, H., und A. Süss, 1965: Die fördernde Wirkung kleiner Strahlendosen auf Pflanzen. BLV München, Basel, Wien: Bayerisches Landwirtschaftliches Jahrbuch, 42. Jahrgang, Sonderheft1.

Gunckel, J. E., and A. H. Sparrow, 1961: Ionizing radiations: Biochemical, physiological and morphological aspects of their effects on plants, in Handbuch der Pflanzenphysiologie, Bd. 16, 555–611, Berlin, Heidelberg, New York: Springer.

IAEA 1972: Induced mutations and plant improvement. Buenos Aires, 16–20 Nov. 1970, IAEA, Vienna: Panel Proc. Ser. Proc. of a Latin American Study Group Meeting on Induced Mutations and Plant Improvement.

Kiefer, J., 1981: Biologische Strahlenwirkung, Berlin, Heidelberg, New York: Springer-Verlag.

Kiefer, J., 1989: Biologische Strahlenwirkung, 2. Aufl.; Basel, Boston, Berlin: Birkhäuser Verlag.

Laskowski, W., 1981: Biologische Strahlenschäden und ihre Reparatur, Berlin, New York: Walter de Gruyter.

Lea, D. E., 1955: Action of radiations on living cells, 2. Aufl., Cambridge: Cambridge University Press.

Levitt, J., 1972: Responses of plants to environmental stresses, New York: Academic Press.

Luckey, T. D., 1980: Hormesis with ionizing radiation, Boca Raton: CRC Press.

Maksymowych, R., 1973: Analysis of leave development, Cambridge: Cambridge Univ. Press.

Niemann, E. G., I. Fendrik und J. Bors, 1978: Strahlenschäden an Nutzpflanzen, In: Natur und Umweltschutz in der Bundesrepublik Deutschland (von G. Olschowy Hrsg.), p. 725–739, Hamburg und Berlin: Verlag Paul Parey.

NIEMANN, E.-G., 1982: Strahlenbiophysik, In: Biophysik (W. HOPPE, W. LOHMANN, H. MARKL, H. ZIEGLER Eds.), p. 300–312; Berlin/Heidelberg/New York: Springer-Verlag.

NULTSCH, W., 1977: Allgemeine Botanik. 6. Auflage. Stuttgart: Thieme Verlag.

PIZZARELLO, D. J. (Ed.), and L. G. COLOMBETTI, 1982: Radiation Biology Inc. Boca Raton, Florida: CRC Press.

RICHTER, G., 1982: Stoffwechselphysiologie der Pflanzen: Physiologie und Biochemie des Primär- und Sekundärstoffwechsels, Stuttgart: Georg Thieme Verlag.

RIEGER, A., and A. MICHAELIS, 1958: Genetisches und Cytogenetisches Wörterbuch, Berlin: Springer Verlag.

RIEGER, A., A. MICHAELIS and M. M. GREEN, 1976: Glossery of genetics and cytogenetics, Berlin: Springer Verlag.

RIEGER, R., and A. MICHAELIS, 1967: Die Chromosomenmutationen, Jena: VEB Gustav Fischer Verlag.

SIMON, J., and S. BHATTACHARIYA, 1977: The present status and future prospect of radiation stimulation in crop plants, Budapest: A Mezoegazdasagi es Elelmezesügyi Miniszterium, 177/77.

VARTERESZ, V., E. KALMAN, L. SZTANYK and E. UNGER, 1966: Strahlenbiologie, Budapest: Akademia Kiado.

9 Literaturverzeichnis

ABIFARIN, A. O., & J. N. RUTGER, 1982: Effect of low gamma radiation exposures on rice seedling development. Environ. Exp. Bot. **22,11 285–291.** – ABOUL-SAOD, I. A., & A. F. OMRAN, 1975: Effect of gamma radiation on growth and respiration of snap beans *(Phaseolus vulgaris L.)*. Gartenbauwissenschaft **40** (5), 200–202. – ABRAMOVA, V. M., D. F. GERTSUSKII, L. V. ALEKSEENKO, L. V. NEVZGODINA & S. A. POPKOVA: The sensitivity of potato seeds to proton and gamma radiation, Translated from pp 9–10 of Problemy Kosmicheskoi Meditsiny: Materialy Konferensii, 1966. – ADAMS, J. D., & R. A. NILAN, 1958: After-effects of ionizing radiation in barley. Rad. Res. 8, 111–122. – AFZAL, S. M. J., & P. C. KESAVAN, 1977: Effects of varying concentrations of caffeine and ascorbic acid on the radiosensitivity of barley seed irradiated in oxygenated or oxygen-free hydration medium at 25 and 37° C. Environ. Exp. Bot. 17 (2-4), 129–133. – AFZAL, S. M. J., & P. C. KESAVAN, 1979: Differential modification of oxic and anoxic components of radiation damage by t-butanol, an OH radical scavenger. Int. J. Radiat. Biol. Relat. Stud. Phys., Chem. Med. **35** (3), 287–292. – AHANOTU, P. A., 1985: Influence of gamma radiation on the activities of some carbohydrate metabolic enzymes in the cotyledons and the leaves of fenugreek *(Trigonella foenum-graecum L.)* bean seedlings. Texas Woman's Univ., Denton (USA) – AHMAD, S., & M. B. E. GODWARD, 1981: Comparison of a radioresistant with a radiosensitive cultivar of *Cicer arietinum L.* – II. differences in the number of chromosome aberrations at the same dose. Environ. Exp. Bot. 21 (2) 143–151. – AHMAD, S., & M. B. E. GODWARD, 1981: Comparisation of a radioresistant with a radiosensitivity cultivar of *Cicer arietinum L.* – I. Pin-pointing the first anaphase from dormancy in untreated material. Environ. Exp. Bot. **2,** 135–142. – AHMAHDI, J. N., 1967: Über die Wirkung aus dem Fallout inkorporierter Radionuklide in Pflanzen. Dissertation Technische Hochschule Hannover – AHMED, M. B., N. I. ASHOUR, S. Z. EL-BASYOUNI & A. M. SAYED, 1976: Response of the photosynthetic apparatus of corn *(Zea mays)* to presowing seed treatment with gamma rays and ammonium molybdate. Environ. Exp. Bot. **16,** 217–222. – AHUJA, M. R., & D. R. CAMERON, 1963: The effects of X-irradiation on seedling tumor production in *Nicotiana* species and hybrids. Rad. Bot. 3 55–57. – AJAYI, N. O., & B. LARSSON, 1975: Effects of gamma radiation on freeze-dried wheat seeds. Gustav Werner Institutet, Uppsala. INIS 7719332380 – AKBAR, M., M. INOUE, H. HASEGAWA & S. HORI, 1976: Comparitive radiosensitivity in *indica* and *japonica* rice. Nucleus 13 (1-3), 25–29. – AL-RUBEAI, M. A. F., 1981: Radiosensitivity of dormant seeds. Environ. Exp. Bot. **21,** 71–74. – AL-RUBEAI, M. A. F., & M. B. E. GODWARD, 1981: Genetic control of radiosensitivity in *Phaseolus vulgaris* L. Environ. Exp. Bot. 21 (2) 211–216. – ALEXANDER, P., AND CHARLESBY, A., 1954: Energy transfer in macromolecules exposed to ionizing radiations. Nature 173, 578–579. – ALEXANDER, P., & A. CHARLESBY: Physico-chemical methods of protection against ionizing radiations, Radiobiology Symposium, Liege, 1954. Ed. by ALEXANDER, P., and BACQ, Z. M., Butterworth, London, 1955. – ALTAN, H. S., 1974: Untersuchungen zur Wirkung ionisierender Strahlen auf die Adventivwurzelbildung. Dissertation, Universität Hannover – AMBERGER, A., & A. SÜSS, 1968: Wirkung ionisierender Strahlen auf den Atmungsstoffwechsel keimender Samen. Atompraxis **14** (7) 296–299. – ANANTHASWAMY, H. N., U. K. VAKIL & A. SREENIVASAN, 1971: Biochemical and physiological changes in gamma-irradiated wheat during germination. Rad. Bot. **11,** 1–12. – ANDO, A., 1972: Some biological effects of post-treatment with cysteine on gamma-irradiated rice seeds. In: Induced mutations and plant improvement. IAEA No. **476,** 491–500. – ARARATYAN, L., a. A. GULIANOVA, 1971: Post-irradiation effect of heteroauxin depending on the X-ray doses. Mutagenez Rastenii. **1,** 59–67. – ARARATYAN, L., a. A. GULIANOVA, 1971: Effect of post-irradiation of indolacetic acid depending on its density. Mutagenez Rastenii **1,** 68–74. – ARSLANOVA, S. V., 1975: Structure of cell chloroplasts and mitochondria of cotton leaves following gamma irradiation. Uzb. Biol. Zh. **6,** 51–54. – ARSLANOVA, S. V., 1977: Posteffect of calcium compounds on growth and evolution of irradiated cotton plants. Uzb. Biol. Zh. **5,** 28–29. – ARSLANOVA, S. V., 1978: The effect of calcium salts on DNA-ase and RNA-ase activity of irradiated plants. Uzb. Biol. Zh. **1,** 3–5. – ARSLANOVA, S. V., N. N. NAZIROV & A. KADYROVA, 1978: Influence of day length on the activity of acid and alcaline nucleases in irradiated plants. Dokl. Vses. Akad. S-kh. Nauk. **8,** 6–7. – ARSLANOVA, S. V., I. I. ORESTOVA & A. MILLERMAN, 1978: Effect of irradiations on content of some elements (trace amounts) in cotton leaves. Uzb. Biol. Zh. **3,** 54–55. – ARSLANOVA, S. V., G. A. STEPANENKO, A. K. UMAROV & N. N. NAZIROV, 1976: Gamma radiation effects on fatty acid composition of lipids in cotton leaves. Uzb. Biol. Zh. **4,** 3–4. – ATAYAN, R. R., 1978: Combined effects of high temperatures and X-rays in dry seeds. Stud. Biophys. **68** (1), 71–78. –

ATAYAN, R. R., 1979: On the interrelation between heat and storage in modification of X-ray injuries to *Crepis* seeds. Environ. Exp. Bot. **19**, 69–74. – ATAYAN, R. R., & J. Y. GABRIELIAN, 1978: The influence of postradiation moisture alteration on biological after-effect in *Crepis* seeds. Environ. Exp. Bot. **18**, 9–17. – AUNI, S., S. KH. DASKALOV & K. A. FILEV, 1978: Radiogenetic effect of gamma irradiation under different ontogenetic states of sweet pepper. C. R. Acad. Bulg. Sci. v. **31** (10), 1357–1360. – AVANZI, S., A. BRUNORI & B. GIORGI, 1966: Radiation response of dry seeds in two varieties of *Triticum durum*. Mutat. Res. **3**, 426–437.

BAETCKE, K. P., A. H. SPARROW, C. H. NAUMAN & S. S. SCHWEMMER, 1967: The relationship of DNA content to nuclear and chromosome volumes and to radiosensitivity (LD_{50}). Proc. Nat. Acad. Sci. **58** (2), 533–540. – BAGCHI, S., 1974: A possible correlation between ageing and irradiation damage in rice. Rad. Bot. **14**, 309–313. – BALACHANDRAN, R., & P. C. KESAVAN, 1978: Effect of caffeine and peroxidase activity in gamma-ray-induced oxic and anoxic damage in *Hordeum vulgare*. Environ. Exp. Bot. **18**, 99–104. – BANKES, D. A., & A. H. SPARROW, 1969: Effect of acute gamma irradiation on the incidence of tumor-like structures and adventitious roots in lettuce plants. Rad. Bot. **9**, 21–26. – BANKES, D. A., A. H. SPARROW & R. A. POPHAM, 1969: Some effects of localized internode and entire shoot X-irradiation on survival and morphology of sunflower plants. Rad. Res. **39**, 498–499. – BARI, G., 1971: Effects of chronic and acute irradiation on morphological characters and seed yield in flax. Rad. Bot. **11**, 293–302. – BATYGIN, N. F., 1971: Die Bestrahlung von Pflanzen in verschiedenen Stadien der Ontogenese in: Primenie izotopov i jadernych izlucenij v. sel'skom chozjajstve. (Shornik statej) Dokladey konferencii, 42–45. – BEADLE, G. W., 1932: A gene for sticky chromosomes in *Zea mays*. Z. indukt. Abstamm.-Vererbungslehre **63**, 195–207. – BEARD, B. H., 1970: Estimating the number of meristem initials after seed irradiation: A method, applied to flax stems. Rad. Bot. **10**, 47–57. – BENDER, M. A., H. G. GRIGGS & J. S. BEDFORD, 1974: Mechanism of chromosomal aberration production. 3. Chemicals and ionizing radiation. Mutat. Res. **23**, 197–212. – BENNETT, M. D., 1972: Nuclear DNA content and minimum generation time in herbaceous plants. Proc. Roy. Soc. London. B **181**, 109–135. – BERKOFSKY, J., & R. M. ROY, 1977: Effects of X-irradiation on soluble nucleohistone of *Pinus pinea*. Environ. Exp. Bot. **17**, 55–61. – BHASKARAN, S., & M. S. SWAMINATHAN, 1961: Polyploidy and radiosensitivity in wheat and barley. 2. Survival, pollen and seed fertility and mutation frequency. Genetica **32**, 200–246. – BHATTACHARYA, M. K., 1977: Reversal of inhibitory effects of gamma-irradiated soybean plants through IAA and GA. Trans. Bose Res. Int. **40** (3), 93–100. – BIEBL, R., & I. Y. MOSTAFA, 1965: Water content of wheat and barley seeds and their radiosensitivity. Rad. Bot. **5**, 1–6. – BISARIA, A. K., M. P. KAUSHIK, J. K. SHARMA & I. SINGH, 1975: Effect of gamma irradiation of seeds on some morphological characters and sex expression in muskmelon (*Cucumis melo* L.). Curr. Sci. **44** (11), 392–393. – BOGUSLAWSKI, E. V., P. LIMBERG & B. SCHNEIDER, 1962/63: Grundlagen und Gesetzmäßigkeiten der Ertragsbildung. Z. Acker- und Pflanzenbau **116**, 231–256. – BORS, J., & I. FENDRIK, 1983: Wirkung ionisierender Strahlen auf Weißkohl, Winterraps und Ackerbohne unter Freilandbedingungen. Z. f. Pflanzenkrankheiten u. Pflanzenschutz **90** (6), 571–584. – BORS, J., & K. ZIMMER, 1971: Untersuchungen zur Wirkung niedriger Strahlendosen auf die Adventivwurzelbildung und das Wachstum von Nelken ›William Sim‹. Gartenbauwissenschaft **36** (18), 209–214. – BOSTRACK, J. M., & A. H. SPARROW, 1969: Effect of chronic gamma irradiation on the anatom of vegetative tissues of *Pinus rigida* Mill. Rad. Bot. **9**, 367–374. – BOTTINO, P. J., & A. H. SPARROW, 1971: Comparison of the effects of simulated fallout decay and constant exposure-rate gamma-ray treatment on the survival and yield of wheat and oats. Rad. Bot. **11**, 405–410. – BOTTINO, P. J., & A. H. SPARROW, 1971: The effects of exposure time and rate on the survival and yield of lettuce, barley and wheat. Rad. Bot. **11**, 147–156. – BOTTINO, P. J., & A. H. SPARROW, 1971: Sensitivity of lima bean (*Phaseolus limensis* Macf.) yield to ^{60}Co gamma radiation given at three reproductive stages. Crop Sience **11**, 436–437. – BOTTINO, P. J., & A. H. SPARROW, 1972: Nonlinear response of survival and yield of wheat in variation of exposure time. Rad. Res. **51**, 533. – BOTTINO, P. J., & A. H. SPARROW, 1972: Non-linear response of survival to variation in exposure time in wheat. Int. J. Radiat. Biol. **22** (4), 411–416. – BOTTINO, P. J., & A. H. SPARROW, 1973: The influence of seasonal variation on survival and yield of lettuce irradiated with constant rate, fallout decay or build up and fallout decay simulation treatments. Rad. Bot. **13**, 27–36. – BOTTINO, P. J., A. H. SPARROW, S. S. SCHWEMMER & K. H. THOMPSON, 1975: Interrelation of exposure and exposure rate in germinating seeds of barley and its concurrence with dose-rate theory. Rad. Bot. **15**, 17–27. – BOWEN, H. J. M., 1962: Radiosensitivity of higher plants, and correlations with cell weight and DNA content. Rad. Bot. **1**, 223–228. – BRODA, E., 1980: Boltzmann, Einstein, natural law and evolution. Comp. Biochem. Physiol. **67 B**, 373–378. – BRODA, E., 1981: Die angeblichen biopositiven Wirkungen ionisierender (energiereicher) Strahlen. Naturwissenschaftliche Rundschau **34** (2), 49-58. – BROERTJES, C., 1966: Mutatie veredeling bij Chrisanthemum. Meded. Dir. Tuinbouw **29**, 193-198. – BROERTJES, C.: Dose-fractionation studies and radiation-induced protection phenomena in african violet, in: BENSON, D. W. and SPARROW, A. H. (Eds.), Survival of food crop and livestock in the event of a nuclear war. Proc. Symp. Brookhaven Natl. Lab. Upton 1970, AEC, Oak Ridge, Tenn., 1971. – BROERTJES, C.: Use in plant breeding or acute, chronic of fractionated doses of X-rays or fast neutrons as illustrated with leaves of *Saintpaulia*, Agric. Res. Rep. 776, Wageningen, 1972. – BROOKHAVEN NATIONAL LABRA-TORY, 1955: Radiation induced mutations in plant breeding. Assoc. Univ. Inc., N. Y. – BRUES, M., 1959: Low level irradiation, AEC/ANL Publ. Nr. **59** Washington. – BUBRYAK, I. I., & D. M. GRODZINSKY, 1989: DNA repair in pollen of birch plant grown in conditions of radioactive contamination. Radiobiologiya **29**, 589-594. – BUBRYAK, I. I., E. OSTAPENKO & E. VILENSKY, 1990: Influence of radionuclide pollution on the development of pollen and mutation frequency in barley. Proc. XXI Ann. Meet. Eur. Soc. Nucl. Meth. Agricult. 3.-7. Sept. 1990, Kosice, CSFR. – BURRELL, A. D., P. FELDSCHREIBER & C. J. DEAN, 1971: DNA-membrane association and the repair of double breaks in X-irradiated *Micrococcus radiodurans*. Biochim. Biophys. Acta. **247**, 38-53.

CALDECOTT, R. S., 1954: Inverse relationship between water content of seeds and their sensitivity to X-rys. Science **120**, 809-810. – CALDECOTT, R. S., 1955: Effects of hydration on X-ray sensitivity in *Hordeum*. Rad. Res. **3**, 316-330. – CALDECOTT, R. S., 1955: Effects of ionizing radiation on seeds of barley. Rad. Res. **2**, 339-350. – CALDECOTT, R. S., 1955: Effects of hydration on X-ray sensitivity in *Hordeum*. Rad. Res. **3**, 316-330. – CALDECOTT, R. S.: Seedling height, oxygen availability, storage and temperature: their relation to radiation-induced genetic and seedling injury in barley, in: Effects of ionizing radiation on seeds, Proc. Symp., Karlsruhe, 1960. 3-24, IAEA, Wien, 1961. – CALDECOTT, R. S., 1955: Ionizing radiations as a tool for plant breeders. Proc. UN Int. Conf. PUAE **12**, 40-45. – CAMPBELL, W. F., 1966: Irradiation in successive generations: Effects on developing barley (*Hordeum distichum*, L.) embryos in situ. Rad. Bot. **6**, 525-534. – CAPELLA, J. A., & A. D. CONGER, 1967: Radiosensitivity and interphase chromosome volume in the gymnosperms. Rad. Bot. **7**, 137-149. – CHAGTAL, S. A., Z. HASAN & A. GARG, 1978: Studies on the effect of gamma irradiation on the seed germination of *Lens esculenta*, »the Misoor«. J. Sci. Res. **1** (1), 11-12. – CHANDRA, A., & S. N. TEWARI, 1978: Effects of fast neutrons and gamma radiation on gemination, pollen and ovul sterility and leaf variations in mung bean. Acta. Bot. Indica. **6** (2), 206-208. – CHAUHAN, Y. S., 1976: Morphological studies in safflower (*Carthamus tinctorius* 1.) with special reference to the effect of 2,4-D and gamma-rays. 2. Cellular responses. Environ. Exp. Bot. **16** (4), 235-240. – CHAUHAN, Y. S., 1980: Radioprtective effects of 2,4-dichlorophenoxyacetic acid. Phytomorphology **30** (2-3), 159-163. – CHAUHAN, Y. S., & S. RAVINDRAN, 1980: Hormonal regulation of gamma-rays induced effect on heterostyly in *Solanum khasianum*. Phytomorphology **30** (4), 317-320. – CHAUHAN, Y. S., & R. P. SINGH, 1975: Morphological studies in safflower (*Carthamus tinctorius* linn.) with special reference to the effect of 2,4-D and gamma-rays. 1. Vegetative shoot apex. Rad. Bot. **15**, 68-77. – CHEPURENKO, N. V., I. G. BORISOVA & E. V. BUDNITSKAYA, 1977: Activity and isoenzyme composition of lipoxygenase of X-irradiated pea seeds. Radiobiologiya **17** (2), 212-215. – CLARK, G. M., F. CHENG, R. M. ROY, W. P. SWEANEY, W. R. BUNTING & D. G. BAKER, 1967: Effects of thermal stress and simulated fallout on conifer seeds. Rad. Bot. **7**, 167-175. – CLARK, G. M., W. P. SWEANEY, W. R. BUNTING & D. G. BAKER, 1968: Germination and survival of conifers following chronic gamma irradiation of seed. Rad. Bot. **8**, 59-66. – CLOWES, F. A. L., 1963: X-radiation of root meristems. An. Bot **27** No. 106, 343-352. – CLOWES, F. A. L., & E. J. HALL, 1962: The quiescent centre in root meristems of *Vicia faba* and its behaviour after acute X-irradiation and chronic gamma irradiation. Rad. Bot. **3**, 45-53. – CONGER, A. D., & L. M. FAIRCHILD, 1951: The induction of chromosomal aberrations by oxygen. Genetics **36**, 547-548. – CONGER, A. D., A. H. SPARROW, S. S. SCHWEMMER & E. E. KLUG, 1982: Relation of nuclear volume and radiosensitivity to ploidy level (haploid to 22-ploid) in higher plants and a yeast. Environ. Exp. Bot. **22** (1), 57-74. – CONGER, B. V., & M. J. CONSTANTIN, 1970: Oxygen effect following neutron irradiation of dry barley seeds. Rad. Bot. **10**, 95-97. – CONGER, B. V., 1975: Radioprotective effects of ascorbic acid in barley seeds. Rad. Bot. **15**, 39-48. – CONGER, B. V., 1976: Response of inbred and hybrid maize seed to gamma radiation and fission neutrons and its relationship to nuclear volume. Environ. Exp. Bot. **16** (2-3), 165-170. – CONGER, B. V., & J. V. CARABIA, 1972: Modification of the effectiveness of fission neutrons versus ^{60}Co gamma radiation in barley seeds by oxygen and seed water content. Rad. Bot. **12**, 411-420. – CONGER, B. V., D. D. KILLION & M. J. CONSTANTIN, 1973: Effects of fission neutron, beta and gamma radiation on seedling growth of dormant and germinating seeds of barley. Rad. Bot. **13**, 173-180. –

CONGER, B. V., R. A. NILAN & C. F. KONZAK, 1968: Post-irradiation oxygen sensitivity of barley seeds varying slightly in water content. Rad. Bot. **8**, 31-36. – CONGER, B. V., R. A. NILAN, C. F. KONZAK & S. METTER, 1966: The influence of seed water content on the oxygen effect in irradiated barley seeds. Rad. Bot. **6**, 129-144. – CONRAD, D., 1975: Strahlenbiologische Untersuchungen an Getreidearten. 8. Korrelation zwischen Phosphorgehalt und Strahlenempfindlichkeit bei Karyopsen unterschiedlich strahlensensibler Winterweizensorten. Rad. Bot. **15**, 381-385. – CONSTANTIN, M. J., B. V. CONGER & T. S. OSBORNE, 1970: Effects of modifying factors on the response of rice seeds to gamma-rays and fission neutrons. Rad. Bot. **10**, 539-549. – CONSTANTIN, M. J., D. D. KILLION & E. G. SIEMER: Exposure-rate effects on soybean plant responses to gamma irradiation, From Symposium on survival of food crops and livestock in the event of nuclear war, Upton, N. Y., 1971. – CORDERO, R. E., 1982: The effects of chronic and acute gamma irradiation on *Lupinus albus* L. III. Chronic effects. Environ. Exp. Bot. **22** (3) 359-372. – CORDERO, R. E., & J. E. GUNCKEL, 1982: The effects of acute and chronic gamma irradiation on *Lupinus albus L.* – I. Effects of acute irradiation on the vegetative shoot apex and general morphology. Environ. Exp. Bot. **22** (1), 105-126. – CORDERO, R. E., & J. E. GUNCKEL, 1982: The effects of acute and chronic gamma irradiation on *Lupinus albus L.* – II. Effects of acute irradiation on floral development. Environ. Exp. Bot. **22** (1), 105-126. – CROCKETT, L. J., 1968: The effects of chronic gamma radiation on the internal apical configurations of the vegetativ shoot apex of *Coleus blumei*. Am. J. Bot. **55**, 265-268. – CROWTHER, J. A., 1924: Some considerations relative to the action of X-rays on tissue cells. Proc. Roy. Soc. **96B**, 207. – CUPIC, Z., M. MIRIC & A. DAMANSKI, 1972: Effect of different doses of X-rays (10 000 and 20 000 R) on the composition of fatty substances of the sunflower fruit during the development and ripening. Hrisa. **30** (3-4) 115-119. – CURTIS, H. J., N. DELIHAS, R. S. CALDECOTT & C. F. KONZAK, 1958: Modification of radiation damage in dormant seeds by storage. Rad. Bot. **8**, 526-534.

DALE, W. M., 1940: The effect of X-rays on enzymes. Biochem. J. **34**, 1367. – DARLINGTON, D. C., & WYLIE, A. P.: Chromosome Atlas. Allen & Unvin LTD, London, 1955. – DASKALOV, KHR., K. MOJNOVA & S. MALTSEVA, 1977: Effect of comparatively low doses of gamma-rays (^{60}-Co) on the activity of polyphenoloxidase. Radiobiologiya **17** (4) 589-590. – DAVIES, C. R., 1968: Effects of gamma irradiation on growth and yield of agricultural crops – I. Spring sown wheat. Rad. Bot. **8**, 17-30. – DAVIES, C. R., 1970: Effects of gamma irradiation on growth and yield of agricultural crops – II Spring sown barley and other cereals. Rad. Bot. **10**, 19-27. – DAVIES, C. R., 1973: Effects of gamma irradiation on growth and yield of agricultural crops – III Root crops, legumes and grasses. Rad. Bot. **13**, 127-136. – DAVIES, C. R., & D. B. MCKAY, 1973: Effects of gamma irradiation on growth and yield of agricultural crops. IV. Effects on yield of the second generation in cereals and potato. Rad. Bot. **13**, 137-144. – DEGANI, N., & C. ITAI, 1978: The effect of radiation on growth and abscisic acid in wheat seedlings. Environ. Exp. Bot. **18**, 113-115. – DESSAUER, F., 1922: Über einige Wirkungen von Strahlen 1. Z. Phys. **12**, 38-47. – DONALDSON, E., R. A. NILAN & C. F. KONZAK, 1979: The interaction of oxygen, radiation exposure and seed water content on gamma-irradiated barley seeds. Environ. Exp. Bot. **19**, 153-164. – DONALDSON, E., R. A. NILAN & C. F. KONZAK, 1979: Minimum gamma-radiation exposure and oxygen concentration to produce post-irradiation oxygen-enhacement of damage in barley seeds. Environ. Exp. Bot. **19**, 163-173. – DONALDSON, E., R. A. NILAN & C. F. KONZAK, 1980: Influence of oxygen at high pressure on the induction of damage in barley seeds by gamma radiation. Environ. Exp. Bot. **20**, 11-19. – DONINI, B., G. T. SCARASCIA-MUGNOZZA & D'AMATO, 1964: Effects of chronic gamma irradiation in durum and bread wheats. Rad. Bot. **4**, 387-393. – DONINI, B., 1967: Effects of chronic gamma irradiation on *Pinus pinea* and *Pinus halepensis*. Rad. Bot. **7**, 183-192. – DONINI, B., A. H. SPARROW, L. A. SCHAIRER & R. C. SPARROW, 1967: The relative biological efficiency of gamma rays and fission neutrons in plant species with different nuclear and chromosome volumes. Rad. Res. **32** (4), 692-705. – DRAKE, W., & E. F. ALLEN, 1968: Antimutagenic DNA polymerases of bacteriophage T 4. Cold Spr. Harb. Symp. quant. Biol. **33**, 339. – DUGLE, J. R., & K. R. MAYOH, 1984: Response of 56 naturally-growing shrub taxa to chronic gamma irradiation. Environ. Exp. Bot. **24** (3) 267-276.

EGIAZARYAN, S. B., S. I. ZAICHKINA, G. F. APTIKAEVA & E. E. YANASSI, 1982: Radiation damage modification and relation to repair. 1. Effect of caffeine and MEA on radiation damage in *Crepis capillaris* chromosome. Genetika. **18** (5), 782-787. – EHRENBERG, L.: Mutation studies with radioactive isotopes. In: Radioisotope Techniques, London, Her Majesty's stationary Office 1, 452-461, 1953. – EHRENBERG, L., 1955: Factors influencing radiation induced lethality, sterility, and mutations in barley. Heriditas **41**, 123-146. – EHRENBERG, L., 1955: Studies on the mechanism of action of ionizing radiations in plant seeds. Svensk. Kem. Tidkr. **67**, (5), 207-224. – EHRENBERG, L., 1955: The radiation induced growth inhibition in seedlings. Botan. notiser **108**, 184-215. – EHRENBERG, L., I. GRANHALL & A. GUSTAFSON, 1955: The production of beneficial new hereditary traits means radiation. Proc. UN Int. Conf. PUAE **12**, 31-33. – EHRENBERG, L., A. GUSTAFSON, U. LINDQUIST & N. NYBOM, 1953: Irradiation effects, seed soaking oxygen pressure in barley. Heriditas **39**, 493-504. – EHRENBERG, L., & N. NYBOM, 1954: Ion density and biological effectiveness of radiation. Acta. Agr. Scand. **4**, 396-418. – EL-AISHY, S. M., S. A. ABD-ALLA & M. S. EL-KEREDY, 1976: Effect of growth substances on rice seedlings grown from seeds irradiated with gamma rays. Environ. Exp. Bot. **16**, 69-75. – EL-LAKANY, M. H. & O. SZIKLAI, 1970: Variation in nuclear characteristics in selected western conifers and its relation to radiosensitivity. Rad. Bot. **10**, 421-427. – ERICKSON, P. I., M. B. KIRKHAM & G. B. ADJEI, 1979: Water relations, growth and yield of tall and short wheat cultivars irradiated with X-rays. Environ. Exp. Bot. **19**, 349-356. – ERICKSON, R. O., & F. J. MICHELINI, 1957: The plastochron index. Am. J. Bot. **44**, 297-305. – EVANS, H. J., & G. J. NEARY, 1959: The influence of oxygen on the sensitivity of *Tradescantia* pollen tube chromosomes to X-rays. Rad. Res. **11**, 636-644. – EVANS, L. S., & J. VANT'T HOF, 1975: Dose rate, mitotic cycle duration and sensitivity of cell transitions from G1 → SHG2 → M and to protracted gamma radiation in root meristems. Rad. Res. **64**, 331-343. – EVANS, M., H. REES, C. L. SNELL & S. SUN, 1972: The relationship between nuclear DNA amount and the duration of the mitotic cycle. Chromosomes Today **3**, 24-31.

FABRIES, M., A. GRAUBY & J. L. TROCHAIN, 1972: Study of a mediterranean type of phytocoenose subjected to chronic gamma radiation. Rad. Bot. **12**, 125-135. – FÄHNRICH, P., 1975: Chromatographie freier Aminosäuren aus Embryonen von Winterweizensorten mit unterschiedlicher Strahlensensibilität. studia biophysica **48**, 27-32. – FAUTRIER, A. G., 1976: The influence of gamma irradiation on dry seeds of Lucerne, cv. wairau. 1. Observations on the M-1 generation. Environ. Exp. Bot. **16**, 77-81. – FENDRIK, I., 1976: Unveröffentlicht. – FENDRIK, I., & J. BORS, 1975: Strahlenstimulation bei Zierpflanzen. Gartenwelt **20**, 427-428. – FENDRIK, I., & H. GLUBRECHT, 1972: Die Wirkung kleiner Strahlendosen auf den Ertrag von Erdbeeren. Gartenbauwissenschaft **37** (19), 155-160. – FERNANDEZ, J., & M. SANZ, 1973: Influence of gamma radiation on the photosynthesis activity of barley seedlings. 1. Assimilation of $^{14}CO_2$ by leaves. Energ. Nucl. **17** (86), 437-445. – FILATOV, P. S., 1976: Fertility and fertilizing ability of cotton pollen following gamma-radiation (^{60}Co). Uzb. Biol. Zh. **2**, 59-61. – FISHBEIN, W. G., H. C. FLAMM & FALK: Chemical mutagens, Academic Press, New York, London, 1970. – FLACCUS, E., T. V. ARMENTANO & M. ARCHER, 1974: Effects of chronic gamma radiation on the composition of the herb community of an oak-pine forest. Rad. Bot. **14**, 263-271. – FLORIS, C., P. MELETTI & M. C. ANGUILLESI, 1975: Response to X-rays of dormant and non-dormant seeds of *Triticum durum* desf. Mutat. Res. **28**, 63-67. – FRALEY, JR., L., 1979: Effect of chronic ionizing radiation on the production and viability of *Lepidium densiflorum*, Schrad. seed. Environ. Exp. Bot. **20**, 7-10. – FRALEY, JR., L., 1986: Response of shortgrass plains vegetation to gamma radiation – III. Nine years of chronic irradiation. Environ Exp. Bot. **27**, 193-200. – FRALEY, L. JR., & F. W. WHICKER, 1973: Response of shortgrass plains vegetation to gamma radiation. 1. Chronic irradiation. Rad. Bot. **13**, 331-341. – FRALEY, L. JR., & F. W. WHICKER, 1973: Response of shortgrass plains vegetation to gamma radiation. 2. Short term seasonal irradiation. Rad. Bot. **13**, 343-353. – FRANK, J., & Z. LENDVAI, 1971: Effect of gamma irradiation on quantitative changes in the carbohydrate content of germinating peas. Acta Agr. Acad. Sci. Hung. tomus **20** (1-2), 123-127. – FRICKE, H., & E. J. HART, 1935: The oxidation of ferrocyanide, arsenite and selenite ions by the irradiation of their aqueous solutuions with X-rays. J. Chem. Phys. **3**, 396. – FRICKE, H., HART, E. J. AND SMITH, H. P., 1938: Chemical reactions of organic compounds with X-ray activated water. J. Chem. Phys., **6**, 229-240.

GAGER, C. S., 1908: Effect of the rays of radium on plants. Mem. N. Y. Bot. Garden **4**, 1-278. – GAGER, C. S., 1909: The influence of radium rays on a few life processes of plants. Popular. Sci. Monthly **74**, 222-232. – GAGER, C. S., 1916: Present status of the problem of the effect of radium rays on plant life. Mem. N. Y. Bot. Garden **11**, 153-160. – GAGER, C. S.: The effects of radium rays on plants, 2. Aufl., in: DUGGAR, B. M., ed. Biological effects of radium, McGraw-Hill, New York, 987-1013, 1936. – GANCHEV, P., & TSVETKOVA, P., 1977: Radiosensitivity of spruce (*Picea excelsa* L.) growing at various altitudes. Gorskostop. Nauka, Izv. Akad. Selskostop. Nauke **14**, (3), 19-26. – GAUL, H., 1964: Mutations in plant breeding. Rad. Bot. **4**, 155-323. – GAUR, B. K., R. K. JOSHI & V. G. JOSHI, 1970: Potentation of gamma-radiation effect by 2,4-dinitrophenol in barley seeds. Rad. Bot. **10**, 29-34. – GEARD, C. R., & C. B. SINGH, 1974: Post-irradiation treatment of root tips of *Vicia faba* with pyronin Y. Rad. Bot. **14**,

147–151. – GENCHEV, S., & J. TODOROV, 1972: Effect of gamma treatment of seeds on certain physiological regularities and yield of onion. Grlna 9 (7), 85–91. – GENEROSO, W. M., M. D. SHELBY & F. J. DE SERRES: DNA repair and mutagenesis in Eukaryotes, Plenum Press, New York, London, 1980. – GILISSEN, L. J. W., 1978: Post-irradiation effects on *Petunia* pollen germinating in vitro and in vivo. Environ. Exp. Bot. 18 (2), 81–86. – GILISSEN, L. J. W., 1978: Effects of X-rays on seed setting and pollen tube growth in self-incompatible *Petunia*. Incompat. Newsl. 10, 15–19. – GLASSTONE, S., Hrsg.: Die Wirkungen der Kernwaffen (2. Aufl.), Karl Heymann Verlag Köln, Berlin, Bonn, 1964. – GLUBRECHT, H., 1961: Persönliche Mitteilungen. – GLUBRECHT, H., 1965: Mode of action of incorporated nuclides (comparison of external and internal irradiation) In: The use of induced mutations in plant breeding, IAEA, Vienna, 91–99. – GOLIKOVA, O. P., & D. M. GRODZINSKIJ, 1977: Influence of inhibitors of DNA repair and replication on 2-C^{14}-thymidine incorporation into DNA of pea roots after gamma-irradiation. Radiobiologiya 17 (2), 196–199. – GOLIKOVA, O. P., & T. J. MIRONYUK, 1976: Impairment of DNA synthesis in roots of gamma-irradiated seedlings and the restorative processes. Radiobiologiya 16 (3), 328–332. – GONZALES, F. J., & G. M. A. COLLANTES: Effect of gamma irradiated parenchyma on the growth of irradiated potato tuber buds, M. A. Junta de Energia Nuclear, Madrid, 1976. – GORANOV, A., & A. ANGELOV, 1972: Influence of presowing gamma-irradiation on the yield of *Phaseolus vulgaris var. subcompressus all.* Biol. Fak. 65 (2), 186–206. – GOTTSCHALK, W., & M. IMAM, 1965: Untersuchungen über die Beziehung zwischen Strahlenempfindlichkeit, Mutationshäufigkeit und Polypolidiegrad in der Gattung *Triticum*. Z. Pflanzenzechtg. 53, 344–370. – GREGORY, W. C., 1956: Induction of useful mutation in the peanut. Brookhaven Sympos. Biol. 9, 177–190. – GREIG-SMITH, P.: Quantitative plant ecology, Butterworth, London, 1964. – GUDKOV, I. N., 1976: Reduction of mitotic cycle duration in cells of the pea root meristem irradiated with a harmful dose of gamma-radiation. Radiobiologiya 16 (4), 612–616. – GUDKOV, I. N., 1976: Acceleration of mitotic cycle in meristem cells of seedling roots by gamma irradiation of pea and maize seeds at stimulating doses. Stimul. Newsl. 9, 8–12. – GUILLEMINOT, H., 1907: De l'action des rayons du radium et des rayons X sur la germination. Compt. Rend. Assoc. Franc. Avance. Sci. 37, 1344–1353. – GUILLEMINOT, H., 1907: Action du radium sur la graine et le developpement des plantes. Arch. Elec. Med. 15, 592–593. – GUILLEMINOT, H., 1908: Effects des Rayons-X et des Rayons du Radium sur la Cellule vegetable. J. Physiol. et Pathol. Gen. 10, 1. – GUNCKEL, J. E., 1965: Modifications of plant growth and development induced by ionizing radiation. Encycl. Plant Physiol. 15, 365–387. – GURVICH, M. L., 1968: Effect of sodium salt of naphtene acids (PGA) on the mitotic activity of cells under gamma-irradiation. Tsitol. Genet. 2 (5), 400–407. – GUSTAFFSON, A., 1944: The X-ray resistance of dormant seeds in some agricultural plants. Heriditas 30, 165–178. – GUSTAFFSON, A., 1951: Induction of changes in genes and chromosomes. 2. Mutations, environment and evolution. Cold Spring Harbor Symposia Quant. Biol. 16, 263–281. – GUSTAFFSON, A., 1954: Mutations, viability and population structure. Acta Agr. Scand. 4, 601–632. – GUSTAFFSON, A., A. HAGBERG & U. LUNDQVIST, 1960: The induction of early mutants in bonus barley. Heriditas 46, 675–699. – GUSTAFFSON, A., & D. VON WETTSTEIN, 1958: Mutationen und Mutationszüchtung. Handb. Pflanzenzuechtg. 1, 612–699. – GUSTAFSON, A. L., L. EHRENBERG & M. BRUMBERG, 1950: The effects of electrons, positrons and alpha-particles in plant development. Heriditas 36, 419–444.

HAARRING, R. J., A. T. WALLACE, A. J. NORDEN & S. C. SCHANK, 1964: The sensitivity of Castorbean *(Ricinus communis, L.)* seeds to treatments with ethyl methane sulfonate and gamma rays as measured by M1-seedling response. Rad. Bot. 4, 43–51. – HAGBERG, A., & N. NYBOM, 1954: Reaction of potatoes to X-irradiation and radiophosphorus. Acta Agric. Scand. 4 (3), 578–584. – HAISSINSKY, M.: Actions chimiques et biologiques des radiations, Masson et Cie., Paris, 1955. – A. H. HALEVY, & J. SHOUB, 1965: The effects of gamma-irradiation and storage temperature on the growth, flowering and bulb yield of wedgewood iris. Rad. Bot. 50, 29–37. – HAMILTON, J. R., & A. H. CHESSER, 1969: Effects of acute ionizing radiation on the xylem fibers of *Quercus alba* and *Liqudambar styraciflua*. Rad. Bot. 9 331–339. – HARGREAVES, A. B., N. DE LOUZA MARCONDES & C. A. ELIAS, 1976: Urease from seeds of *Citrullus vulgaris*. The effect of chemical agens and ionizing radiations. An. Acad. Bras. Cienc. 48 (3), 567–576. – HELL, K. G., W. HANDRO & G. B. KERBAUY, 1978: Enhanced bud formation in gamma-irradiated tissues of *Nicotiana tabacum L.* cv Wisconsin-38. Environ. Exp. Bot. 18, 225–228. – HENESSY, T. G.: Radiobiology at the intra-cellular level, Pergamon Press, New York, Oxford, 1959. – HERMELIN, T., 1959: Acute gamma-irradiation and barley development. Kungl. Lantbrukshögskolans Annaler 25, 327–339. – HERMELIN, T., 1966: Effects of acute gamma irradiation in barley at different ontogenetic stages. Hereditas 57, 297–302. – HERMELIN, T., 1970: Effects of acute gamma irradiation in growing barley plots.

Hereditas **65**, 203–226. – HERNANDEZ-BERMEJO, J. E., 1977: Effects de la radiation gamma aiguë sur des phytocegenoses (de prairies et planctoniques). Environ. Exp. Bot. **17**, 87–97. – HIRONO, Y., H. H. SMITH & J. T. LYMAN, 1968: Tumor induction by heavy ionizing particles and X-rays in *Arabidopsis*. Rad. Bot. **8**, 449–456. – HOLLAENDER, A.: Radiation biology, Bd. **1** und **2**, McGraw-Hill, New York, 1954. – HOLT, B. R., & P. J. BOTTINO, 1972: Structure and yield of a chronically irradiated winter rye-wheat community. Rad. Bot. **12**, 355–359.

IAEA, 1965: Report of meeting: The use of induced mutations in plant breeding. Rad. Bot. **5**, 65–69. – IAEA 1966: Effects of low doses of radiation on crop plants, IAEA, Vienna. – IBRAGIMOV, A. P., N. A. RAKHMATOV, EH. M. ISMAILOV & T. A. USMANOV, 1977: Homology of cotton rRNA/DNA studied in norm and after gamma-irradiation. Radiobiologiya **17** (4), 578–581. – IBRAGIMOV, A. P., & SH. SAFAROV, 1973: Gamma-radiation effect on the functional properties of the cotton ribosomes. Uzb. Biol. Zh. no. **5**, 7–10. – ICHIKAWA, S., C. H. NAUMAN, A. H. SPARROW & C. S. TAKAHASHI, 1978: Influence of radiation exposure rate on somatic mutation frequency and loss of reproductive integrity in *Tradescantia* stamen hairs. Mutat. Res. **52** (2), 171–180. – ICHIKAWA, S., A. H. SPARROW & K. H. THOMPSON, 1969: Morphological abnormal cells, somatic mutations and loss of reproductive integrity in irradiated *Tradescantia* stamen hairs. Rad. Bot. **9**, 195–211. – I.C.R.P., 1983: Radionuclide transformations – energy and intensity of emission. ICRP **38**, 7. – ILIEVA, I., & E. MOLKHOVA, 1976: Investigations on embryo and endosperm development in gamma-irradiated *Capsicum annuum* L. and *Capsicum pendulum* Willd. seeds. Genet. Sel. **9** (5), 400–404. – ILIEVA, I., & N. ZAGORSKA, 1983: Development of tissues of the ovule of *Capsicum annuum* L. after irradiation during early emryogenesis. C. R. Acad. Bulg. Sci. **36** (6), 843–846. – INAMDAR, J. A., R. B. BHAT, M. GANGADHARA & M. A. PATHAN, 1977: Effect of gamma radiation on the cotyledonary stomata of *Tectona grandis* L. F. Geobios. **4** (1), 13–17. – INOUE, M., H. HASEGAWA & S. HORI, 1975: Physiological and biochemical changes in gamma-irradiated rice. Rad. Bot. **15**, 387–395. – INOUE, M., H. HASEGAWA & S. HORI, 1980: Glucose metabolism in gamma-irradiated rice seeds. Environ. Exp. Bot. **20**, 27–30. – INOUE, M., R. ITO, T. TABATA & H. HASEGAWA, 1980: Varietal differences in the repair of gamma-radiation-induced lesions in barley. Environ. Exp. Bot. **20**, 161–168. – INOUE, M., K. OKU & H. HASEGAWA, 1982: Temperature-effect on repair of gamma-induced lesions in barley seeds. Environ. Exp. Bot. **22** (4), 415–426. – IQBAL, J., 1969: Radiation induced growth abnormalities in vegetative shoot apices of *Capsicum annuum* L. in relation to cellular damage. Rad. Bot. **9**, 491–499. – IQBAL, J., 1970: Recovery from cellular damage in vegetative shoot apices of *Capsicum annuum* L. after gamma irradiation. Rad. Bot. **10**, 337–343. – IQBAL, J., 1972: Effects of acute gamma radiation on the survival, growth and radiosensitivity of the apical meristems of *Capsicum annuum* L. at different stages of seedling development. Rad. Bot. **12**, 197–204. – IQBAL, J., 1973: Effects of acute gamma irradiation on initiation and maturation of vascular tissues in stems of *Capsicum annuum* L. Biol. Plant **15** (3), 208–216. – IQBAL, J., & M. S. ZAHUR, 1975: Effects of acute gamma irradiation and developmental stages on growth and yield of rice plants. Rad. Bot. **15**, 231–240. – IQBAL, J., 1980: Effects of acute gamma irradiation, developmental stages and cultivar differences on growth and yield of wheat and sorghum plants. Environ. Exp. Bot. **20**, 219–232. – IQBAL, J., & G. AZIZ, 1981: Effects of acute gamma irradiation, developmental stages and cultivar differences on yield of gamma-2 plants in wheat and sorghum. Environ. Exp. Bot. **21**, 27–33. – IQBAL, J., M. KUTACEK & V. JIRACEK, 1974: Effects of acute gamma irradiation on the concentration of amino acids and protein-nitrogen in *Zea mays*. Rad. Bot. **14**, 165–172. – IZVORSKA, N., & N. BAKYRDZHEVA, 1975: Some cytological modifications and changes in peroxidase and IAA-oxidase activity in pea callus tissues following gamma-irradiation. Fiziol. Rast. **1** (3), 36–43.

JOHNSON, E. L., 1936: Susceptibility of seventy species of flowering plants to X-radiation. Plant. Physiol. **11**, 319–342. – JOHNSTONE, G. R., & F. W. KLEPINGER, 1967: The effects of gamma radiation on germination and seedling development of *Yucca brevifolia* Engelm. Rad. Bot. **7**, 385–388. – JONARD, R., J. BAYONOVE, D. RAVELOMANANA & M. RIEDEL, 1979: Cytokinines et radiorestorations des tissus vegetaux, normaux et tumoraux. Environ. Exp. Bot. **19**, 13–26. – JORDAN, W. L. III, & A. H. HABER, 1974: Cytokinins and mitotic inhibition in »gamma-plantlets«. Rad. Bot. **14**, 219–222. – JOSHI, R. K., & L. LEDOUX, 1970: Influence of X-irradiation and seed-moisture on nucleic-acid and protein metabolism in barley. Rad. Bot. **10**, 437–443. – JOSHI, R. K., D. P. PANDEY, I. C. DAVE & B. K. GAUR, 1971: On the relation of morpho-physiological expression of barley to gamma radiation exposure. Rad. Bot. **11**, 335–339.

KAINDL, K., & H. LINSER: Radiation in Agricultural Research and Practice. Review Series Developments in the Peaceful Applications of Nuclear Energy No. **10**. Int. Atomic Energy Agency, Vienna, 1961. – KAPLAN, I. S., F. A. TIKHOMIROV & V. V. KHVOSTOVA, 1975: Modification of gamma-irradiation damaging effect on the seeds of radiosensitive and radioresistant plants. Radiobiologiya **15** (1), 98–103. – KAPLAN, I. S., F. A. TIKHOMIROV & V. V. KHVOSTOVA, 1975: Modification of the injurious effect in the gamma irradiation of seeds of radiosensitive and radioresistant crops. Radiobiologiya **32** (25025), 124–129. – KARAKUZIEV, T. U., 1975: Action of gamma-irradiation on the nucleotide composition auf tRNA of cotton plants. Radiobiologiya **15** (5), 725–726. – KARAKUZIEV, T. U., 1977: Gamma-irradiation effect on the acceptor activity of phenylalanine-tRNA and aminoacyl-tRNA-sythetases of cotton seeds. Radiobiologiya **17** (1), 17–21. – KARTEL, N. A., & T. V. MANESHINA, 1974: Biological effect of gamma irradiation on seeds of *Arabidopsis thaliana* (L) heynh. as a function of the radiation intensity. NSA **32** (22510), 86–93. – KASYMOV, A. K., 1975: Gamma-radiation effect on the ATP-ase-activity in various parts of cotton sprouts. Uzb. Biol. Zh. **6**, 3–5. – KASYMOV, A. K., 1976: Ion transport in roots of cotton seedling under the effect of gamma-radiation. Radiobiologiya **16** (1), 126–128. – KATAGIRI, K., 1976: Radiation damage and induced tetraploidy in mulberry (*Morus alba* L.). Environ. Exp. Bot. **16**, 119–130. – KATAGIRI, K., & K. O. LAPINS, 1974: Development of gamma-irradiated accessory buds of sweet cherry, *Prunus avium* L. Rad. Bot., 173–178. – KAUL, B. L., 1969: Protection against radiation induced chromosome breakage in *Vicia faba* by dimethyl sulfoxide. Rad. Bot. **9**, 111–114. – KAWAI, T., & T. INOSHITA, 1965: Effects of gamma ray irradiation on growing rice plants – I Irradiation at four developmental stages. Rad. Bot. **5**, 233–255. – KELLERER, A. M., & H. H. ROSSI, 1972: The theory of dual radiation action. Curr. Topics Radiat. Res. **8**, 85. – KESAVAN, P. C., 1976: Modification of radiation-induced oxic and anoxic damage by caffeine and potassium permanganate in barley seeds. Int. J. Radiat. Biol. **30** (2), 171–178. – KESAVAN, P. C., & A. AHMAD, 1976: Modification of radiosensitivity of barley seeds by post-treatment with caffeine. 3. Influence of dose of irradiation and concentration of caffeine. Int. J. Radiat. Biol. **29** (4), 395–398. – KESAVAN, P. C., G. J. SHARMA & S. M. J. AFZAL, 1978: Differential modification of oxic and anoxic radiation damage by chemicals. 1. Simulation of the action of caffeine by certain inorganic radical scavengers. Rad. Res. **75** (1), 18–30. – KESAVAN, P. C., S. TRASI & A. AHMAD, 1973: Modification of barley seed radiosensitivity by post-treatment with caffeine. 1. Effect of post-irradiation heat shock and nature of hydration. Int. J. Radiat. Biol. **24** (6), 581–587. – KHALATKAR, A. S., R. J. THENGANE & S. A. KHALATKAR, 1979: Comparative mutagenecity of sodium acid alone and in combination with ethyl methane sulphonate and gamma radiation in *Hordeum vulgare*. Indian J. Exp. Bot. **17** (2), 171–173. – KILLION, D. D., & M. J. CONSTANTIN, 1971: Acute gamma irradiation of the wheat plant: Effects of exposure, exposure rate, and developmental stage on survival, height, and grain yield. Rad. Bot. **11**, 367–373. – KILLION, D. D., & M. J. CONSTANTIN, 1972: Shoot dry weight of the soybean seedling following gamma irradiation: Effects of exposure rate, and split exposure. Advan. Exp. Med. Biol. **18**, 197–210. – KILLION, D. D., & M. J. CONSTANTIN, 1972: Gamma irradiation of corn plants: Effects of exposure, exposure rate and developmental stage on survival, height and grain yield of two cultivars. Rad. Bot. **12**, 159–164. – KILLION, D. D., & M. J. CONSTANTIN, 1974: Effects of separate and combined beta and gamma irradiation on the soybean plant. Rad. Bot. **14**, 91–99. – KILLION, D. D., M. J. CONSTANTIN & E. G. SIEMER, 1971: Acute gamma irradiation of the soybean plant: Effects of exposure, exposure rate, and developmental stage on growth and yield. Rad. Bot. **11** (3), 225–232. – KIRCHMANN, R., S. BONOTTO & R. BRONCHART, 1971: Accumulation des chlorophylles chez les feuilles primordiales de *Phaseolus vulgaris* L., irradiees en presence d'aet et de cystamine. 2. Influence de l'aet et de la cystamine sur l'accumulation des chlorophylles. Rad. Bot. **11**, 419–423. – KIRCHMANN, R., S. BONOTTO & S. VAN PUYMBROECK, 1971: Accumulation des chlorophylles chez les feuilles primordiales de *Phaseolus vulgaris L.,* irradiees en presence d'aet et ou de cystamine. 1. Penetration, localisation et incorporation de la cystamine et de l'aet dans les feuilles primordiales. Rad. Bot. **11**, 411–417. – KISELEVA, N. S., 1975: Effect of presowing gamma-irradiation of buckwheat seeds on anatomic structure of adult plants. Biol. Nauki. **137** (5), 49–52. – KOENIG, L. A., R. D. PENZHORN & H. SCHUETTELKOPF, 1980: Nuclear technology and forest dieback. FFGV – KOEPP, R., 1978: Investigation of the total chlorophyll content in plants grown under different light conditions from seeds irradiated with ionizing radiation. ESNA Newsletter **9**, 8–9. – KOEPPE, D. E., L. M. ROHRBAUGH, E. L. RICE & S. H. WENDER, 1970: The effect of X-radiation on the concetration of scopolin and caffeoylquinic acids in tobacco. Rad. Bot. **10**, 261–265. – KOO, F. K. S., 1962: Biological effects produced by X-rays and thermal neutrons in diploid and hexaploid species of *Avena*. Rad. Bot. **2**, 131–140. – KUROBANE, I., H. YAMAGUCHI, C. SANDER & R. A. NILAN, 1979: The effect of gamma irradiation on the production and secretion of enzymes, and on enzyme activites in barley seeds.

Environ. Exp. Bot. **19**, 75-84. – KUROBANE, I., H. YAMAGUCHI, C. SANDER & R. A. NILAN, 1979: The effects of gamma irradiation on the leaching of reducing sugars, inorganic phosphate and enzymes from barley seeds during germination in water. Environ. Exp. Bot. **19**, 41-47. – KUTOVENKO, L. N., & V. S. SEREBRENIKOV, 1977: Radiosensitivity of germs, grafts and vegetating potato plants. Radiobiologiya **17** (1), 136-138. – KUZIN, A. M., M. E. VAGABOVA, M. VILENCHIK & V. G. GOGVADZE, 1968: Stimulation of plant growth by exposure to low level gamma-radiation and magnetic field, and their possible mechanism of action. Environ. Exp. Bot. **26** (2), 163-167.

LANGENAUER, H. D., T. S. OSBORNE & D. A. HASKELL, 1972: Effects of acute X-irradiation upon growth of *Parthenocissus tricuspidata* axillariy buds. 1. Morphological damage and recovery. Rad. Bot. **12**, 297-306. – LANGENAUER, H. D., T. S. OSBORNE & D. A. HASKELL, 1973: Effects of acute X-irradiation upon growth of *Parthenocissus tricuspidata* axillary buds. 2. Anatomical damage and recovery. Rad. Bot. **13**, 197-205. – LAPINS, K. O., CATHERINE H. BAILEY & L. F. HOUGH, 1969: Effects of gamma rays on apple and peach leaf buds at different stages of development. – I. Survival, Growth and Mutation Frequences. Rad. Bot. **9**, 379-389. – LAPINS, K. O., & L. F. HOUGH, 1970: Effects of gamma rays on apple and peach leaf buds and different stages of development. – II. Injury of apical and axillary meristems and regeneration of shoot apices. Rad. Bot. **10**, 59-68. – LARSSON, B., & H. LÖNSJÖ, 1975: Effects of gamma irradiation on plant development. I: Growth and survival of *Avena futua* (L.), *Spergula arvensis* (L) and *Sinapis arvensis* (L) irradiated at early stages of development. Report **28**, Agric. Coll. of Sweden, Uppsala. – LATA, P., 1980: Effect of ionizing radiation on roses: Induction of somatic mutation. Environ. Exp. Bot. **20**, 325-333. – LEENHOUTS, H. P., C. BROERTJES, M. J. SIJSMA & K. H. CHADWICK, 1982: Radiation stimulated repair in Saintpaulia: Its cellular basis and effect on mutation frequency. Environ. Exp. Bot. **22** (3), 301-306. – LEHMANN, A. R., & M. G. ORMEROD, 1970: Double-strand breaks in the DNA of a mammalian cell after X-irradiation. Biochim. Biophys. Acta. **217**, 268-277. – LIBERG, P.: Zum Produktivitätstyp der Kulturpflanze (dargestellt an Beispielen). Handbuch der Pflanzenernährung und Düngung, Bd. I, 663-727, 1972. – LÖNSJÖ, H., 1975: Effects of acute gamma irradiation on plant development. II. Further studies of growth and survival of species irradiated at early stages of development. Report **29**, Agricult. Coll. of Sweden, Uppsala. – LÖNSJÖ, H., 1977: Effects of acute gamma irradiation on plant development. 3. Growth and survival of *Avena* species as influenced by environmental and radiological factors. Report SLU-IRB-36, Uppsala – LOEVINGER, R., E. M. JAPHA & G. L. BROWNELL: Discrete radioisotope sources. In: G. J. HINE, & G. L. BROWNELL (eds.) Radiation dosimetry. 694-754, Academic Press, New York, 1956. – LOVE, J. E., & M. J. CONSTANTIN, 1965: The response of some ornamental plant to fast neutrons. Tenn. Farm Home Sci. **56**, 10-12. – LUCKEY, T. D.: Thymic hormones, Univ. Park Press, Baltimore, 1973. – LUCKEY, T. D., 1982: Physiological benefits from low levels of ionizing radiation. Health Physics **43** (6), 771-789. – LYANDRES, G. T., E. V. BUDNITSKAYA & V. N. STOLETOV, 1973: Effects of gamma irradiation on the sedimentation properties of the ribosomes. Radiobiologiya **13** (6), 910-913.

MACHAIAH, J. P., & U. K. VAKIL, 1979: The effect of gamma irradiation on the formation of alpha-amylase isoenzymes in germinating wheat. Environ. Exp. Bot. **19**, 337-348. – MACHAIAH, J. P., U. K. VAKIL & A. SPREENIVASAN, 1976: The effect of gamma irradiation on biosythesis of gibberellins in germinating wheat. Environ. Exp. Bot. **16**, 131-140. – MACKEY, J., 1956: Mutation breeding in Europe, in: Genetics in plant breeding. Brookhaven Symposia in Biol. **9**, 141-156. – MACKI, R. W., J. M. BLUME & C. H. HAGEN, 1952: Historical changes in barley plants by radiation from ^{32}P. Am. J. Bot. **39**, 229-237. – MAHAMA, A., & A. SILVY, 1982: Influence de la teneur en eau sur la radiosensibilite des semences d'*Hibiscus cannabinus* L. 1. Role des differents etats de l'eau. Environ. Exp. Bot. **22** (2), 233-242. – MALDINEY, A., & J. R. THUOVENIN, 1898: De l'influence des rayons X sur la germination. Rev. Gen. Bot. **10**, 81-86. – MANIL, P., & P. DEMALSY, 1965: Effects sur *Medicago sativa* L. de l'irradiation gamma en doses aigües. Rad. Bot. **5**, 109-114. – MARGNA, U., & T. VAINJAERV, 1976: Irradiation effects upon flavonoid accumulation in buckwheat seedlings. Environ. Exp. Bot. **16** (4), 201-208. – MARSHALL, I., & M. BIANCHI, 1983: Micronucleus induction in *Vicia faba* roots. 1 Absence of dose-rate, fractionation, and oxygen effect at doses of low let radiations. Int. J. Radiat. Biol. Relat. Stud. Phys. Chem. Med. **44** (2), 151-162. – MATHUR, J. M. S., H. RAM & N. D. SHARMA, 1974: Radiation induced changes in enzyme activities and growth in germinating wheat seeds. Indian Soc. Nucl. Tech. Agric. Biol. **3** (2), 29-30. – MATHUR, J. R., M. M. BHANDARI & K. BHANDARI, 1970: Effect of amino acid on gamma-irradiated wheat seeds. Indian J. Hered. **2** (1) 69-72. – MATSUMURA, S., & T. FUJII, 1959: Radiosensitivity in plants. II. Irradiation experiments with vegetatively propagated plants. Seiken Ziho **10**, 22-32. – MATSUMURA, S., &

T. FUJII, 1963: Effects of acute and chronic irradiations on growing wheat. Seiken Ziho 15, 59–66. – MATSUMURA, S., KONDO, S. & T. MABUCHI, 1963: Radiation genetics in wheat, VIII. The RBE of heavy particles from ^{10}B (η, α) ^{7}Li reaction for cytogenetic effects in einkorn wheat. Rad. Bot. 3, 29–40. – MATSUMURA, S., S. KONDO & T. FUJII, 1957: Effect of X- and gamma-radiation upon wheat seedlings and their modification due to temperature or polyploidy. Ann. Rep. Nat. Inst. Genet. 7, 86. – MC CABE, J., B. SHELP & D. J. URSINO, 1979: Photosynthesis and photophosphorylation in radiation-stressed soybean plants and the relation of these processes to photassimilate export. Environ. Exp. Bot. 19, 253–262. – MC CORMICK, J. F., & R. B. PLATT, 1962: Effects of ionizing radiation on a natural plant community. Rad. Bot. 2, 161–188. – MC CRORY, G. J., & P. GRUN, 1969: Relationship between radiation dose rate and lethality of diploid clones of *Solanum*. Rad. Bot. 9, 27–32. – MEISELMAN, N., J. E. GUNCKEL & A. H. SPARROW, 1961: The general morphology and growth responses of two species of *Nicotiana* and their interspecific hybrid after chronic gamma irradiation. Rad. Bot. 1 69–79. – MERGEN, F., & B. A. THIELGES, 1966: Effects of chronic exposures to ^{60}CO radiation on *Pinus rigida* seedlings. Rad. Bot. 6, 203–210. – MICKE, A., 1966: Der Einfluss modifizierender Faktoren auf die Wirkung ionisierender Strahlen bei pflanzlichen Samen. Zeitschrift fuer Pflanzenzuechtung 55 (1), 29–66. – MIKSCHE, J. P., A. H. SPARROW & A. F. ROGERS, 1962: The effects of chronic gamma irradiation on the apical meristem and bud formation of *Taxus media*. Rad. Bot. 2, 125–129. – MILBORROW, B. V., 1974: The chemistry and physiology of abscisic acid. Ann. Rev. Plant Pysiol. 25, 259–307. – MILLER, M. W., 1970: The radio-sensitivity of three pairs of diploid and tetraploid plant species: correlation between nuclear and chromosomal volume, roentgen exposure and energy absorption per chromosome. Rad. Bot. 10, 273–279. – MILLER, M. W., P. ECONOMOU, C. COX & D. ROBERTSON, 1982: Micronuclei formation in *Pisum sativum* L. root meristem cells exposed to an electric field or gamma-rays. Environ. Exp. Bot. 22 (3), 271–275. – MILLER, M. W., & W. M. MILLER, 1987: Radiation hormesis in plants. Health Physics 52 (5), 609–616. – MIURA, K., T. HASHIMOTO & H. YAMAGUCHI, 1974: Effect of gamma irradiation on cell elongation and auxin level in *Avena* coleoptiles. Rad. Bot. 14, 207–215. – MOHAMED, H. A., 1962: Effect of X-ray on some wheat characters. Wheat Inform. Serv. 14, 14–15. – MOJNOVA, K., & S. MALTSEVA, 1978: Radiation effect on the development of plants and the activity of polyphenoloxidase. Radiobiologiya 18 (5), 774–777. – MONK, C. D., 1966: Effect of short term gamma irradiation on an old field. Rad. Bot. 6, 329–335. – MONTI, L. M., & B. DONINI, 1968: Response to chronic gamma irradiation of twenty-four pea genotypes. Rad. Bot. 8, 473–487. – MORTIMER, R. K., 1958: Radiobiological and genetic studies on a polyploid series (Haploid to Hexaploid) of *Saccharomyces cerevisiae*. Rad. Res. 9, 312–326. – MOUS-SEAU, J., & M. DELBOS, 1977: Irradiation studies on higher plant organ and cell cultures. Split dose effect on survival of axillary buds from haploid *Nicotiana sylvestris*. C. R. Hebd. Seances Acad. Sci., Ser. D. 284 (16), 1585–1588. – MOUSSEAU, J., M. DELBOS, M. BRANCHARD, J. DURAND & E. DELCHER, 1976: Irradiation studies on higher plant organ and cell cultures. Split-dose effect on survival of axillary buds from haploid and diploid *Nicotiana tabacum var.* Wisconsin 38 plants. C. R. Hebd. Seances Acad. Sci. D. 283 (5), 579–582. – MOUSSEAU, J., M. DELBOS & E. DELCHER, 1977: Gamma-irradiation studies on higher plant organ and cell cultures. Dose effect on survival of axillary buds from haploid and diploid *Nnicotiana sylvestris* or *Nicotiana tabacum* plants. C. R. Hebd. Seances Acad. Sci., Ser. D. 285 (4), 335–338. – MÜLLER, H. P., 1969: Untersuchungen zur indirekten Röntgenstrahlenwirkung an Wurzeln von *Vicia faba*. Rad. Bot. 9, 49–59. – MULLENAX, R. H., & T. S. OSBORNE, 1967: Normal and gamma-rayed resting plumule of barley. Rad. Bot. 7, 273–282. – MURPHY, P. G., & J. F. MC CORMICK, 1971: Ecological effects of acute beta irradiation from simulated-fallout particals on a natural plant community. USAEC Symposium Series 24 conf-700909, 454–481. – MURPHY, P. G., R. R. SHARITZ & A. J. MURPHY: Response of a forest ecotone to ionizing radiation. In »The Enterprise, Wisconsin, Radiation Forest« (Ed. Zavitkovski), TIC Energy Res. Developm. Administr. 1977.

NADKARNI, S., & P. C. KESAVAN, 1975: Modification of the radiosensitivity of barley seeds by post-treatment with caffeine. 2. Kinetics of decay of caffeine-reactive oxygen-sensitive sites. Int. J. Radiat. Biol. 27 (6), 569–576. – NAIDENOVA, N., & M. VASILEVA, 1976: Low temperature modification of gamma-irradiation on peas. 1. Low temperature effect on the rate of primary stem and root growth. Genet. Sel. 9 (5), 420–424. – NAIDENOVA, N., & M. VASILEVA, 1976: Low temperature modification of gamma-irradiation effect on peas. 2. Low temperature effect on the radiosensitivity and the chlorophyll mutations. Genet. Sel. 9 (6), 451–457. – NATARAJAN, A. T., C. MARIC, S. M. SIKKA & M. S. SWAMINATHAN, 1958: Polyploidy, radiosensitivity and mutation frequency in wheats. Proc. 2. UN Inter. Conf. Puae 27, 321–331. – NAUMAN, C. H., L. A. SCHAIRER & A. H. SPARROW, 1978: Influence of temperature on spontaneous and radiation-induced somatic mutation in *Tradescantia* stamen hairs. Mutat. Res. **50** (2), 207–218. – NAUMAN, C. H., A. G. UNDERBRINK & A. H. SPARROW, 1975: Influence of radiation dose rate on somatic mutation induction in *Tradescantia* stamen hairs. Rad. Res. **62**, 79–96. – NEARY, G. J., V. J. HORGAN, D. A. BANCE & A. STRETCH, 1972: Further data on DNA strand breakage by various radiation qualities. Intern. J. Radiat. Bot. **22**, 525–537. – NIEMANN, E. G., 1961: Wirkung eines künstlichen ^{90}Sr-Fallout auf Pflanzen. 1. Aufnahme und Verteilung des ^{90}Sr. Atompraxis **10**, 1-12. – NIKOLOV, C. H., & IVANOV, 1976: Influence of heat shocks on the somatic and genetic effects of gamma-irradiation of dormant *Arabidopsis thaliana* (L.) heynh. seeds. Genet. Sel. **9** (4), 295–302. – NILAN, R. A., C. F. KONZAK, R. R. LEGAULT & J. R. HARLE, 1961: The oxygen effect in barley seeds. IAEA 139–154. – NILAN, R. A., & R. E. WITTERS, 1973: Effect of ethylene and ionizing radiation on *Saintpaulia* peroxidase activity. Scientific Paper No. **4333** – NORBAEV, N., 1975: Ionizing radiation effects on the ascorbic acid content in maize seedlings, and the effect of ascorbic acid on the lipid oxidation. Radiobiologiya **15** (3), 467–469. – NOTANI, N. K., & B. K. GAUR: Paradoxical modifications in radiosensitivity of maize and barley seeds stabilized for different moisture contents. In: Biological effects of ionizing radiation at the molecular level, IAEA, Vienna, 443–453, 1962. – NOTANI, N. K., B. K. GAUR, R. K. JOSHI & B. Y. BHATT, 1968: Effect of moisture stabilization period on radiosensitivity of barley seeds. Rad. Bot. **8**, 375–380. – NIRULA, S., 1963: Studies on some neclear factors controlling radiation sensitivity and the induced mutation rate in Eu- and Para-Sorghum species. Rad. Bot. **3**, 351–361. – NURTJAHJO: Morphological study on the gamma radiation effect on soybean (*Glycine max* Merr.), Gamma Research Center, Jogyakarta, 1976. – NUTTALL, V. W., L. H. LAYALL, D. H. LEES & H. A. HAMILTON, 1968: Response of garden crop plants to low dose gamma irradiation of seeds. Can. J. Plant Sci. **48**, 409–410. – NYBOM, N., & L. H. EHRENBERG, 1954: Ion density and biological effectiveness of radiations. Acta Agric. Scand. **4** (3).

OSBORNE, T. S., & J. T. BACON, 1960: Radiosensitivity of seeds. 1. Reduction or stimulation of seedling growth as a function of gamma-ray dose. Rad. Res. **13**, 686–690.

PADMANABHAN, G., K. RAMACHANDRAN, C. PADMANABHAN & A. MANICKAM, 1977: Effect of gamma-irradiation on nucleic acids, proteins, respiration and photsphatase activity of carrot callus cultures. Mysore J. Agric. Sci. **11** (3), 298–301. – PADOVA, R., & A. ASHRI, 1977: Evaluation of some indicators of seedling injury following gamma and E.M.S. treatments in peanuts, *Arachis hypogaea* L. Environ. Exp. Bot. **17**, 167–171. – PAK, V. M., & O. N. KUTZNETSOVA, 1983: Effect of growth regulators on forming and defolation of buds in cotton plant 1. Taskent Uzb. Biol. Zh. **2**, 22–25. – PALENZONA, D. L., 1960: Influenza di trattamenti con raggi X su specie di frumento con diversa ploidia. Atti Assoc. Genet. Ital. **5**, 161–174. – PALOMINO, G., F. NEPAMUCENO & R. VILLALOBOS-PIETRINI, 1979: A general discription of barley coleoptile growth behaviour under low let radiation. Environ. Exp. Bot. **19**, 105–115. – PANOYAN, R. E., 1971: Effect of aet on barley seeds under irradiation. Mutagenez Rasteni. **1**, 96–105. – PATEL, J. D., & J. J. SHAH, 1974: Effect of gamma irradiation on seed germination and organization of shoot apex *Solanum melongena* and *Capsicum annuum*. Phytomorphology **24** (3–4), 174–180. – PETROVIC, J., J. MAREK & S. HRASKA, 1977: Effect of gamma irradiation on some quantitative indices of wheat and the ultrastructure of wheat chloroplasts. Biologia **32** (1), 33–42. – PONOMAREVA, R. P., N. D. ZUEV & V. A. KAL' CHENKO, 1977: Radiosensitivity of the photosythetic systems of agricultural plants. Radiobiologiya **16** (5), 678–682. – POOLE, J. E. P., D. T. JR. MORGAN & R. D. RAPPLEYE, 1978: Embryologicical and floral effects attributable to deficiencies following crosses with X-ray pollen of *Lilium regale* W. Cytologia **43** (3–4), 689–694. – POROZOVA, O. A., 1983: Pine seeds radiosensitivity as depended upon their humidity and the term of storage after radiation exposure. Ehkologiya **3**, 82–84. – PRATT, C., 1963: Radiation damage and recovery in diploid and cytochimeral varieties of apples. Rad. Bot. **3**, 193–206. – PRATT, C., 1967: Axillary buds in normal and irradiated apple and pear. Rad. Bot. **7**, 113–122. – PRATT, C., 1968: Radiation damage in shoots of sweet cherry (*Prunus avium* L.). Rad. Bot. **8**, 297–306. – PÖTSCH, J., 1966: über die Auslösung extramutativer Strahleneffekte an Klonsorten von *Euphorbia pulcherrima* Willd. Zuechter **36**, 12–25.

RAJEWSKY, B., 1929: Weitere Untersuchungen an der Strahlenreaktion des Eiweißes. Strahlentherapie **33**,11 363. – RAJPUT, M. A., & A. H. KHAN, 1971: Radiosensitivity studies in sunflower (*Helianthus annuus*). Nucleus **8** (1–2), 84–87. – RAMULU, K. S., 1971: Effectiveness and efficiency of single and combined treatments with radiations and ethyl methane sulphonate in *Sorghum*. Proc. Indian Acad. Sci., Sect. B-74- **3**, 147–154. – RAMULU, K. S., 1973: Mutagenic effect of gamma rays, chemical mutagens and combined treatments in *Sorghum*. Z. Pflanzenzüchtg. **70**, 223–229. – RAO, H. K. S., & T. KADA, 1974: Differential sensitivities of induced dwarf rice mutants to gibberellin, fast neutron and gamma radiation. Rad. Bot. **14**, 153–157. – RAO, S., & D. RAO, 1978: Effect of X-irradiation on physiological and morphological variability in *Abelmoschus esculentus* (L.) Moench. Proc. Indian Acad. Sci., Sect. B. **87** (5), 129–133. – READ, J.: Radiation biology of *Vicia faba* in relation to the general problem, Blackwell Scientific Publ., Oxford, 1959. – REDDY, C. S., & J. D. SMITH, 1978: Effects of delayed post treatments of gamma-irradiated seeds with cysteine on the growth of *Sorghum bicolor* seedlings. Environ. Exp. Bot. **18**, 241–243. – REDDY, S. B., 1975: Further aspects of the radioprotective mechanism of thiourea. Strahlentherapie **149**, 194–193. – REDDY, T. P., & K. VAIDYANATH, 1979: Enhancement of gamma ray-induced mutation frequency in rice by post-treatment with chloral hydrate, methanol and their mixtures with ethanol. Environ. Exp. Bot. **19**, 27–32. – REED, J. P., 1980: Effects of ionizing radiation on the hypocotyl-root axis of three species of *Gossypium*. Dissertation, Pennsylvania State Univ. – REUTHER, G., 1966: Vergleichende Untersuchungen zur Strahlenresistenz von Weizensorten in frühen Stadien der Samenkeimung. Rad. Bot. **6**, 433–443. – REUTHER, G., 1969: Einfluss des Entwicklungsstadiums keimenden Weizens auf das Wachstum nach Bestrahlung bei gleichbleibenden Überlebensraten. Rad. Bot. **9**, 313–321. – REVELL, S. H., 1959: The accurate estimation of chromatid breakage, and its relevance to a new interpretation of chromatid aberrations induced by ionizing radiations. Proc. Roy. Soc. B. **150**, 563–589. – REVELL, S. H.: The generalized theory, in: WOLFF, S. (Ed.), Radiation – induced chromosome aberrations, Columbia Univ. Press, New York, 1963. – ROY, R. M., 1974: Transpiration and stomantal opening of X-irradiated broad bean seedlings. Rad. Bot. **14**, 179–184. – ROY, R. M., & G. M. CLARK, 1970: Carbon dioxide fixation and translocation of photoassimilates in *Vicia faba* following X-irradiation. Rad. Bot. **10**, 101–111. – ROY, R. M., & J. M. SAMBORSKY, 1982: Histone kinase activity and histone phosphorylation from *Pinus pinea* cotyledons following X-irradiation. Environ. Exp. Bot. **22** (2), 227–232. – RUDOLPH, T. D., 1979: Effects of gamma irradiation of *Pinus banksiana* L. as expressed by M-1 trees over a 10-year period. Environ. Exp. Bot. **19**, 85–91.

SAH, N. K., & P. C. KESAVAN, 1987: Post-irradiation modification of oxygen-dependent and independent damage by catalase in barley seeds. Int. J. Radiat. Biol. Relat. Stud. Phys., Chem. Med. **51** (4), 665–672. – SAITO, J., M. YAMABE & T. YAMADA, 1975: Cytological studies of cultured cells. 6. Ploidy and radiosensitivity in cultured cells. Senshokutai. **100**, 3146–3154. – SAPRA, V. T., & M. J. CONSTANTIN, 1978: Seed radiosensitivity of a hexaploid *Triticale*. Environ. Exp. Bot. **18**, 77–79. – SATORY, M., 1975: Chrysanthemenzüchtung mit Hilfe künstlicher Mutationsauslösung. Gartenwelt **20**, 433–435. – SAVAGE, J. R. K., 1975: Radiation-induced chromosomal aberrations in the plant *Tradescantia:* Dose-response curves. 1. Preliminary consideration. Rad. Bot. **15**, 87–140. – SAVIN, V. N., & O. G. STEPANENKO, 1969: Change in growth relationships in sunflower plants exposed to ^{60}Co rays. Sb. Tr. Agron. Fiz. **17**, 93–101. – SAX, K., 1963: The stimulation of plant growth by ionizing radiation. Rad. Bot. **3**, 179–186. – SCANDALIOS, J. G., 1964: Some effects of X-rays on root primordia in the poplar. Rad. Bot. **4**, 355–359. – SCHAEVERBEKE-SACRE, J., 1977: Evolution of nitrogen content of jerusalem artichoke tuber's xylem after gamma irradiation. C. R. Seances Biol. Fil. **171** (6), 1195–1201. – SCHMIDT, L., 1975: Atmungsdifferenzen nach Röntgenbestrahlung von Karyopsen bei unterschiedlich strahlensensiblen Weizensorten. Ber. Deutsch. Bot. Ges. **88**, 433–440. – SCHULZ, R. K.: Survival and yield of crop plants following beta irradiation. In: Survival of Food Crops and Livestock in the Event of Nuclear War. Ed. D. W. Bensen. U.S.A. E. C., TIC, Oak Ridge, Tennessee, 1971. – SCHULZ, R. K., & N. BALDAR, 1972: Effects of radiation on wheat, peas, and lettuce exposed by foliar contamination with water-soluble yttrium-90. Rad. Bot. **12**, 77–85. – SCHULZ, R. K., A. D. KANTZ & K. L. BABCOCK, 1973: Effect of beta irradiation on growth and yield of a field pea crop. Rad. Res. **56**, 122–129. – SCHULZ, R. K., J. ULRICH & K. L. BABCOCK, 1974: Effect of simulated due on fallout retention and beta radiation damage to a bean crop. Rad. Bot. **14**, 273–279. – SEMERDJIAN, S. P., & N. G. NOR-AREVIAN, 1975: The role of a few endogenous compounds on the radiosensitivity of plants. Studia Biophysica **53**, 161–162. – SHARKOVSKII, P. A., & A. T. MILLER, 1968: Action of various types of ionizing irradiation on flax and hamp. Akad. Vestis **5**, 83–90. – SHAMA RAO, H. K., & T. KADA, 1974: Differential sensitivities of induced dwarf rice mutants to gibberellin, fast neutron and gamma radiations. Rad. Bot. **14**, 153–157. – SHARMA, G. J., & P. C. KESAVAN, 1975: Use of hydrogen sulphide and n-ethylmaleimide in the post-irradiation modification of oxic and anoxic components of damage in *Hordeum vulgare*. Rad. Bot. **15** (3), 261–266. – SHARMA, G. J., P. C. KESAVAN & P. N. SRIVASTAVA, 1982: Differential modification of oxic and anoxic radiation damage by S-2-(3-aminopropylamino) ethylphosphorothionic acid (WR-2721) in *Hordeum vulgare*. Environ. Exp. Bot. **22** (2),

243-249. - SHAROV, I. Y., 1968: Effect of ^{60}Co gamma-rays on the seeds and plants of fibre flax. Sel'skokhoz. Biol. **3**, 853-858. - SHELP, B., J. McCABE & D. J. URSINO, 1979: Radiation-induced changes in export and distribution of photoassimilated carbon in soybean plants. Environ. Exp. Bot. **19** (4), 245-252. - SHEPPARD, S. C., & J. L. HAWKINS, 1990: Radiation hormesis of seedlings and seeds, simply elusive or an artifact? Environ. Exp. Bot. **30** (1), 17-25. - SHEPPARD, S. C., & P. J. REGITNIG, 1987: Factors controlling the hormesis response in irradiated seed. Health Physics **52** (5), 599-605. - SHNAIDER, T. M., 1971: High resistance of rape and turnip to gamma irradiation. Radiobiologiya **11** (2), 252-257. - SHEVCHENKO, V. V.: Some aspects on the Genetic Consequences of the Chernobyl Disaster. Transaction of the 10th International Conference on Structural Mechanics in Reactor Technology. Vol. **D** Performance and life extension of operation reactors. Ed. A. H. HADJIAN, American association for Structural Mechanics in Reactor Technology. Los Angeles, 1989 (in Druck) - SIDERIS, E. G., A. KLEINHOFS & R. A. NILAN, 1969: Destruction of biological activity of gibberellic acid by low doses of ionizing radiation. Rad. Bot. **9**, 349-351. - SIEMER, E. G., M. J. CONSTANTIN & D. D. KILLION: Effects of acute gamma irradiation on development and yield of parent plants and performance of their offspring. In »Survival of Food Crops and Livestock in the Event of Nuclear War«, U.S.A.E.C. TIC, Oak Ridge, Tennessee, 1971. - SILVY, M. A., 1975: Mise en evidence de deux types de reaction apres exposition de grains d'orge au rayonnement gamma du ^{60}Co en presence d'air. C. R. Acad. Sc. Paris **281**, 799-802. - SINGH, B. B., 1974: Radiation-induced changes in catalase, lipase and ascorbic acid of safflower seeds during germination. Rad. Bot. **14**, 195-199. - SINGLETON, W. R., C. F. KONZAK, S. SHAPIRO & A. H. SPARROW, 1955: The constribution of radiation genetics to corp improvement. Proc. UN Int. Conf. PUAE **12**, 25-30. - SKOK, J., 1957: Relationship of boron nutrition to radiosensitivity of sunflower plants. Plant Physiol. **32**, 648-658. - SOMMERMEYER, K.: Quantenphysik der Strahlenwirkung in Biologie und Medizin, Akademie Verlag, Leipzig, 1952. - SPARROW, A. H., 1954: Stimulation and inhibition of plant growth by ionizing radiation. Rad. Res. **1**, 562. - SPARROW, A. H., D. A. BANKES & R. A. POPHAM, 1969: Some effects of localized internode and entire shoot X-irradiation on survival and morphology of sunflower plants. Rad. Res. **39**, 498-499. - SPARROW, A. H., J. P. BINNINGTON & V. POND: Bibliography on the effects of ionizing radiation of plants, 1896-1955, Biol. Dep., Brokhaven National Laboratory, Upton, N. Y., 1958. - SPARROW, A. H., & P. J. BOTTINO, 1971: Comparison of the effects of simulated fallout decay and constant exposure-rate gamma-ray treatments on the survival and yield of wheat and oats. Rad. Bot. **11**, 405-410. - SPARROW, A. H., R. L. CUANY, J. P. MIKSCHE & L. A. SCHAIRER, 1961: Some factors affecting the responses of plants to acute and chronic radiation exposures. Rad. Bot. **1**, 10-34. - SPARROW, A. H., & H. J. EVANS: Nuclear factors effecting radiosensitivity. 1. The influence of nuclear size and structure, chromosome complement, and DNA content, in: Fundamental Aspects Of Radiosensitivity, Report of Symp. 1961, Brookhaven Nat. Laboratory, Upton, N. Y., 1961. - SPARROW, A. H., B. FLOYD & P. J. BOTTINO, 1970: Effects of simulated radioactive fallout buildup and decay on survival and yield of lettuce, maize, radish, squash and tomato. Rad. Bot. **10**, 445-455. - SPARROW, A. H., M. FURUYA & S. S. SCHWEMMER, 1968: Effects of X- and gamma radiation on anthocyanin content in leaves of *Rumex* and other plant genera. Rad. Bot. **8**, 7-16. - SPARROW, A. H., & C. F. KONZAK: The use of ionizing radiation in plant breeding: Accomplishments and prospects. Camelia Culture, Mac Millan Co., New York, 425-452, 1958. - SPARROW, A. H., & J. P. MIKSCHE, 1961: Correlation of nuclear volume and DNA content with higher plant tolerance to chronic radiation. Science **134**, 282-283. - SPARROW, A. H., & L. PUGLIELLI, 1969: Effects of simulated radioactive fallout decay on growth and yield of cabbage, maize, peas and radish. Rad. Bot. **9**, 77-92. - SPARROW, A. H., L. A. SCHAIRER & R. C. SPARROW, 1963: Relationship between nuclear volumes, chromosome numbers, and relative radiosensitivity. Science **141** (3576), 163-166. - SPARROW, A. H., & S. S. SCHWEMMER, 1970: The effect of post-irradiation temperature on survival times in herbaceous plants exposed to gamma radiation. Rad. Res. **43**, 270. - SPARROW, A. H., S. S. SCHWEMMER & P. J. BOTTINO, 1971: The effects of external gamma radiation from radioactive fallout on plants with special reference to crop production. Rad. Bot. **11**, 85-118. - SPARROW, A. H., S. S. SCHWEMMER & P. J. BOTTINO, 1973: Influence of dose, environmantal conditions and nuclear volume on survival times in several gamma-irradiated plant species. Int. J. Radiat. Biol. **24** (4), 377-388. - SPARROW, A. H., & S. S. SCHWEMMER, 1974: Correlations between nuclear characteristics, growth inhibition, and survival-curve parameters (LDn whole plant Do and Dq) for whole plant acute gamma-irradiation of herbaceous species. Int. J. Rad. Biol. **25**, 565-581. - SPARROW, A. H., S. S. SCHWEMMER, E. E. KLUG & L. PUGLIELLI, 1977: Radiosensitivity studies with woody plants. 2. Survival data for 13 species irradiated chronically for up to ten years. Rad. Res. **44**, 154-177. - SPARROW, A. H., S. S. SCHWEMMER & A. F. ROGERS, 1968: Radiosensitivity studies with woody plants. 1. Acute gamma irradiation survival data for 28 species and predictions for 190 species. Rad. Bot. **8,** 149–186. – SPARROW, A. H., S. S. SCHWEMMER & K. H. THOMPSON, 1976: Radiosensitivity studies with woody plants. 3. Predictions of limits of probable acute and chronic LD_{50} values from lognormal distributions of interphase chromosome volumes in gymnosperms. Rad. Res. **65,** 315–326. – SPIEGEL-ROY, P., & R. PADOVA, 1973: Radiosensitivity of shamouti orange *(Citrus sinensis)* seeds and buds. Rad. Bot. **13,** 105–110. – STANTON, W. R., & W. K. SINCLAIR, 1953: The distribution of ^{32}P in the plum and its mutagenic possibility. J. Exp. Bot. **4,** 78–86. – STEIN, O. L., & A. H. SPARROW, 1966: The effect of acute irradiation in air, N_2 and CO_2 on the growth of the shoot apex and internodes of *Kalanchoe* cv »brilliant star«. Rad. Bot. **6,** 187–201. – STOILOV, M., G. JANSSON, G. ERIKSSON & L. EHRENBERG, 1966: Genetical and physiological causes of the variation of radiosensitivity in barley and maize. Rad. Bot. **6,** 457–467. – STREITBERG, H., 1966: Rosenzüchtung mit Hilfe der Röntgenbestrahlung. Archiv f. Gartenbau **14,** 81–88. – STREITBERG, H.: Schaffung von Sproßvarianten bei Azaleen durch Bestrahlung mit Röntgenstrahlung, Institut fuer Obstbau und Zierpflanzenbau Dresden-Pillnitz der Deutschen Akademie der Landwirtschaftswissenschaften zu Berlin, Berlin, 1980. – SVEDBERG, T., & S. BROHULT, 1939: Splitting of protein molecules by ultra-violet light and α-rays. Nature **143,** 938–939.

TAVDUMADZE, K. R., & V. A. TODUA, 1967: Effects of various doses of γ-rays on the growth and development of *Nicotiana tabacum L.*, Radiobiologiya **7,** 475–6. – THOMPON, K. F., J. MACKEY, S. GUSTAFFSON & L. EHRENBERG, 1950: The mutagenic effect of radiophosphorus in barley. Heriditas **36,** 220–224. – TIETZ, D., & A. TIETZ, 1982: Streß im Pflanzenreich. Biol. unserer Zeit **12,** 113–119. – TIMOFEEFF-RESSOVSKY, N. W., 1931: Die bisherigen Ergebnisse der Strahlengenetik. Ergebn. med. Strahlenforsch. **5,** 129–228. – TOPCHIEVA, A., & Z. GEORGIEV, 1972: Radiosensitivity and mutability in Alfalfa. I. Radiosensitivity in Alfalfa as influenced by the gamma-irradiation dose. Z. Genet. Selek. **6,** 473–481.

UNDERBRINK, A. G., A. M. KELLERER, R. E. MILLS & A. H. SPARROW, 1976: Comparison of X-ray and gamma-ray dose-response curves for pink somatic mutations in *Tradescantia* clone 02. Rad. Environm. Biophys. **13,** 295–303. – UNDERBRINK, A. G., & V. POND, 1976: Cytological factors and their predictive role in comparative radiosensitivity: A general summary. Current Topics in Rad. Res. Quaterly **11,** 251–306. – UNDERBRINK, A. G., A. H. SPARROW, D. SAUTKULIS & R. E. MILLS, 1975: Oxygen enhancement ratios (OERs) for somatic mutation in *Tradescantia* stamen hairs. Rad. Bot. **15,** 161–168. – URSINO, D. J., A. MOSS & J. STIMAC, 1974: Changes in the rates of apparent photosynthesis in 21% and 1% oxygen and of dark respiration following a single exposure of three-year-old *Pinus strobus* L. plants to gamma radiation. Rad. Bot. **14,** 117–125. – URSINO, D. J., H. SCHEFSKI & P. W. LATOUR, 1977: Translocation of photoassimilates in gamma-irradiated Soybean plants. Environ. Exp. Bot. **17,** 35–42. – URSINO, D. J., H. SCHEFSKI & J. McCABE, 1977: Radiation-induced changes in rates of photosythetic Co_2 uptake in soybean plants. Environ. Exp. Bot. **17,** 27–34.

VAN'T HOF, J., 1974: The duration of cromosomal DNA synthesis, of the mitotic cycle and of meiosis in higher plants. Handbook of Genetics **2,** 363–377. – VAN'T HOF, J., & A. H. SPARROW, 1963: A relationship between DNA content, nuclear volume and minimum mitotic cycle time. Proc. Nat. Acad. Sci. **49,** 897–902. – VASILEVA, M., 1978: Modifying the effect of gamma radiation in *Triticale* by low temperature. C. R. Acad. Bulg. Sci. **31** (1), 115–118. – VASTI, S. M., 1973: Effect of low doses of radiation on tomato seedlings. Stim. Newsl. **5,** 48–51. – VENDRAMIN, J. D., & A. ANDO: Influence of humidity in the radiosensitivity of bean seeds *(Phaseolus vulgaris* L.), Centro de Energia Nuclear na Agricultura, Piracicaba, Brazil, 1975. – VERHO, S., P. M. RISSANEN & E. SPRING, 1973: Temperature dependence of radiosensitivity of grass seeds. Strahlentherapie **146** (4), 469–472. – VLASYUK, P. A., 1955: The effect of nuclear radiations on plants. Conf. of the Acad. Sci. of the USSR on the Peaceful Uses of Atomic Energy, 4 v. Sess. of Div. Biol. Sci., Moscow, **3,** 89–99. – VORA, A. B., H. K. SHAH & A. V. VYAS, 1975: Biochemical changes associated with gamma rays irradiation of *Phaseolus mungo* seeds in roots during juvenile differentiation. Department of Atomic Energy Bombay, Proc. Symp. on use of Radiations and Radioisotopes in Studies of Plant Productivity, 200–210.

WALTHER, F., 1966: Strahlenbiologische Untersuchungen an Getreidearten. 1. Unterschiedliche Strahlensensibilität bei Deutschen Winterweizensorten. Z. Pflanzenzuechtg. **55** (1), 67–80.– WALTHER, F., 1969: Strahlenbiologische Untersuchungen an Getreidearten. 4. Chromosomenaberrationen und Sterilität in der X_1-Generation unterschiedlich strahlenempfindlicher Getreidesorten. Rad. Bot. **9**, 231-240. – WALTHER, F., 1969: Strahlenbiologische Untersuchungen an Getreidearten. 3. Unterschiedliche Strahlensensibilität bei Sommergerstensorten. Z. Pflanzenzuechtg. **61**, 111-120. – WANGENHEIM, K. H. VON, 1969: Wirkung von Röntgenbestrahlung auf Entwicklung und Ultrastruktur von Zellen des Weizenkeimlings. Rad. Bot. **9**, 179-193. – WANGENHEIM, K. H. VON, 1975: A major component of the radiation effect: Interference with endocellular control of cell proliferation and differentiation. Int. J. Radiat. Biol. **27** (1), 7-30. – WANGENHEIM, K. H. VON, & F. WALTHER, 1968: Strahlenbiologische Untersuchungen an Getreidearten: 2. Unterschiedliche Strahlensensibilität bei gleichem Kernvolumen und DNA-Gehalt. Rad. Bot. **8**, 251-258. – WARFIELD, D. L., R. A. NILAN & R. E. WITTERS, 1973: Effect of ethylene und ionizing radiation on *Saintpaulia* peroxidase activity. Scietific paper **4333**, Washington State Univ., Pullmann (USA). – WIECEK, C. S., & J. SHOK, 1968: Effects of brief withholding of essential elements on radiosensitivity of sunflower plants. Rad. Bot. **8**, 245-250. – WITHERSPOON, J. P., & A. K. CORNEY, 1970: Differential and combined effects of beta, gamma, and fast neutron irradiation on soybean seedlings. Rad. Bot. **19**, 429-435. – WOCH, B., A. G. UNDERBRINK, J. HUCZKOWSKI, & M. LITWINISZYN, 1982: Effects of dose fractionation in *Tradescantia* stamen hairs after high and intermediate doses of X-irradiation. Rad. Res. **90**, 547-557. – WOLFF, S., & A. M. SICARD: Post-irradiation storage and the growth of barley seedlings, IAEA, Vienna, 1961. – WOODSTOCK, L. W., & O. L. JUSTICE, 1967: Radiation-induced changes in respiration of corn, wheat, sorghum and radish seeds during initial stages of germination in relation to subsequent seedling growth. Rad. Bot. **7**, 129-136. – WOODWELL, G. M., & B. R. HOLT: Effect of nuclear war on the structure and function of natural communities: An appraisal based on experiments with gamma radiation, in: BENSON, D. W. and SPARROW, A. H. (Eds.), Survival of food crops and livestock in the event of nuclear war, Upton, N. Y., 1971. – WOODWELL, G. M., & A. H. SPARROW, 1963: Predicted and observed effects of chronic gamma radiation on a near-climax forest ecosystem. Rad. Bot. **3**, 231-237. – WOODWELL, G. M., & J. K. OOSTING, 1965: Effects of chronic gamma irradiation on the development of old field plant communities. Rad. Bot. **5**, 205-222.

YAMAGATA, H., & M. FUJIMOTO, 1970: Effects of temperature on the induction of somatic mutation by acute gamma radiation exposures in rice plants. Bull. Inst. Chem. Res., Kyoto Univ. **48**, (1) 72-77. – YAMAGATA, H., Y. KOWYAMA & K. SYAKUDO, 1969: Radiosensitivity and polyploidy in some non-tuber bearing *Solanum* species. Rad. Bot. **9**, 509-521. – YAMAGATA, H., & T. TANISAKA, 1977: Studies on the utility of artificial mutations in plant breeding. 10. Effects of heat-shock treatment on radiosensitivity and mutation frequency in rice. Japan. J. Breed. **27** (1), 39-48. – YAMAGATA, H., T. TANISAKA & K. HARIMA, 1975: Effects of heat-shock treatment and genotype on radiosensitivity of maize seeds. Bull. Inst. Chem. Res., Kyoto Univ. **53** (1), 43-48. – YAMAKAWA, K., & A. H. SPARROW, 1965: Correlation of interphase chromosome volume and reduction of viable seed set by chronic irradiation of 21 cultivated plants during reproductive stages. Rad. Bot. **5**, 557-566. – YAMAKAWA, K., & A. H. SPARROW, 1966: The correlation of interphase chromosome volume with pollen abortion induced by chronic gamma irradiation. Rad. Bot. **6**, 21-38. – YAMASHITA, A., 1976: *Tradescantia* in studies of genetic effects of low level radiation. Hoken Butsuri. **11** (4), 263-274. – YANKULOV, M., 1977: Modifying gamma ray effect on barley by cytochrome C. Genet. Sel. **10** (5), 389-392. – YEALY, L. P., & B. P. STONE, 1975: Effect of ionizing radiation on ribosomal RNA synthesis in grand rapids lettuce seeds. Rad. Bot. **15** (2), 153-159. – YOCKEY, H. P.: Symposion on information theory in biology, Pergamon Press, New York, 1958.

ŻAICHKINA, S. I., G. F. APTIKAEVA, S. B. EGIAZARYAN & E. E. GANASSI, 1982: Radiation damage modification and its relation to repair. 2. Effect of thymidine on radiation damages in chromosomes of *Crepis capillaris*. Genetika. **18** (5), 788-792. – ZAVITKOVSKI, J.: The Enterprice, Radiation Forest. Wisconsin, Radioecological studies. U.S.A.E.C. TIC, Oak Ridge, Tennessee, 1977. – ZAVITKOVSKI, J., & J. SALMONSON, 1975: Effects of gamma radiation on biomass production of ground vegetation under broadleaves forests of northern Wisconsin. Rad. Bot. **15**, 337-348. – ZDERKIEWICZ, T., 1971: Effect of ethylenimine and irradiation by ^{60}Co on the growth, yield, and capsaicine content of pepper (*Capsicum annuum* L.). Acta Agrobot. **24**, 343-356. – ZDERKIEWICZ, T., & J. DYDUCH, 1972: Ascorbic acid content in different stages of ripening pepper fruits under the action of ethylenimine and irradiation by using ^{60}Co. Acta Agrobot. **25**, 171-178. – ZEIGER, E., & J. RAFALOWSKY, 1976: Stomatal development in barley as a bioassay for cell differentation: Its use with X-rays and gibberellic acid. Planta. **131** (2), 97-104. – ZELLES, L.: Effect of low dose radiation on the tube growth of *Pinus silvestris,* Kalyani Publishers, Ludhiana, New Delhi, 1978. – ZIMMER, K. G.: Studien zur quantitativen Strahlenbiologie, Akad. d. Wiss.

u. d. Lit., Mainz, 1960. – ZIRKLE, R. E., & A. T. CORNELIUS, 1953: Effects of ploidy and linear energy transfer on radiobiological survival curves. Arch. of Biochem. Biophys. **47**, 282–306. – ZIRKLE, R. S., 1950: Speculations on cellular actions and radiations. In: NICKSAR, J. J., ed. Symposium on radiobiology, Oberlin College 333–356.

Sachverzeichnis

Zeitbombe Luftverschmutzung durch Schadstoffe und Radioaktivität

Eine Einführung in die Umweltproblematik mit Diagrammen und Cartoons
Pareys Studientexte einmal anders.
Von J. Wolsch, Günzburg. 1988. 139 S. Kart. DM 19,80 ISBN 3-489-60926-3

Hier wird das Thema Luftverschmutzung einmal anders aufbereitet: populär und allgemeinverständlich. Mit zahlreichen Diagrammen und Cartoons gibt dieser spezielle Studientext eine Einführung in die Gesamtproblematik. Dem Autor ist es gelungen, die zum Teil komplizierte Materie in einfache, einprägsame Bilder umzusetzen und mit knappen Bildern zu versehen, so daß auch Leser ohne Vorkenntnisse die Sachverhalte leicht erfassen können. Das thematische Spektrum reicht von der Bedrohung der Gesamtheit durch Schadstoffe und Radioaktivität über das Waldsterben bis hin zum Problem Klimaveränderung und der Zerstörung der Ozonschicht. Gleichzeitig gibt das Buch Hinweise auf Möglichkeiten zur Minderung der Umweltbelastung.

„Die Zeitbombe Luftverschmutzung tickt. Also höchste Zeit, daß sich nicht nur Wissenschaftler mit dieser Problematik beschäftigen, sondern quasi jedermann. Dem Autor ist es gelungen, die zum Teil komplizierte Materie mit Hilfe von Cartoons, graphischen Darstellungen und knappen Texten populär und allgemeinverständlich darzustellen, so daß auch Leser ohne Vorkenntnisse die Gesamtproblematik verstehen."
Bayerisches Landwirtschaftliches Wochenblatt

Luftverunreinigung – Luftreinhaltung

Eine Einführung in ein interdisziplinäres Wissensgebiet
Von Prof. Dr. E. Lahmann, Berlin.
Mit einem Geleitwort von Prof. Dr. F. Kiermeier.
1990. 201 S. mit 39 Abb. und 67 Tab. Kart. DM 84,– ISBN 3-489-62114-X

Das Buch gibt einen kompakten Gesamtüberblick über das Fachgebiet Luftverunreinigung – Luftreinhaltung – Lufthygiene. Es behandelt die natürlichen und anthropogenen Quellen der Luftverunreinigung, die technischen Verfahren zur Abgasreinigung sowie die Ausbreitung von Abgasen in der Atmosphäre. Der Schwerpunkt des Buches liegt bei der Untersuchung und Bewertung von Schadstoffen in der atmosphärischen Luft, wobei besonderer Wert auf die Darstellung und Erläuterung von Meß- und Grenzwerten sowie von Kriterien der Wirkung auf Mensch und Vegetation gelegt wurde. Auch die rechtlichen Bestimmungen zur Luftreinhaltung bei Bund, Ländern und der EG werden berücksichtigt. Neben Ausführungen zur Meßplanung und der Beschreibung von Meßgeräten und Analysenverfahren ermöglichen zahlreiche Abbildungen und Tabellen sowie Literaturhinweise in jedem Kapitel eine sachliche Orientierung auf diesem multidisziplinären Wissensgebiet.

Preise: Stand 1. 5. 1991

Berlin
und
Hamburg